汇聚板块边缘地球系统科学

Earth System Science of Convergent Plate Margins

郑永飞　编著

科 学 出 版 社

北　京

内 容 简 介

汇聚板块边缘是地球上最为活跃的构造带，其中俯冲带是地球圈层物质和能量传输的纽带。在地球系统科学中，汇聚板块边缘是地球内部系统物质和能量传输最为关键的场所。板块俯冲深刻影响了地球圈层之间的相互作用，而汇聚板块边缘是地球岩石圈形成和破坏的主要场所。本书概述了汇聚板块边缘的结构和过程及其地质产物，探讨了俯冲带形成和演化的地球动力学，提出了汇聚板块边缘科学体系。

本书适合地球科学领域的高校和科研机构人员阅读，有助于读者洞悉汇聚板块边缘科学体系、把握地球内部系统科学的前沿领域和重点方向。同时，本书可供科技管理部门制定地球系统科学政策时参考，也可作为社会公众了解板块边缘研究现状及趋势的读本。

审图号：GS 京(2022)0073 号

图书在版编目(CIP)数据

汇聚板块边缘地球系统科学/郑永飞编著. —北京：科学出版社，2022.6
ISBN 978-7-03-072338-3

Ⅰ. ①汇… Ⅱ. ①郑… Ⅲ. ①板块边界-地球系统科学 Ⅳ. ①P541

中国版本图书馆 CIP 数据核字(2022)第 087065 号

责任编辑：韩 鹏 崔 妍/责任校对：何艳萍
责任印制：赵 博/封面设计：图阅盛世

科学出版社 出版
北京东黄城根北街 16 号
邮政编码：100717
http://www.sciencep.com
北京建宏印刷有限公司印刷
科学出版社发行 各地新华书店经销
*
2022 年 6 月第 一 版 开本：720×1000 1/16
2025 年 2 月第三次印刷 印张：12 1/2
字数：252 000

定价：168.00 元
(如有印装质量问题，我社负责调换)

前　言

地球系统科学由日地系统、表层系统和内部系统三大部分组成。地球表层系统与人类的生存环境息息相关，因此对地球表层系统的研究较为引人关注。同时，地球内部系统涉及地壳表层与内部之间在物质和能量上的传输，不仅造就了人类活动所需要的资源和能源，而且给人类生存环境带来灾害，也应该引起人们足够的重视。由板块俯冲和大陆张裂所驱动的地球内部系统在汇聚板块边缘表现得最为突出，因此对汇聚板块边缘的认识构成了地球内部系统科学中最为关键的篇章。

汇聚板块边缘是前沿交叉学科，研究领域涉及地球内部系统科学的各个方面，其中以地质学、地球化学、地球物理学和地球动力学为主导。自 20 世纪 60 年代板块构造理论诞生以来，人们不仅识别出正在活动的俯冲带，而且识别出不再活动的俯冲带。因此，只有充分认识汇聚板块边缘的前世今生，才能深刻理解地球各圈层之间的物质交换和能量循环、板块构造与大陆地质之间的关系。板块俯冲影响了地球内部和表生圈层的物理化学演化，汇聚板块边缘记录了这一系列物理化学影响。对汇聚板块边缘地球系统的深入研究，不仅有助于理解地球内部运作机制，而且对资源勘查和灾害防治具有重要意义。

鉴于汇聚板块边缘在地球系统科学发展中的重要性，我们于 2015 年启动了“中国科学院板块俯冲带学科发展战略”调研项目，于 2018 年又启动了国家自然科学基金委-中国科学院联合支持的“板块俯冲带学科发展战略”调研项目。作为这两个学科发展战略调研项目的负责人，我以中国科学院壳幔物质与环境重点实验室为依托，组织举办了 6 次专题研讨会，邀请国内高校科研机构 50 余位专家进行专题学术报告和交流。在完成《板块俯冲带学科发展战略报告》的基础上，根据有关专家建议，我将汇聚板块边缘的结构、过程、产物和动力学机制等学术性较强的内容提炼出来单独成书，成为地球系统科学中关于地球内部系统这一大部分的概论。

俯冲带造山带究板块边缘之变，矿物学岩石学解深部地球之谜；温度压力流体掌变质熔融之舵，增生碰撞张裂成大陆构造之质。希望通过对汇聚板块边缘这个交叉学科领域科学问题的系统深入探究，深化俯冲带和造山带地球科学的研究，推动对地球内部运行机制及其与外部关系的认识，促进地球系统科学的发展。在书稿准备过程中，《板块俯冲带学科发展战略报告》撰写组专家对文字表述提出了宝贵意见，付璐露清绘书中图件，在此一并表示感谢。

郑永飞

2021 年 12 月 12 日

目　　录

第一章　板块构造与汇聚边缘

第一节　板 块 构 造

板块构造理论是 20 世纪自然科学最伟大的进展之一(Hawkesworth and Brown, 2018; Zheng, 2018, 2021a; Le Pichon, 2019)。在历史沿革上，板块构造理论由大陆漂移、海底扩张和板块俯冲发展而来(图 1-1)。板块构造由三个关键要素组成(Le Pichon et al., 1973; Cox and Hart, 1986; Kearey et al., 2009; Frisch et al., 2011)：(1) 地球上刚性岩石圈板块的存在；(2) 海底扩张使刚性岩石圈板块相互离散，产生新的洋壳；(3) 板块俯冲使岩石圈发生汇聚，导致洋壳的消亡。尽管板块构造理论起源于海洋地质学，但在过去五十年中通过对大陆地质的研究，板块构造理论得到了很大的发展(Frisch et al., 2011; Moores et al., 2013; Zheng et al., 2015; Zheng, 2018, 2021a, 2021b)。

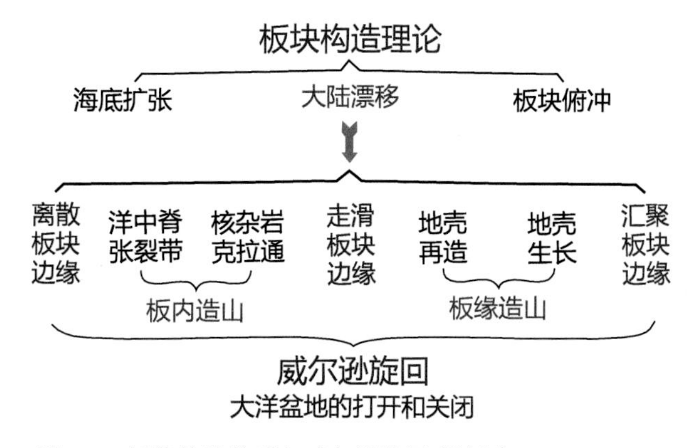

图 1-1　板块构造体系与威尔逊旋回(概括自 Zheng, 2021a)

板块构造理论认为，地球的外壳是由地壳与岩石圈地幔组成的，属弱构造变形的刚性块体(Le Pichon et al., 1973; Cox and Hart, 1986)。地球的岩石圈被许多大型断裂或构造带分割成若干块体，即岩石圈板块。刚性的岩石圈板块位于韧性的软流圈之上，并以大规模水平运动为主。地幔上涌产生的岩浆在洋中脊侵位，向两侧增生，形成对称的磁性异常带，构成不断增长的大洋地壳，与下伏的岩石圈地幔一起构成大洋岩石圈板块。当大洋岩石圈向两侧运动到达板块边界，就沿俯冲带俯冲消减，部分大洋岩石圈物质进入地幔。之后，幔源岩浆再次沿洋中脊对流上涌，形成新的大洋岩石圈，再次在俯冲带俯冲消亡，从而构成了“大洋岩石圈产生-消亡”这样的威尔逊旋回(Wilson, 1966, 1968; Dewey and Burke, 1974; Dewey and Spall, 1975)。

板块构造理论认为，整个地球表层可以划分为大小不等的刚性岩石圈板块，由大洋和大陆地壳以及上地幔顶部的岩石圈地幔组成，板块之间持续不断地发生大规模水平运动(Kearey et al., 2009; Frisch et al., 2011)。在地球历史中，不断有大洋板块的消亡和新的板块形成。与此同时，板块运动也造成了大陆地壳的持续生长，以及超大陆的聚合和裂解(Gurnis, 1988; Murphy and Nance, 2013)。板块边界是不同板块之间的结合部位，是构造不稳定地带，地震几乎全部分布在板块边界上，火山也主要出现在边界附近，其它如构造张裂、岩浆上升、热流增高、大规模水平错动等，也多发生在边界带上。

根据板块边缘在构造、活动性和板块内部的整体性特征，板块之间的边界可以分为三种类型(图 1-2)：(1) 汇聚型板块边界：为岩石圈板块下沉进入软流圈发生消亡的位置，以俯冲带为代表；(2) 离散型板块边界：为海底扩张形成新生岩石圈的位置，以洋中脊为代表，为岩石圈板块新生的位置；(3) 转换型板块边界：在两个板块之间发生走滑保持质量守恒，以转换断层为代表，在大洋岩石圈表现为使洋中脊错位，在大陆岩石圈表现为两个大陆板块之间的斜向拼合。

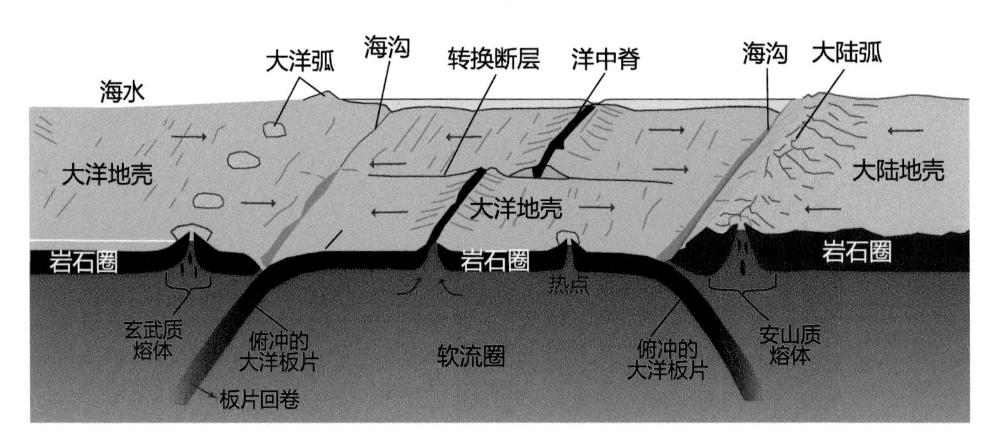

图 1-2　三种类型的岩石圈板块边界

海沟 = 汇聚型板块边界；洋中脊 = 离散型板块边界；转换断层 = 转换型板块边界。

转换断层是指那些运动方向平行于走滑断裂走向的大尺度岩石圈断裂，它以不同的形式将汇聚板块边界和离散板块边界连接起来。在被错断的各段洋脊处，转换断层将两个离散板块边界连接起来，转换断层也可以将山脊与海沟或海沟与海沟连接起来。但不管转换断层以何种方式连接其它板块边界，走滑板块边界都与板块相对运动的方向平行。

板块构造是通过刚性板块的全球性运动来运行的，这些运行包括在板块边界发生的俯冲作用(subduction)和张裂作用(rifting)，并且通过不同类型的造山作用(mountain building)形成了活动带(Cawood et al., 2018; Hawkesworth and Brown, 2018; Lenardic, 2018; Stern, 2018)。因此，俯冲带和张裂带的发育可以作为板块构造的判别标志。但是，俯冲带和张裂带发生的物理化学过程在动力体制和地热梯度上可以存在显著差别(Zheng and Chen, 2016, 2017, 2021)。前人将俯冲作用作为识别现代板块构造的一个标志(Stern, 2005, 2018)，其原因在于：俯冲作用的产物，包括俯冲带外侧的蓝片岩相和榴辉岩相变质岩以及俯冲带内部的钙碱性弧岩浆岩，可以作为判断板块构造运行的两个地质学标志(Zheng, 2021b)。

传统上，水平构造运动被看作板块构造的突出特征(Le Pichon et al., 1973; Cox and Hart, 1986; Kearey et al., 2009; Frisch et al., 2011)。然而，在金星上也发现了喜马拉雅式造山带和挤压构造，而金星上并没有俯冲带和扩张脊(Bédard and Harris, 2013; Harris and Bédard, 2014)。这表明大陆漂移的水平构造运动并不是板块构造所独有的特征。板块构造有两个运动学系统(Bédard, 2018)：(1) 以岩石圈板块漂移为代表的水平运动；(2) 以板块俯冲为代表的垂直运动。此外，岩石圈拉张和软流圈上涌都可以造成大陆张裂，其中成功张裂引起大陆裂解和海底扩张，软流圈地幔在此降压熔融产生的玄武质岩浆以底辟形式上升。因此，水平构造并不只是有水平方向的运动，垂直构造也不仅仅只是垂直方向的运动(Lin, 2005)。实际上，水平构造也会产生垂直方向的运动(如俯冲和底辟)，垂直构造同样会产生水平方向的运动(如低角度的拆离断层)。不过，像位移、走滑和剪切这一类区域性水平方向运动是水平构造作用而不是垂直构造作用造成的。

由此可见，板块构造有两种定向构造作用：水平和垂直(图 1-2)。水平构造作用由动力差异引起，以区域性板块或微板块的水平运动及其相互作用为特征。垂直构造作用由密度差异引起，以密度较大物质的下沉而密度较小物质的上浮为特征。在这种情况下，板块构造的运行受到两种动力机制的控制：(1) 大洋岩石圈下沉驱动的自上而下的俯冲运动；(2) 软流圈地幔上涌驱动的自下而上的张裂作用。板块构造的运行以全球性连通的连续系统为特征(Cawood et al., 2018; Hawkesworth and Brown, 2018; Lenardic, 2018; Stern, 2018)，海底扩张产生新地壳，俯冲作用消亡老地壳(Allègre, 1988; Frisch et al., 2011; Condie, 2021)。前者产生的岩浆熔体上浮，形成离散型板块边界；后者产生的榴辉岩化地壳下沉，形成汇聚型板块边界。无论哪种情况，活动带都是沿着板块边界发育，并且在时空上紧密相连。

板块构造理论是二十世纪自然科学的十大进展之一，是地球科学史上的一场革命。在其建立之初，它是综合许多学科的最新成果而建立起来的大地构造学说，集大陆漂移、海底扩张和板块俯冲三大构造体系为一体，成为当代地球科学最重要的理论。它从大量海洋调查实际材料出发，对大洋壳的产生和消亡过程作了详尽的论证，获得了最近两亿年来大洋地壳形成和演化的理论模型，极大地丰富了地质学和地球物理学的基础理论。它以地球整个岩石圈的活动方式为依据，建立世界范围的构造运动模型，因此板块构造学说又称全球构造学说，这是其它以大陆范围内的各种地质现象为依据而建立的各种大地构造学说所无法比拟的。

尽管如此，板块构造理论毕竟是以海洋地质和地球物理为基础建立起的大地构造学说，大洋地壳火成岩的最老年龄只有2亿年，而大陆地壳岩石的年龄可以高达30多亿年，个别甚至超过40亿年。陆壳厚度很大，虽然大多为30–40km，但是在某些造山带可达70–80km；而洋壳厚度很小，一般为7–8km，最薄处只有5–6km。虽然洋壳和陆壳都作刚性运动，但是两者在褶皱变形上存在显著差别。洋壳内部缺乏褶皱变形，而陆壳内部褶皱变形非常发育。此外，大陆内部不仅发育变质作用和岩浆作用，而且不同块体具有不同的形成演化历史。经过半个多世纪的努力，地球科学界已经对板块边界和大陆边缘在物质和能量上传输的认识越来越深入，对大陆块体的形成和演化历史有了越来越清晰的理解。

第二节　板块边缘

与板块边界的划分相对应，在地球上有离散型、汇聚型和走滑型三类板块边缘(图1-2)。缝合带代表古板块之间的汇聚边界。由于受到不同类型构造动力的作用，板块边缘可以出现挤压或者拉张、剪切或者断层，地壳岩石可以发生脱水或者熔融，因此地震和火山都较为常见。

离散板块边缘以浅源地震、火山活动、高热流和引张作用为特征；洋中脊轴部是海底扩张的中心。由于软流圈地幔物质在此对流上涌，洋中脊两侧大洋板块分离拉开；上涌的地幔物质降压熔融形成洋中脊玄武质地壳及其下伏的方辉橄榄岩，进而冷却形成新的大洋底石圈，添加到两侧大洋板块的后缘上，洋壳的年龄随着远离洋中脊而逐渐变老。

汇聚板块边缘以缝合带为标志，可分为两个亚类：(1) 一个大洋板块在海沟处俯冲下沉到另一个大洋板块或者大陆板块之下，形成大洋俯冲带；(2) 两个大陆之间发生聚合，首先是在地壳深度发生碰撞，然后是一个大陆岩石圈俯冲到另一个大陆岩石圈地幔深度，因此称为大陆碰撞带或大陆俯冲带。无论是在大洋-大洋俯冲带和大洋-大陆俯冲带还是在大陆-大陆俯冲带，汇聚板块边缘在构造地质上有下盘与上盘之分。下盘为俯冲板块边缘，俯冲板片在不同深度发生地震，但是缺乏岩浆作用引起的火山喷发；上盘为仰冲板块边缘，在大洋俯冲带之上出现弧火山作用，但是在大陆俯冲带之上缺乏火山作用。

走滑板块边缘以两个板块之间出现相互剪切滑动为特征，沿转换断层可以出现地震、岩浆活动、变质作用、变形作用等构造活动，但是既没有物质增生也没有物质消减。对于转换断层两边出现的地质体，在大洋板块内部没有显著差别，但是在大陆板块内部存在显著差别。

板块构造理论的核心是板块边缘(Allègre, 1988; Frisch et al., 2011; Zheng, 2021b)。这涉及俯冲和张裂两个方面(Stern, 2002; 郑永飞等, 2015; Zheng and Chen, 2016, 2017, 2021; Zheng and Zhao, 2017; Bebout et al., 2018; Zheng and Gao, 2021)。一方面，俯冲是将地表物质输送到地球内部的最主要方式。另一方面，张裂是将地幔物质和能量输送到地球表层的最主要方式。因此，俯冲和张裂是地球圈层物质和能量交换的两种关键机制。在汇聚板块边缘，地壳发生加厚；在离散和走滑板块边缘，地壳出现减薄。由俯冲带或张裂带所构成的造山带，与地球壳幔系统演化和矿产资源聚集等重大地球科学问题紧密相连，同时也是火山喷发和地震活动的主要场所。

大洋板块俯冲可分为早期、晚期和成熟三个阶段，其中早期阶段低角度俯冲引起低地热梯度变质作用，晚期阶段高角度俯冲引起弧岩浆作用(图 1-3)；弧后(backarc)盆地则发育在成熟阶段，可以发展成新的大洋，如欧洲瑞亚克洋(Rheic Ocean)的形成是巨神洋(Iapetus Ocean)俯冲过程中由弧后盆地逐渐发育而成(Stamphli and Borel, 2002)。大洋关闭期代表大洋岩石圈在汇聚板块边缘的消失和大陆地壳的碰撞，伴有大陆岩石圈的俯冲。大陆俯冲带在古大洋消亡、大洋俯冲向大陆俯冲转换、壳幔物质和能量相互作用、新大洋形成等一系列过程中发挥了重要作用(Zheng and Chen, 2017, 2021)。

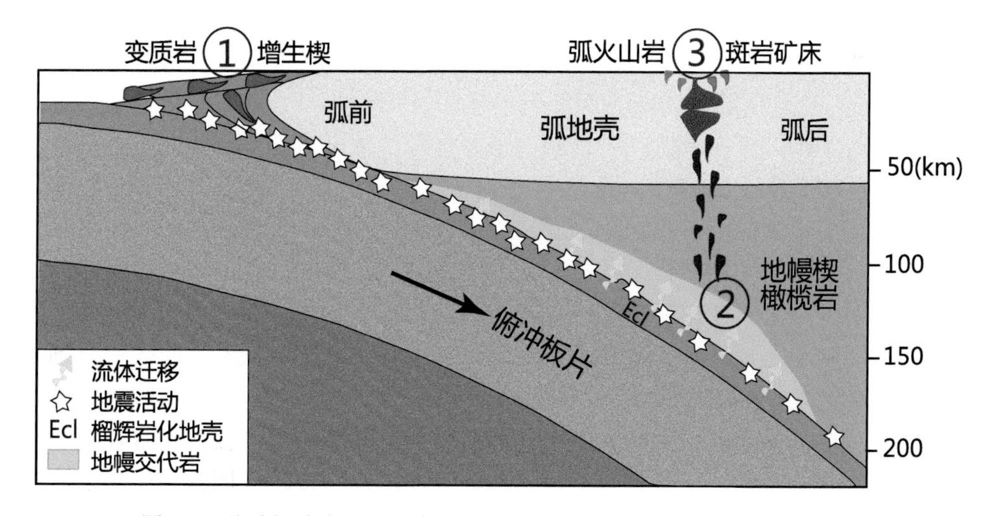

图 1-3 俯冲板块在弧下深度脱水与地震、火山和成矿作用关系示意图

注意：图中展示的俯冲带产物在形成时间上有先后关系：① 俯冲地壳变质脱水，紧接着是小地幔楔受到俯冲带流体交代；② 地幔楔中的交代岩部分熔融产生弧岩浆；③ 镁铁质弧岩浆结晶分异形成长英质岩浆和斑岩型矿床。

在离散板块边缘，新的玄武质洋壳通过软流圈地幔降压熔融形成，在地貌上表现为海底山脉，因此称为洋中脊。洋中脊是最大的海底山脉，虽然在绝对高度上低于陆地山脉，但是在总体分布面积上不小于陆地山脉。尽管洋中脊在形成之时位于离散板块边缘，但是随着大洋板块的运动，洋中脊可能会迁移到大陆边缘发生碰撞/俯冲作用，在特定的条件下发生撕裂形成板片窗(e.g., Snyder et al., 1976; Dickinson and Snyder, 1979; Forsythe and Nelson, 1985; Thorkelson, 1996, 2021; Sisson et al., 2003)。如果洋脊与陆缘之间的汇聚角度较大(>60°)，洋脊会发生撕裂形成板片窗，引起软流圈地幔降压熔融形成板片窗玄武质岩浆作用。如果洋脊与陆缘之间的汇聚角度较小(<30°)，不会引起板片撕裂导致板片窗岩浆作用。无论汇聚角度多大，洋中脊都会以增生方式拼贴到大陆边缘，引起蛇绿岩的构造侵位(Forsythe et al., 1986; Osozawa et al., 1990; Moores et al., 1998; Shervais, 2001; Bradley et al., 2003; Sisson et al., 2003; Zheng and Chen, 2016)，差别在于大角度汇聚引起蛇绿岩的短带状侵位，小角度汇聚引起蛇绿岩的长线状侵位。洋脊与陆缘在碰撞/俯冲之时可以处于活动或者不活动状态：(1) 活动洋脊依然较热，导致俯冲带地热梯度较高；(2) 不活动洋脊则相对较冷，导致俯冲带地热梯度较低。

第三节　造山带与威尔逊旋回

造山带是板块边缘所呈现的带状地貌，是岩石圈中结构中最复杂的板块构造边界。在板块边缘发生的造山作用导致地壳加厚、变质作用和岩浆活动，在地表形成线(带)状隆起的山脉。一般将造山带定义为经受了强烈变形变质作用形成的、规模巨大的线(带)状大地构造单元，忽视了岩浆岩沿板块边缘侵位所形成的山脉(如洋中脊)。对造山带的构造分类经历了悠久的历史，二十世纪后半叶流行的是Zwart (1967)建议的三分法(图 1-4)：科迪勒拉型(Cordillerotype)、阿尔卑斯型(Alpinotype)和海西型(Hercynotype)。随着板块构造理论在大陆地质研究中的应用，分别提出增生造山带(accretionary orogen)和碰撞造山带(collisional orogen)与前两种类型相对应(Dewey and Bird, 1970; Maruyama et al., 1996; Cawood et al., 2009)，两者均属于板块汇聚过程的产物(图 1-4)。

增生造山带形成于大洋俯冲带之上的主动大陆边缘，其上出现的镁铁质弧岩浆岩是新生长的地壳，在弧前出现由沉积岩组成的、变形强烈的增生楔。大洋板块俯冲也可以将大洋弧拼贴到大陆边缘，从而导致大陆增生。因此，出现在增生造山带的物质有三种：一是地幔楔部分熔融产生的镁铁质岩浆侵位到地壳层位，二是从俯冲大洋板块表面刮削下来并拼贴到大陆边缘的增生楔，三是直接拼贴到大陆边缘的大洋岛弧。增生型造山带可以发育不同类型的变质相系，典型的是双变质带，在海沟一侧为低温高压榴辉岩相，在陆内一侧为高温低压麻粒岩相。

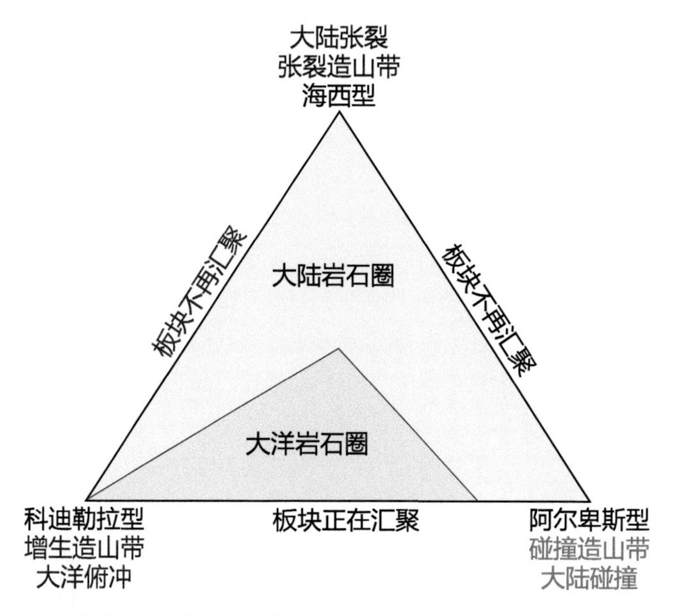

图 1-4　板块边缘构造过程与造山作用之间的对应性(修改自 Zheng and Zhao, 2017)

碰撞造山带是位于两个碰撞大陆块体之间的造山带，其中的物质主要来自俯冲的大陆岩石圈。大陆碰撞导致大洋盆地闭合，代表大洋板块俯冲作用的结束，可进一步分为岛弧-大陆碰撞和大陆-大陆碰撞两种类型。在大陆碰撞过程中，首先是大陆地壳在俯冲带条件下发生变形和变质作用，接着发生陆块之间的碰撞，形成大陆碰撞带。一般将大陆碰撞限制在地壳深度，而将大陆俯冲延伸到岩石圈地幔深度。碰撞造山带只是大陆碰撞带的下盘，上盘是前大洋俯冲带的主动大陆边缘，其中既可以发育大陆弧岩浆岩(如与喜马拉雅造山带毗邻的冈底斯造山带)，也可以不发育大陆弧岩浆岩(如与大别-苏鲁造山带毗邻的华北克拉通南缘)。

对海西型造山带的认识分歧较大，曾经提出过陆内型、拉张型、超热型乃至克拉通内部型等术语(e.g., Dewey, 1988; Cawood et al., 2009; Zheng and Chen, 2017)。这类造山带不仅出现在大陆内部，而且具有下列共同特点：(1) 位于古缝合带，即不再汇聚的板块边缘；(2) 叠加在增生或者造山带之上；(3) 出现麻粒岩-混合岩-花岗岩组合；(4) 有变质核杂岩侵位；(5) 出现拆离构造。根据汇块边缘极端变质作用与岩浆作用之间的时空关系，Zheng 和 Chen (2017)建议采用裂熔型(rifting type)来概括这类造山带，提出在增生和碰撞造山带岩石圈地幔发生显著去根减薄的条件下，下伏软流圈地幔发生上涌引起主动大陆张裂，这样高的地幔热流就会引起地壳岩石的变质脱水和部分熔融，所产生的长英质岩浆上升能够引起板块边缘地壳隆起形成裂熔造山带(rifting orogen)，其中同时代的花岗岩-混合岩-麻粒岩组合是典型产物(Zheng and Chen, 2021; Zheng and Gao, 2021)。

虽然裂熔造山带位于大陆内部而远离现今活动大陆边缘，但是前人在研究中已经注意到古缝合带地壳的再活化(Dewey, 1988)。古缝合带岩石圈在去根减薄之后的陆内环境出现高的软流圈热流，致使古板块边缘的岩石圈具有很大的流变性；软流圈上涌引起减薄的岩石圈发生构造拉张形成主动张裂(active rifting)，这个自下而上过程是板块边缘造山带形成的共同特点。如果岩石圈张裂并未导致大陆裂解形成新的大洋盆地，只是使先前存在的造山带发生活化再造(reworking)，看上去就是所谓的克拉通内部型或者陆内型造山带。如果岩石圈张裂导致大陆裂解形成新的大洋盆地，则开始新的一轮威尔逊旋回，不过在裂解的陆缘造山带岩石圈，依然可以发现张裂作用的记录。因此，增生造山、碰撞造山和裂熔造山分别代表了威尔逊旋回的三个阶段。

威尔逊旋回在宏观上可以概括为三个主要阶段(Wilson, 1968; Dewey and Spall, 1975)：(1) 从大陆张裂、海底扩张和大洋盆地产生；(2) 大洋俯冲和大陆漂移；(3) 大陆碰撞和洋盆关闭(图 1-5)。海底扩张期代表大洋岩石圈在离散板块边缘的形成和发育，这一过程启动于大陆裂解，而其持续进行则要求对应的板块俯冲，以保持岩石圈运动的质量和动量守恒。周而复始的海底扩张和大洋关闭分别造成不同时代超大陆的裂解和聚合，而超大陆聚合所形成的陆内造山带在拉张构造作用下的再活化是大陆张裂作用的表现形式，其中成功的张裂就是大陆裂解，而夭折的张裂就是陆内再造(再活化)(Zheng and Chen, 2017, 2021)。

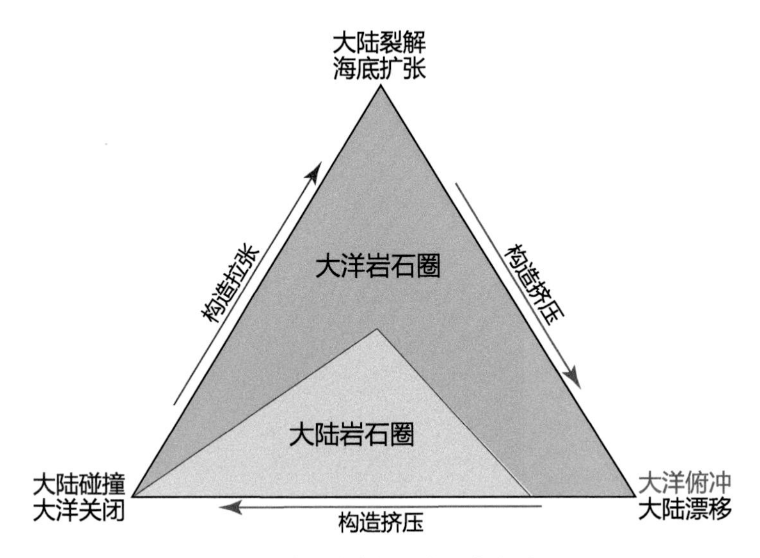

图 1-5　板块构造体系中的威尔逊旋回(概括自 Zheng, 2021a)

由于刚性岩石圈板块围绕地球球面运动遵守质量和动量守恒定律，因此海底扩张与大洋板块俯冲之间在空间上总是处于耦合关系。在大洋板块俯冲引起大洋盆地缩小直至关闭的进程中，海底扩张持续进行，不断在洋中脊产生新的大洋岩石圈。一旦大洋盆地关闭导致大陆碰撞，海底扩张即告停止。大陆碰撞导致超大陆聚合，超大陆聚合之后可以发生张裂，大陆岩石圈内部的构造薄弱带就是潜在的张裂发生位置。不仅成功张裂(大陆裂解)的位置是沿着原来的板块缝合带(Wilson, 1966; Dewey, 1988; Vauchez et al., 1997; Yoshida, 2013; Huang et al., 2019)，而且夭折张裂(陆内再活化)的位置也是沿着原来的板块缝合带(Zheng and Chen, 2017, 2021)。板块边缘在威尔逊旋回各阶段都发挥着重要作用(Wilson et al., 2019; Zheng et al., 2019a; Zheng, 2021b)。就威尔逊旋回来说，大陆碰撞带如何发展成为大陆张裂带？大陆张裂带又如何发展成为大陆碰撞带？对这两个问题的回答已经成为大陆动力学研究的前沿和热点(Dewey, 1988; Wilson et al., 2019; Zheng et al., 2019a)。

第四节　板块边缘物质和能量传输

板块俯冲与大陆张裂构造是汇聚板块边缘垂直运动与水平运动的具体体现，它们在自上而下和自下而上的物质和能量的传输上发挥了非常重要的作用(Zheng, 2021a, 2021b; Zheng and Chen, 2021)。因此，汇聚板块边缘研究不仅需要确定岩石圈与软流圈之间在物质和能量上传输和交换的机制与形式，而且需要确定其动力体制和地热梯度以及它们随时间的变化。在二十世纪下半叶，化学地球动力学致力于研究板块俯冲对地幔地球化学成分的影响，力图区分不同类型地壳和不同成因沉积物脱水熔融对岛弧和洋岛玄武岩源区成分的贡献(Allègre, 1982; Zindler and Hart, 1986; Hofmann, 1997)。为了识别不同类型壳源流体对不同大小地幔楔的交代作用，寻求板片-地幔楔界面交代反应的岩石学和地球化学证据，理解汇聚边缘岩石圈俯冲和减薄对地幔不均一性的影响，必须将汇聚边缘构造作用、变质作用、交代作用和岩浆作用作为一个地球内部系统来考虑。

就汇聚板块边缘地球系统科学的研究来说，还涉及板块构造在地球上何时启动和如何启动这两个重要问题。虽然学术界对这两个问题存在较大的争论，但是总的来说有两种主要观点(Condie and Kröner, 2008; Hamilton, 2011; Korenaga, 2013; Zheng, 2021a)。一部分人认为，板块构造早在太古宙(4.0–2.5Ga)就已经启动；另一部分人认为，板块构造在新元古代才开始启动。尽管许多不同方面的观测被用来制约板块构造的启动时间(Stern, 2005; Brown, 2006; Furnes et al., 2007; Jenner et al., 2009)，但对这些观测资料的解释并不都是经得住推敲的，有的令人困惑，有的甚至相互排斥(Cawood et al., 2018; Stern, 2018)。这涉及到如何正确认识板块边缘岩石构造单元的形成和演化，如何区分正在活动的俯冲带和不再活动的俯冲带，如何理解俯冲带与张裂带之间的相互转化等关键科学问题(Zheng and Zhao,

2020)。

研究板块构造是否出现时，关键是要判断板块边界活动带是局域性的还是全球性的(Hawkesworth and Brown, 2018)。无论是挤压体制下的俯冲作用还是拉张体制下的张裂作用，都可以产生构造活动带(Zheng and Zhao, 2020)。全球性活动带网络系统沿板块边界的形成和保持，是地球上板块构造得以一直运行下去的前提(Bercovid and Ricard, 2014; Cawood et al., 2018)。而与板块边界没有连接的局域性俯冲和张裂，不能作为板块构造运行的证据(Lenardic, 2018)。因此，确定板块边界的发育规模是个关键，其对不同类型变质相系的识别至关重要(Zheng and Zhao, 2020)。对于汇聚板块边缘的变质岩，可以根据地热梯度高低划分成三个相系(Zheng, 2021c)，即低温高压蓝片岩-榴辉岩相系(阿尔卑斯型)、中温中压角闪岩-麻粒岩相系(巴罗型)和高温低压角闪岩-麻粒岩相系(巴肯型)。板块汇聚引起地壳岩石俯冲到岩石圈深度，在那里发生阿尔卑斯型乃至巴罗型变质作用。尽管大陆张裂作用不一定引起岩石圈成功破裂导致海底扩张，但是在汇聚板块边缘的夭折张裂会使古缝合带再活化，从而引起巴肯型变质作用(Zheng and Chen, 2017, 2021)。

重力驱动的俯冲作用已经用来识别前寒武纪板块构造(Stern, 2018)，但问题在于是否俯冲作用就等同于板块构造(Cawood et al., 2018)。至少在古元古代，低地热梯度下的冷俯冲是短暂的、幕式的和局部的(Korenaga, 2013; Stern, 2018; Zheng and Zhao, 2020)。自太古宙起就广泛出现了经典的巴罗型变质相系(Brown and Johnson, 2018; Zheng and Zhao, 2020)，指示那时就已经出现了全球性的中等地热梯度下的暖俯冲(Cawood et al., 2018; Zheng and Zhao, 2020)。因此，定义板块俯冲何时启动的关键不是确定地球上最早出现的俯冲作用，而是确定何时汇聚板块边界与发散板块边界之间连成了全球连接的系统。当然，俯冲作用是构成全球性连接系统的前提和基础。尽管查明太古宙时期的大陆漂移和海底扩张非常困难，但是变质记录指示那时已经出现了全球性连接的构造系统(Johnson et al., 2014; Sizova et al., 2015; Zheng and Zhao, 2020)。

高温低压巴肯型变质相系从太古宙经元古宙到显生宙都十分发育(Brown et al., 2018; Zheng and Zhao, 2020)，说明拉张体制下的板块构造从太古宙起已经开始运行。相反，阿尔卑斯型变质相系自寒武纪起才广泛形成(Brown et al., 2020)，标志着挤压体制下大洋和大陆岩石圈的冷俯冲到这时才开始大规模发育，全球性板块边缘才变得刚性而实现冷俯冲(Zheng and Chen, 2021)。阿尔卑斯型变质相系不仅出现在洋-陆汇聚边缘的增生造山带，而且出现在陆-陆汇聚边缘的碰撞造山带(Zheng and Chen, 2017, 2021)。因此，以冷俯冲为特征的现代板块构造是从寒武纪才开始大规模运行的，而以暖俯冲为特征的古代板块构造从始太古代就开始大规模运行了。不过，在古元古代中期哥伦比亚超大陆聚合期间，以冷俯冲为特征的现代板块构造得到局部发育(Zheng and Zhao, 2020)。

通过研究板块边缘的结构、过程和产物(图 1-6)，可以认识板块俯冲和大陆张裂引起的壳幔物质和能量传输及其对地球内部和表层演化的影响。因此，对俯冲作用和张裂作用产物性质的认识和理解，取决于我们对汇聚板块边缘结构和过程的认识和理解。为了发展汇聚板块边缘地球系统科学，可以聚焦以下三大部分 18 个方面进行研究：(1) 结构，包括几何结构、温压结构和地质结构；(2) 过程和产物，包括俯冲地壳变质脱水和部分熔融、流体性质和交代作用、元素迁移和相对聚集、变质作用和变质相系、俯冲地壳折返机制、地幔楔部分熔融、镁铁质岩浆作用、长英质岩浆作用、热液成矿作用；(3) 地球动力学，包括地壳再循环形式、板片再循环机制、俯冲带地热梯度演化、俯冲带动力体制、俯冲带动力来源和俯冲带时空演化。

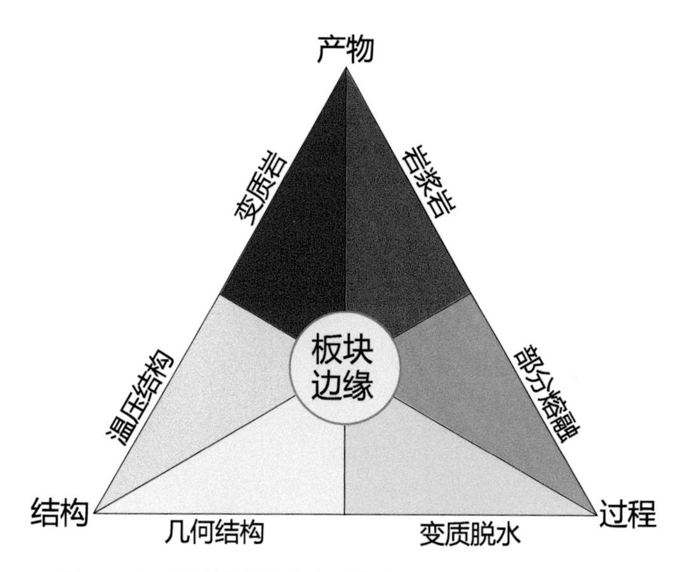

图 1-6　汇聚板块边缘地球系统科学主要组成部分示意图

在汇聚板块边缘地球系统科学中，认识不同圈层和储库之间在物质和能量上的传输是两个最为核心的问题。对于地球内部系统来说，板块俯冲和大陆张裂造就了汇聚板块边缘所呈现的一系列地质学特征。因此，相关研究需要聚焦板块边缘物质传输和能量传输这两个核心科学问题，查明板块边缘构造作用、变质作用、交代作用、岩浆作用等过程在不同阶段的各自特征和相互联系，包括物质和能量两个方面从地球深部向浅部的迁移过程及其资源能源和灾害环境效应，着力考察研究相对薄弱的古缝合带，认识和理解俯冲带向造山带转换的机制和过程，在地球内部系统科学的框架内阐明汇聚板块边缘从挤压到拉张构造体制下在能量和物质上的交换机制和效应。

尽管国际上在汇聚板块边缘领域针对地球浅部与深部过程之间关系的研究取得了一系列重要成果，但是由于不同学科之间的研究工作缺乏密切的协同配合，导致对于诸如汇聚边缘物质的物理化学性质、壳幔相互作用的机制和过程、壳源和幔源岩浆活动的物质来源和启动机制，以及深部地幔过程对浅部地壳物质的影响等许多关键科学问题尚未得到根本解决。因此，充分认识汇聚板块边缘地球系统的前世今生，深刻理解地球各圈层之间通过板块俯冲和大陆张裂所实现的物质和能量传输，不仅有助于发展地球内部系统科学，而且对建立板块构造与大陆地质之间的关系至关重要。

第二章　汇聚边缘物理化学结构

第一节　俯冲带几何结构

自板块构造理论在二十世纪六十年代建立之日起，人们就应用地震学方法研究了环太平洋俯冲带的几何结构，对俯冲板块在地幔不同深度的几何形态和内部结构有了初步认识(Jarrard, 1986)，发现板块俯冲带的几何结构既存在相似性也存在差异性(Hayes et al., 2012, 2018)。一旦板块俯冲进入地幔深度，一般用“板片”这个术语来表示板块，以便与上覆板块区别开来。

无论是大洋板块俯冲还是大陆板块俯冲，在板块向下俯冲的过程中，板片俯冲角度会发生变化，在俯冲带中出现了不同的几何结构(郑永飞等, 2016; Li et al., 2019a; Hu and Gurnis, 2020; Zheng, 2021b)。对于板块俯冲的深度，前人主要是通过地震层析成像结果予以限定。根据大洋俯冲板片脱水引起弧下地震的深度，推测弧岩浆起源深度为 60–200km，主要集中在 80–160km。因此，一般定义弧前(forearc)深度为<60–80km，弧下(subarc)深度为 80–160km，后弧(postarc)深度为>200km(Zheng, 2019)。

根据板片倾角的大小，可将俯冲带几何结构分成三种(图 2-1)：(1) 低角度(<30°)，对应于缓俯冲(图 2-1A)；(2) 中角度(40°–50°)，对应于正常俯冲(图 2-1B)；(3) 高角度(>70°)，对应于陡俯冲(图 2-1C)。在现代汇聚板块边缘，大多数大洋俯冲带属于正常和陡俯冲，只有大约 10%属于缓俯冲(其中大多位于东太平洋俯冲带)。

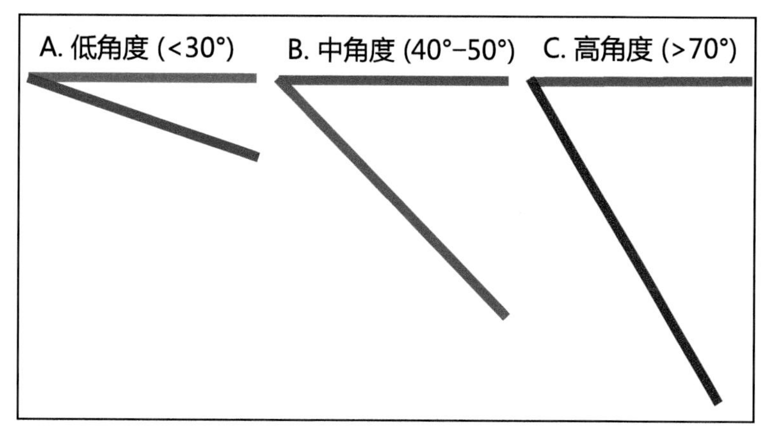

图 2-1　板块俯冲角度示意图

与周围介质相比，俯冲板片相对较冷，在地震波速上通常呈现相对高速异常(Goes et al., 2017; Zhao et al., 2017; England, 2018)。因此，地震层析成像可以用来确定俯冲带的几何结构。对于俯冲板片，特别是大洋板片，经常伴随有地震的发生。地震不仅发生在俯冲板片和上覆板块的界面，而且还发生在俯冲板片的内部。在很多大洋俯冲带，俯冲板片都存在双地震带现象，即上层地震发生在俯冲板片的地壳中，下层地震发生在俯冲板片的地幔中(Brudzinski and Chen, 2003)。俯冲带地震在深度上的分布呈现双峰式特征(Frohlich, 2006)，第一个峰值出现在0–30km深度，并且呈指数衰减到300km深度；第二个峰值出现在550–600km深度，最深可以达到~700km。因此，可以应用俯冲板片内部地震的分布来勾画俯冲板片的几何形态。但是，并不是所有的俯冲板片从浅到深都有地震发生，因此不能只基于地震的分布来确定俯冲板片的几何形态。

几乎所有的火山弧之下都发育了贝尼奥夫地震带，与地震层析成像所揭示的高速异常分布一致(England and Katz, 2010)。地震学观测揭示，俯冲大洋岩石圈既可以滞留在地幔过渡带，也可以穿过地幔过渡带抵达下地幔乃至核幔边界(Fukao and Obayashi, 2013; Goes et al., 2017)。大洋俯冲板片的倾角大多在40°–60°，但是也存在缓俯冲、陡俯冲，或者浅部缓俯冲、深部陡俯冲等复杂的几何形态(图2-2)，并且沿俯冲带的走向板片形态可发生突然变化。

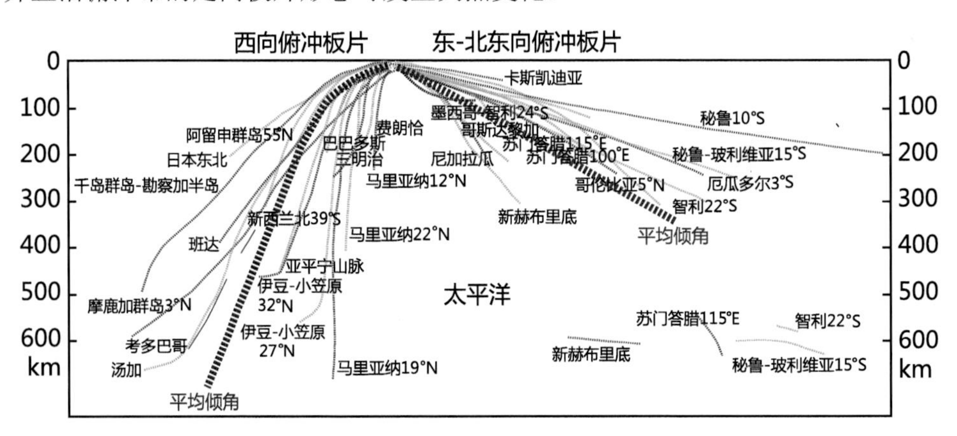

图2-2　环太平洋俯冲带板片倾角随深度变化示意图(修改自Ficini et al., 2017)

近年来，地震学结构成像分辨率和俯冲带地震定位精度的大幅度提高，为构建完整的全球俯冲带板片深部形态图像提供了关键信息。这些图像揭示，板片形态具有显著的横向差异性和三维结构多样化特征(Fukao and Obayashi, 2013; Goes et al., 2017)。对于环太平洋现代大洋俯冲带，俯冲板片在深部地幔的形态存在四种类型(图2-3)：(1) 板片在660km间断面滞留；(2) 板片穿过660km间断面；(3) 板片在660–1000km深度滞留；(4) 板片俯冲到下地幔。

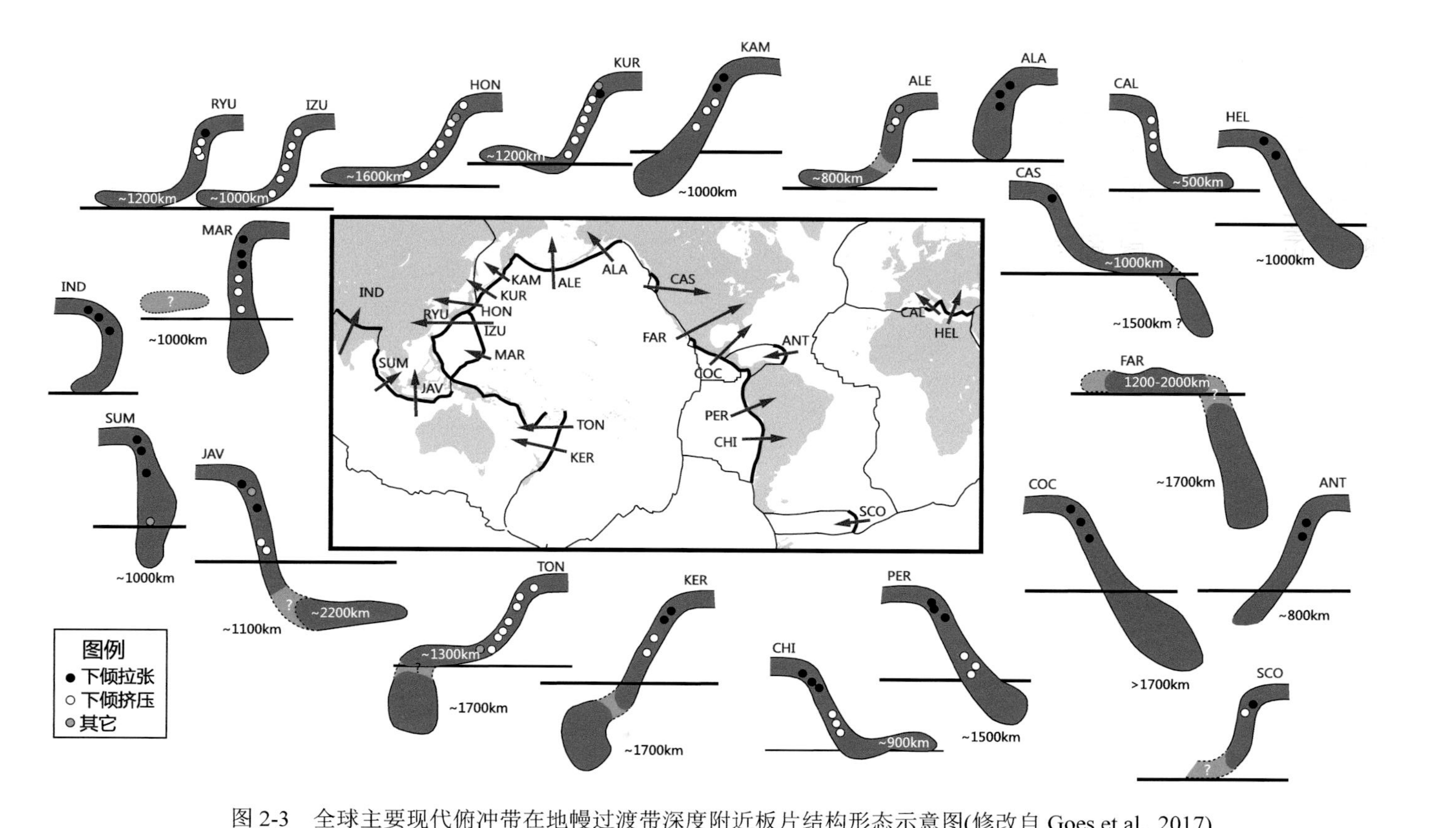

图 2-3　全球主要现代俯冲带在地幔过渡带深度附近板片结构形态示意图(修改自 Goes et al., 2017)

注：(1) 蓝带代表俯冲板片的大致结构形态，黑线代表地幔过渡带底部 660km 间断面，蓝带附近数字代表穿过间断面的板片俯冲深度。(2)字母缩写代表不同名称的俯冲带：RYU，琉球；IZU，伊豆；HON，本州；KUR，千岛群岛；KAM，堪察加半岛；ALE，阿留申群岛；ALA，阿拉斯加；CAL，卡拉布里亚；HEL，希腊；IND，印度；MAR，马里亚纳；CAS，卡斯卡迪亚；FAR，法拉隆；SUM，苏门答腊；JAV，爪哇；COC，科科斯；ANT，安地列斯；TON，汤加；KER，克马德克；CHI，智利；PER，秘鲁；SCO，南斯科舍。

考虑到矿物相变的影响，俯冲板片几何形态的差异意味着俯冲板片的物质组成、动力状态以及与地幔的相互作用会随着时间演化而发生变化。俯冲洋壳的榴辉岩化可显著提升大洋板片的密度，由于俯冲带的温度较低，俯冲板片岩石圈地幔的密度会大于周围地幔。在这两种密度增加机制的叠加效应下，俯冲板块的拖曳力导致穿越圈层结构的深俯冲，而地幔的黏性拖曳力以及俯冲板片和上覆板块之间的摩擦/黏性耦合力阻止板片俯冲(Hacker et al., 2003; van Summeren et al., 2012)。

一般来说，板片在早期阶段多为低角度俯冲(图 2-4A)，在晚期阶段出现高角度俯冲(图 2-4B)。在低角度俯冲过程中，汇聚板块之间存在高程度耦合(郑永飞等, 2016)。一旦俯冲板片回卷，俯冲角度变大，汇聚板块之间的耦合程度降低甚至解耦，软流圈地幔就会侧向流动进入地幔楔与回卷板片之间的空间。当板片进入软流圈深度后，如果板片俯冲速率慢于板片重力下沉速率，俯冲角度就会增加；如果上覆板块后撤速率快于板片下沉速率，俯冲角度就会降低。

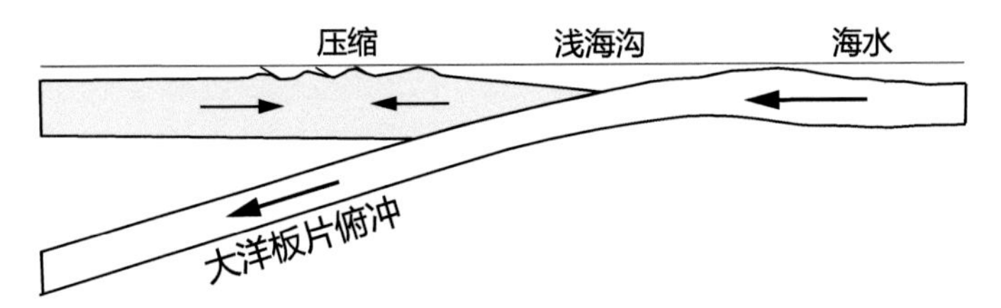

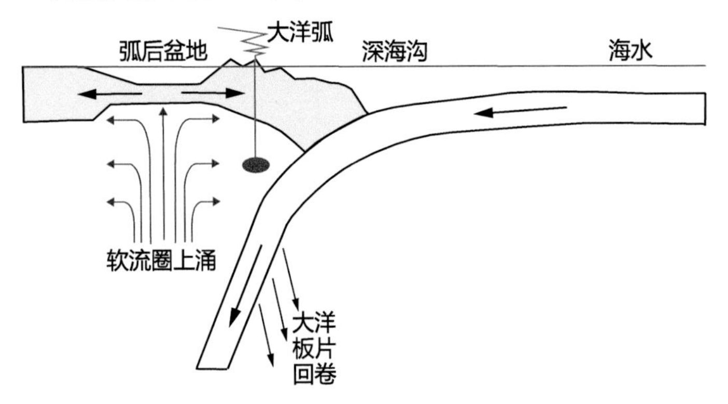

图 2-4 西太平洋俯冲带板片角度在地幔深度随时间变化示意图(修改自 Zheng, 2021b)

A. 早期阶段低角度俯冲；B. 晚期阶段高角度俯冲。

此外，由于地幔侧向对流，俯冲板片的板上反向流动引起板片倾角增大，而板下正向流动引起板片倾角减小(Ficini et al., 2017)。例如，马里亚纳海沟陡倾角俯冲的太平洋板块的年龄是侏罗纪，而智利海沟缓倾角俯冲的纳兹卡板块的年龄是始新世，看上去与传统模型预测的板块年龄与俯冲倾角之间的关系一致。

由于大洋板块上海山或者洋底高原对俯冲的阻碍作用，可以改变俯冲板块的方向和角度。Cooke 等(2005)通过对世界主要斑岩铜矿带成矿背景的综合研究发现，大洋板片的低角度俯冲非常有利于挤压背景的形成，服从俯冲带几何结构与动力体制之间的对应关系(Zheng, 2019)。但是，在挤压背景下发育的是阿尔卑斯型蓝片岩-榴辉岩相变质作用(Zheng and Chen, 2017, 2021)，一般对应于板块俯冲的早期阶段(图 2-4A 和 2-5A)。在东太平洋俯冲带，现今观测到的低角度俯冲可能属于东太平洋板块俯冲的第三阶段(图 2-5C)。

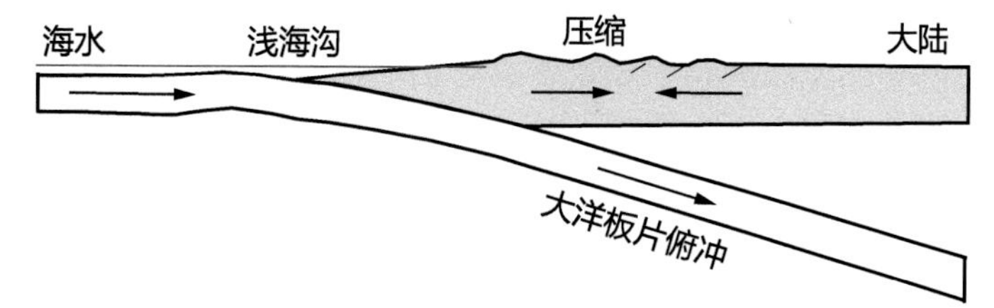

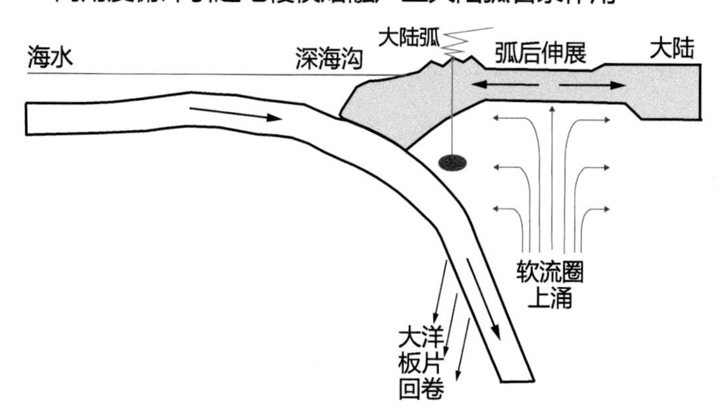

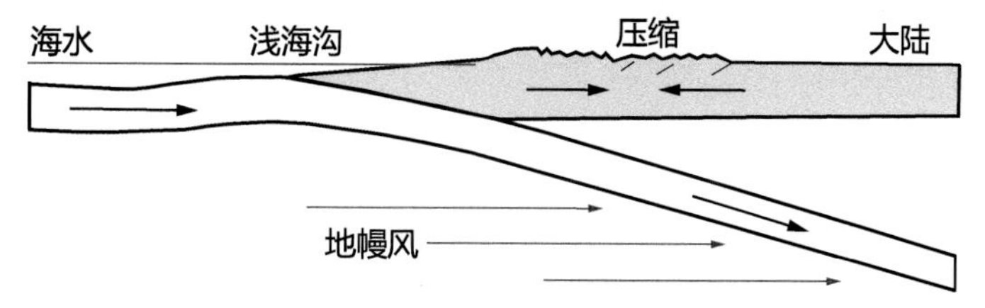

图 2-5　东太平洋俯冲带板片角度在地幔深度随时间变化示意图(修改自 Zheng, 2021b)

A. 第一阶段低角度俯冲；B. 第二阶段高角度俯冲；C. 第三阶段低角度俯冲。

实际上，在西太平洋俯冲带之上的大洋弧岩浆作用和弧后盆地打开只与高角度俯冲相对应(图 2-4)，而东太平洋板片俯冲角度在地质历史时期发生过从低到高再到低的演化过程(图 2-5)。在地质历史上，软流圈地幔可能发生过大规模水平流动，就像一阵风一样(地幔风)，导致与地幔流动方向相同的板片俯冲角度变小(图 2-5C)，而与地幔流动方向相反的板片俯冲角度变大。

大陆俯冲带的几何学主要涉及折返超高压变质地体之下的岩石圈地幔结构，对其约束通常来自远震体波层析成像(Piromallo and Morelli, 2003; Schneider et al., 2013; Zhao L et al., 2017; Zheng et al., 2020a; Zhang et al., 2021)。地震层析成像的结果通常结合其它地球物理探测的资料进行补充、分析，如接收函数的分析旨在探测大陆板块下方莫霍面的位置及其在板块深度上的延续性。对于欧洲西阿尔卑斯造山带，Zhao 等(2015, 2016)根据地震层析成像研究推测，在造山带之下存在陡倾的大陆板片连续体及与之相连的大洋板片，板片深度超过 300km。此类地震观测分析的分辨率主要依赖于走时数据的质量、数量及地震台阵的密度。在分辨率较差的情况下，很难判断一个不连续的速度结构体是反映了活动板块边界地球动力学性质，还是地震观测的低分辨率效应。

印度大陆俯冲到亚洲大陆南缘之下所形成的大陆碰撞带由下盘喜马拉雅造山带和上盘冈底斯造山带组成(Yin and Harrison, 2000; Zheng et al., 2013)。在这个大陆碰撞带之下，地震层析成像揭示了印度大陆板块北向俯冲到亚洲大陆南缘之下(Schneider et al., 2013)。Zheng 等(2020a)在喜马拉雅造山带东构造结附近的缅甸中部布设了一个大尺度的密集地震观测台阵，获得了高质量的地震层析成像数据，发现在这个位置存在完整大陆地壳的印度板块低角度东向俯冲到 100km 深度的结构证据(图 2-6)。

由于大陆地壳具有漂浮性质，大陆岩石圈的俯冲角度总是较低(Zheng and Chen, 2016)。对于大陆岩石圈之下大洋板片的低角度俯冲，既可以是俯冲板片自身的漂浮效应，也可以是俯冲板片之下地幔正向流动的结果。但是对于地幔过渡带出现的大洋板片平俯冲(图 2-3)，van Hunen 等(2004)通过计算地球动力学研究发现，一旦上覆大陆板块朝海沟方向的运动速率大于大洋板片的俯冲速率，大洋板片的俯冲角度就会变缓直至出现平俯冲，否则俯冲大洋板片将会重力下沉而变成陡俯冲。由于地幔温度在太古宙时期显著高于显生宙时期(Herzberg et al., 2010; Korenaga, 2013; Condie et al., 2016; Ganne and Feng, 2017)，大洋板片低角度俯冲在太古宙较为常见(Zheng and Zhao, 2020)。

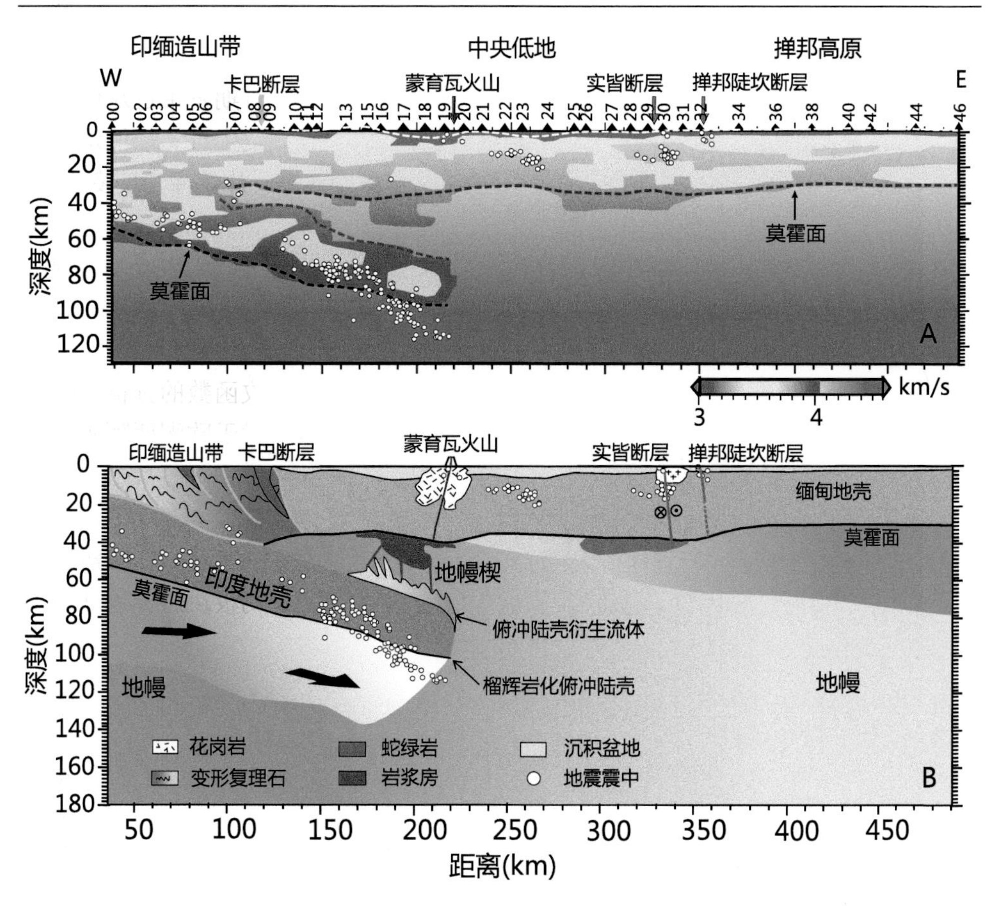

图 2-6　喜马拉雅造山带东构造结附近大陆俯冲带结构示意图(修改自 Zheng et al., 2020a)

A. 缅甸中部东西向地震观测剖面地壳-上地幔速度结构；B. 印度大陆板片东向俯冲构造示意图。

第二节　俯冲带温压结构

俯冲带温压结构以俯冲板片表面温度为起点，分别向上进入地幔楔和向下进入板片内部，这样在俯冲带不同深度表现为不同的温度，因此也被称为俯冲带地热梯度(Peacock, 1991, 2003; Kincaid and Sacks, 1997; Kelemen et al., 2003)。俯冲带温度主要由板块汇聚速率、上覆板块厚度、板片俯冲角度、地幔楔性质、剪切加热速率及俯冲板片年龄等参数决定(图 2-7)。一般来说，汇聚速率越大，上覆板块越厚，俯冲带温度越低；汇聚速率越小，上覆板块越薄，俯冲带温度越高(e.g., Hall, 2012; Rodriguez-Gonzalez et al., 2012; Maunder et al., 2019; Peacock, 2020)。

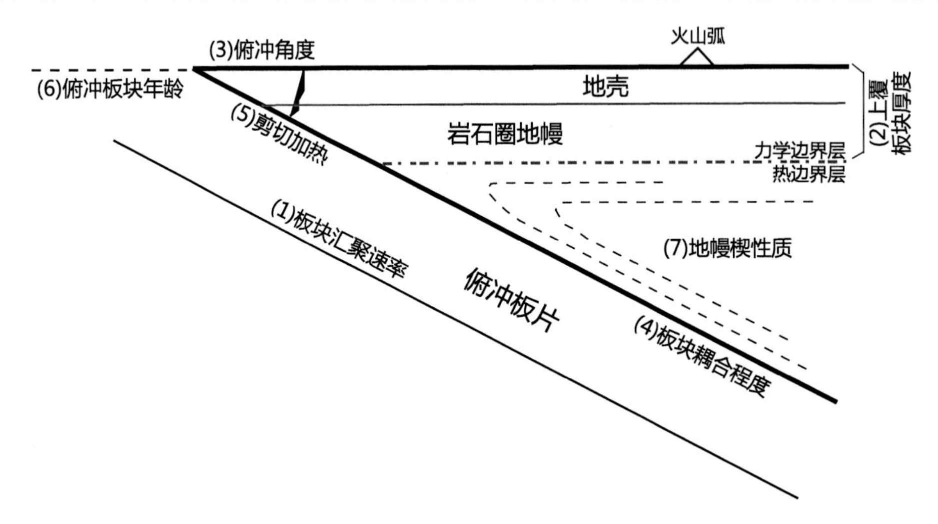

图 2-7　俯冲带温压结构控制因素(修改自 Zheng, 2019)

根据俯冲带地热梯度差别，可以将俯冲带分为四种类型(Zheng and Chen, 2017)：(1)超冷俯冲带(<5°C/km)，(2) 冷俯冲带(5–10°C/km)，(3) 暖俯冲带(11–30°C/km)，(4) 热俯冲带(>30°C/km)。这一分类可在地壳岩石的变质相图上得到充分体现(图 2-8)。沿着 5–10°C/km 的低地热梯度俯冲就会形成冷的俯冲带，对应的

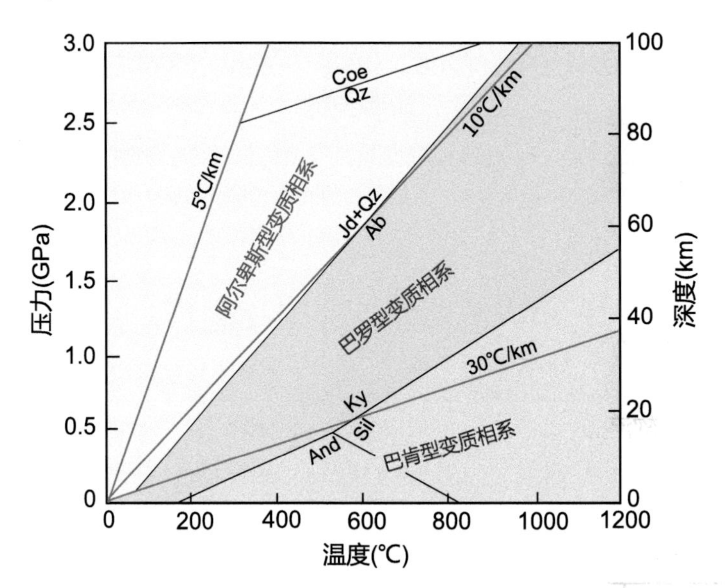

图 2-8　汇聚板块边缘地热梯度与变质相系关系图解(修改自 Zheng and Chen, 2017)

注：矿物相变或矿物反应才是标志变质相系的边界。矿物缩写：Ab, 钠长石；And, 红柱石；Coe, 柯石英；Jd, 硬玉；Ky, 蓝晶石；Sil, 夕线石；Qz, 石英。

进变质相在 *P-T* 轨迹上从蓝片岩相到榴辉岩相。而沿地热梯度 11–30°C/km 俯冲的都是暖俯冲带，对应的进变质相在 *P-T* 轨迹上从低压绿片岩相经中压角闪岩相到高压麻粒岩相。

俯冲板片的温度总是低于它与地幔楔界面的温度(Zheng and Chen, 2016)。在板块俯冲之前，地幔楔内部存在自上而下逐渐升高的温度梯度，其顶部莫霍面的温度约为 400–600°C，底部温度约为 1000–1200°C(图 2-9)。在板块俯冲的早期阶段，俯冲板片与地幔楔之间处于耦合关系，致使地幔楔底部逐渐变冷，地幔楔内部出现向上和向下两个方向温度逐渐降低的垂向热梯度，地幔楔中心的温度最高，弧前拐角处的温度最低(van Keken et al., 2008)。自板块构造理论建立后的二十世纪七十年代起，计算地球动力学就针对大洋板块俯冲早期阶段地幔楔温度随俯冲深度的变化进行了大量的模拟研究(Schubert et al., 2001)。结果显示，随着俯冲的进行，地幔楔底部与俯冲板片顶部之间的温度差别越来越小，最终在弧下某个深度达到相同的最低温度(Zheng and Chen, 2016)。这个最低温度比地幔楔中心温度要低一百乃至几百度，板块俯冲速率和上覆板块厚度是影响这个温度差别的两个决定因素(Zheng, 2019)。但是，针对板块俯冲晚期阶段地幔楔温度随俯冲角度变化所进行的计算地球动力学模拟研究还很少，亟待加强。

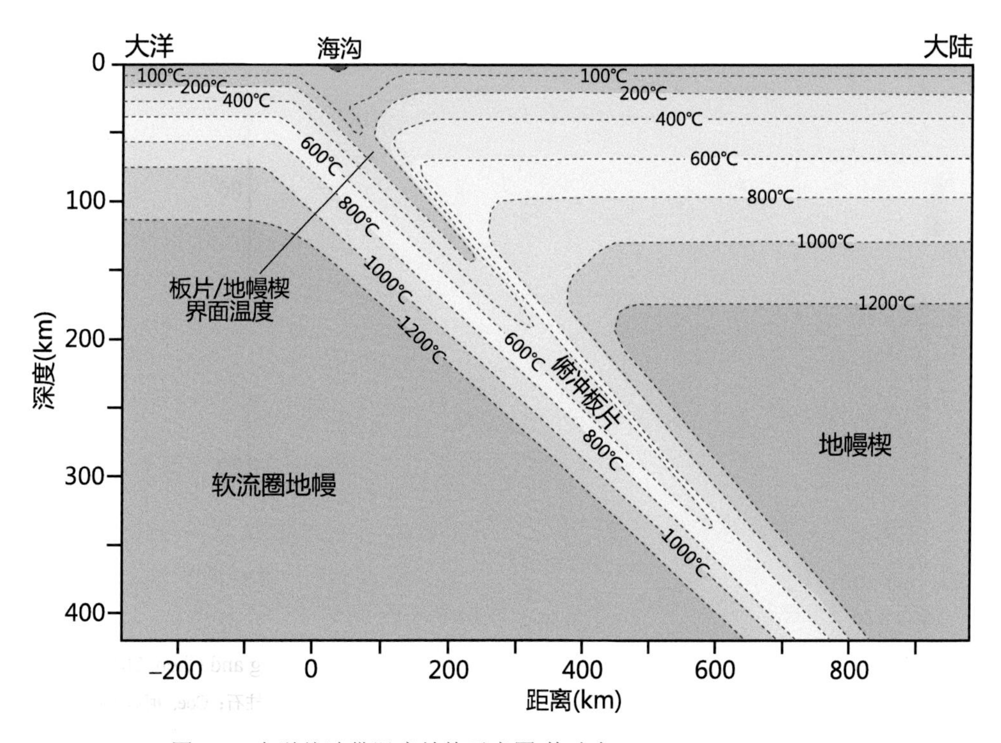

图 2-9　大洋俯冲带温度结构示意图(修改自 van Keken et al., 2008)

越来越多的研究发现，对俯冲板片表面温度起主要控制作用的主要是板块汇聚速率和俯冲板块角度(图 2-7)。板块的垂直俯冲速率越低，俯冲板片表面温度越高；垂直俯冲速率越大，则俯冲板片表面温度越低。但是，针对某一个俯冲带，需要根据其结构和地质观测分析影响该俯冲带温压结构的其它因素。Syracuse 等(2010)对现代大洋俯冲带温压结构的定量概括显示(图 2-10)，俯冲洋壳表面地热梯度在<80km 的弧前深度大多<6°C/km，在 80–160km 的弧下深度介于 5 到 10°C/km，对应于阿尔卑斯型变质相系的形成(Zheng and Chen, 2017, 2021)。即使对于像 Cascadia 和 Mexicon 这样的暖俯冲带，俯冲板片的表面地热梯度也小于 15°C/km(图 2-10)。

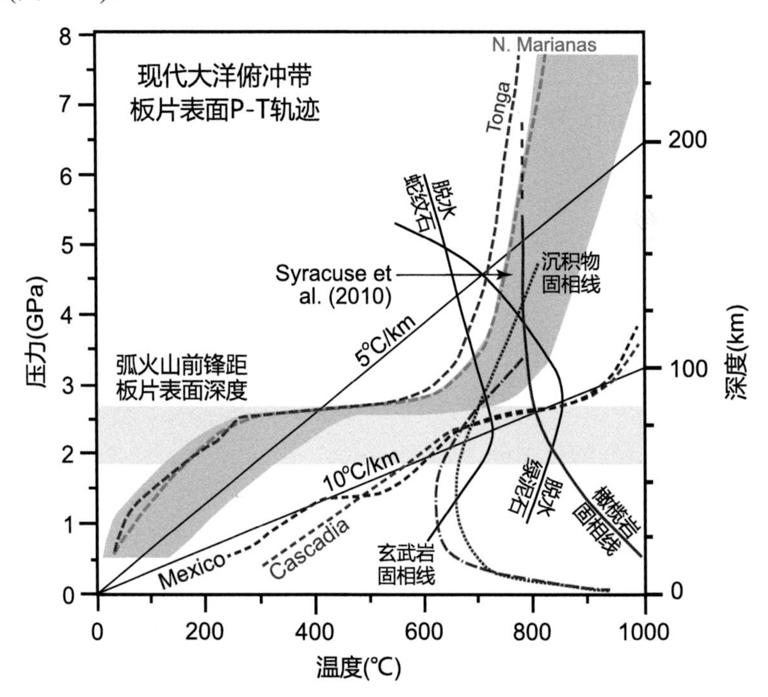

图 2-10　现代大洋俯冲带板片表面温压结构(修改自 Till et al., 2012)

注：虽然弧火山前锋的深度是在 60–80km，但是弧岩浆起源的深度主要集中在 80–160km。

无论是大洋还是大陆俯冲带，在其演化的不同阶段表现出不同的俯冲角度和动力体制，结果导致了不同的温压结构(Zheng and Chen, 2016; Holt and Condit, 2021)。一般来说，可将俯冲带的演化分成早期和晚期两个阶段(Zheng and Chen, 2017, 2021)：(1) 早期阶段，汇聚板块之间处于耦合状态，板片低角度俯冲产生挤压构造(图 2-11A)，结果汇聚板块边缘地热梯度较低，俯冲地壳岩石同步升温升压，在弧前和弧下深度形成阿尔卑斯型蓝片岩-榴辉岩变质相系；(2) 晚期阶段，俯冲板片在重力作用下下沉引起高角度俯冲，在俯冲板片之上产生拉张构造(图

2-11B)，汇聚板块之间处于解耦状态，导致软流圈上涌引起上覆板块减薄张裂，结果汇聚板块边缘地热梯度升高，一方面引起先前形成的低地热梯度变质岩沿俯冲隧道折返，另一方面在弧后位置形成巴肯型角闪岩-麻粒岩变质相系。

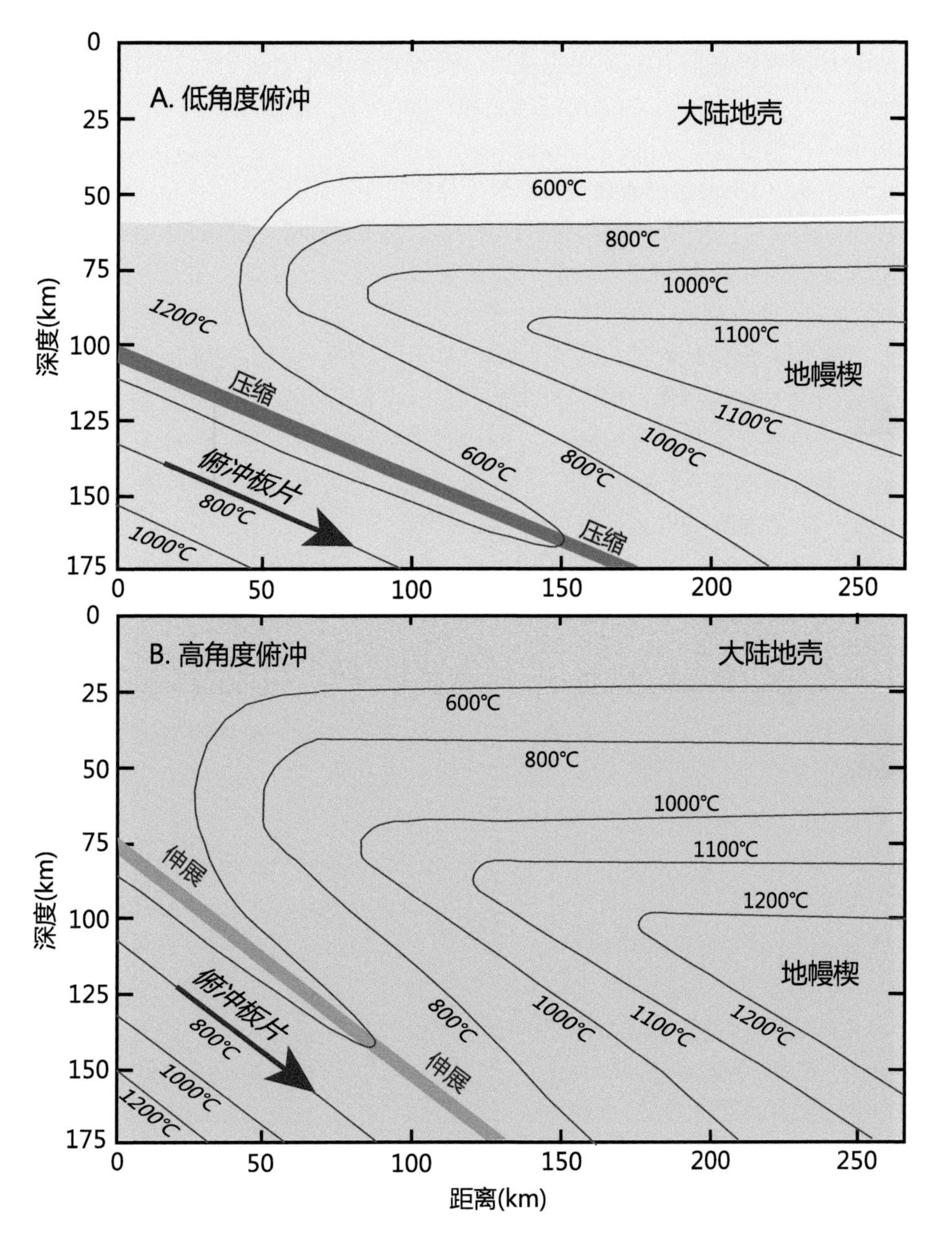

图 2-11 汇聚板块板缘俯冲角度与温压结构之间的关系(修改自郑永飞等, 2016)

A. 早期阶段板片低角度俯冲，汇聚板块边缘地热梯度较低，地幔楔中心温度也较低；B. 晚期阶段俯冲角度升高，软流圈对流加热汇聚板块界面引起地热梯度升高，地幔楔中心的温度也相应升高。

洋壳俯冲带变质岩记录的变质温压条件是恢复俯冲带温压结构的重要手段，进而对理解板块构造演化乃至地球的动力学模型都有指示意义(Brown, 2006, 2010)。然而，现代大洋俯冲带的温压结构与自然界洋壳俯冲带变质岩记录的结果之间存在一定差异。Penniston-Dorland 等(2015)通过对世界各地古洋壳俯冲带折返的蓝片岩和榴辉岩峰期 *P-T* 条件的总结，发现高压变质岩所记录的峰期变质温度大部分高于 Syracuse 等(2010)模拟的结果(>200°C)，由此认为计算地球动力学模拟低估了俯冲带温度。

Kohn 等(2018)通过计算提出，汇聚板块之间的剪切热可大大提高俯冲板片的表面温度，由此可以解释古俯冲带折返的高压变质岩记录。但 van Keken 等(2018)的计算结果表明，虽然增加合理的剪切热可以导致俯冲洋壳表面温度提高，但是升温幅度不会超过 50°C。van Keken 等(2019)进一步指出，现今看到的蓝片岩和榴辉岩并不能完全反映它们当时在俯冲带位置所经受的变质过程，因为这些高压变质岩的折返具有选择性，在暖俯冲带更有利于蓝片岩和榴辉岩的折返，所以记录了较高地热梯度下的叠加变质。另外，对古俯冲带高压变质岩峰期 *P-T* 条件的估算也有很多不确定性，高压岩石在折返过程中受到叠加改造可能造成其峰期压力被低估，或者温度被高估。

Brown 和 Johnson (2019)对地球上不同时代变质岩形成的变质温压进行了系统编辑，建立了变质温压比值(地热梯度)与变质年龄之间的关系(图 2-12)。结果发现，低温压比值(低地热梯度)阿尔卑斯型变质相系主要出现在显生宙，而高温压比值(高地热梯度)巴肯型和中温压比值(中等地热梯度)巴罗型变质相系则从太古宙到显生宙都有发育。Zheng 和 Zhao (2020)将这个差别与板块边缘流变学和地幔温度变化联系起来，提出在显生宙时期地幔温度较低，板块边缘相对刚性，俯冲地壳易于在低地热梯度下发生阿尔卑斯型变质作用；在前寒武纪时期(特别是太古宙时期)，地幔温度较高，板块边缘相对韧性，俯冲地壳易于在中等地热梯度下发生巴罗型变质作用。因此，有必要检查 Penniston-Dorland 等(2015)展示的峰期变质温度高于 Syracuse 等(2010)模拟结果的高压变质岩是否属于前寒武纪俯冲带变质产物。巴肯型变质相系虽然出露汇聚板块边缘，但是巴肯型变质作用或者发生在大洋板块俯冲成熟阶段的弧后张裂(St-Onge and King, 1987; Hyndman et al., 2005; Brown, 2010; Zheng and Chen, 2017, 2021; Hyndman, 2019; Harley, 2021)，或者发生在板块聚合之后的大陆张裂阶段(Wickham and Oxburgh, 1985, 1986; Sengör, 2013; Zheng and Chen, 2017, 2021)。

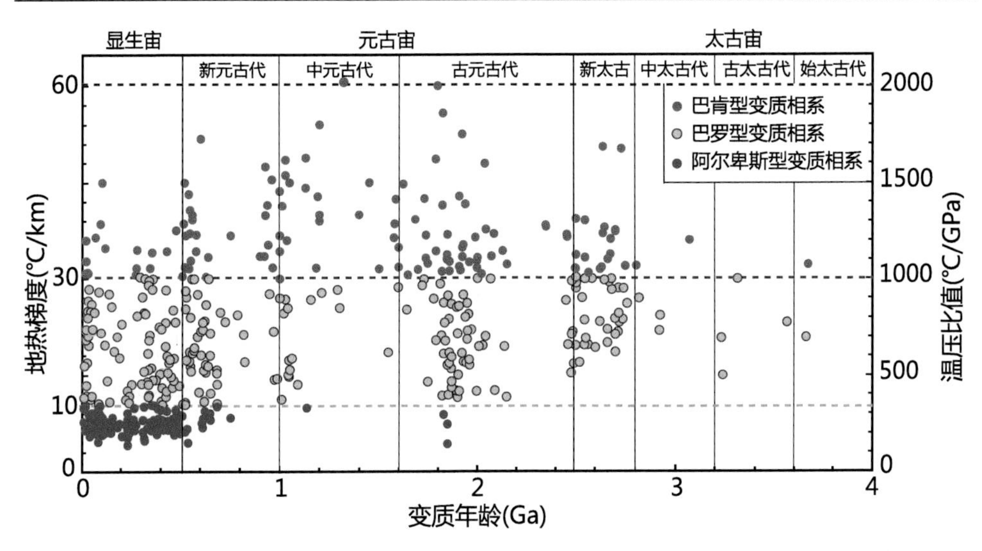

图 2-12 变质年龄和地热梯度与变质相系之间的关系(修改自 Zheng and Zhao, 2020)

注：变质温压数据引自 Brown 和 Johnson (2019)，变质相系的热梯度边界引自 Zheng 和 Chen (2017)。

前人对俯冲带温压结构的数值模拟研究和地表观测约束主要针对大洋俯冲带(van Keken et al., 2011; Wada and King, 2015)。随着对大陆俯冲带认识的不断深入，对俯冲带温压结构的研究扩展到大陆俯冲带与大洋俯冲带温压结构的对比(郑永飞等, 2016)。大陆俯冲带和大洋俯冲带在温压结构的形成和演化上具有相似性(Zheng and Chen, 2016)。大量的岩石学研究表明，大陆深俯冲沿着低的地热梯度进行，属于冷俯冲(Faryad and Cuthbert, 2020)。不过，大洋俯冲显示出从冷俯冲到暖俯冲的变化，特别是在前寒武纪，俯冲带的地热梯度总体较高。由于俯冲带地热梯度的不同，俯冲地壳不仅在脱水速率和脱水总量上不同，而且在脱水作用和流体活动过程中发生的水岩反应性质也有差别(Zheng and Chen, 2016)。

由于汇聚板块边缘地壳性质及其含水量对俯冲带温压结构的影响，在俯冲带区域形成的不同类型变质岩的温压特征可以为恢复板块边缘的温压结构提供良好的制约。因此，对大陆俯冲带的研究为理解俯冲带温压结构的变化规律提供了天然实验室。进一步，俯冲带温压结构控制了俯冲岩石中含水矿物的稳定性，决定了板片脱水的位置，进而影响了弧岩浆作用的有无及其发生的位置(郑永飞等, 2016; Zheng, 2019)。在板块俯冲的晚期阶段，即使俯冲板片尚未在重力作用下回卷，弧后对流地幔也会对地幔楔进行侧向加热，最终导致地幔楔内部对流重新启动，并把热能带到地幔楔底部乃至俯冲板片顶部(Zheng and Chen, 2016)。

第三节　俯冲带地质结构

俯冲带地质结构包括俯冲板块属性及其界面的岩石构造单元组成，它们可以经受不同类型和程度的构造变形、变质作用、岩浆作用和成矿作用。由于后期构造过程的叠加改造，对俯冲带地质结构的识别主要依据现代大洋俯冲带(例如环太平洋俯冲带)和新生代大陆俯冲带(如阿尔卑斯造山带、喜马拉雅-冈底斯造山带)的研究，以及对全球高压-超高压变质带的对比研究(Stern, 2002; Zheng and Chen, 2016; Faryad and Cuthbert, 2020)。因此，俯冲带地质结构不仅取决于俯冲板片的物质组成、密度、厚度和流变学性质，而且受俯冲速率和俯冲角度的影响。

根据俯冲板块的地质学性质，可以将俯冲带分为两大类(Frisch et al., 2011; Zheng and Chen, 2016)：(1) 大洋俯冲带(图 2-13)，(2) 大陆俯冲带 (图 2-14)。大洋俯冲带可以进一步分为两种。一种是洋-洋俯冲带(图 2-13A)，为一个大洋板块俯冲到另一个大洋板块之下，以产生大洋弧玄武岩为特征，如西太平洋边缘的马里亚纳群岛。另一种是洋-陆俯冲带(图 2-13B)，为大洋板块俯冲到大陆板块之下，以产生大陆弧安山岩为特征，如东太平洋边缘的安第斯山脉。

大陆俯冲带也可以分成两种(郑永飞等, 2015)。一种是一个古老大陆岩石圈俯冲到另一个更古老大陆岩石圈之下，如三叠纪时期华南陆块俯冲到华北陆块之下，在中国中东部所形成的大别-苏鲁造山带(图 2-14A)。另一种是一个古老大陆岩石圈俯冲到新生大陆边缘弧地体之下，如新生代时期印度陆块俯冲到亚洲大陆南缘岩浆弧(冈底斯造山带)之下，在南亚所形成的喜马拉雅造山带(图 2-14B)。在大洋俯冲带之上常见弧火山岩，而在大陆俯冲带之上尚未发现。不过，在大陆俯冲带常见榴辉岩相超高压变质岩，但是这类岩石在大洋俯冲带相对缺乏。榴辉岩相高压变质岩在大陆和大洋俯冲带都很常见。

在不同类型的汇聚板块边缘，俯冲带地质结构对应的地表露头产物既有相似性也有差异性(Zheng, 2021b)。在洋-洋俯冲带(图 2-13A)，从海沟向前依次出露的是增生楔(主要由海底沉积物组成，可含有少量海底火山岩)、弧前盆地(基底是玄武岩)、火山弧(玄武岩为主)、弧后盆地(岛弧型和洋脊型玄武岩共存)。在洋-陆俯冲带(图 2-13B)，依次出露的是海沟、增生楔(前陆褶冲带)、火山弧(以安山岩为特征)，缺乏弧后盆地(但是可以有弧后拉张)。在陆-陆俯冲带(图 2-14)，依次出露的是增生楔(由沉积岩到绿片岩相变质岩组成)、混合岩穹窿(低地热梯度变质岩受到高地热梯度变质作用叠加)、榴辉岩相超高压变质岩、榴辉岩相高压变质岩、蓝片岩相变质岩、前陆褶冲带，缺乏火山弧。

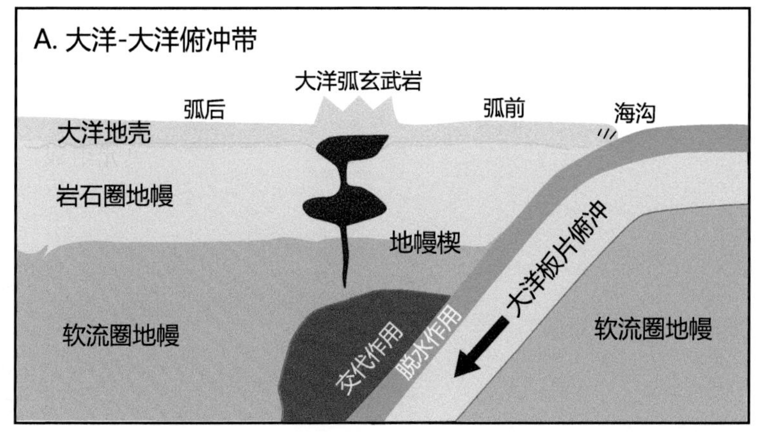

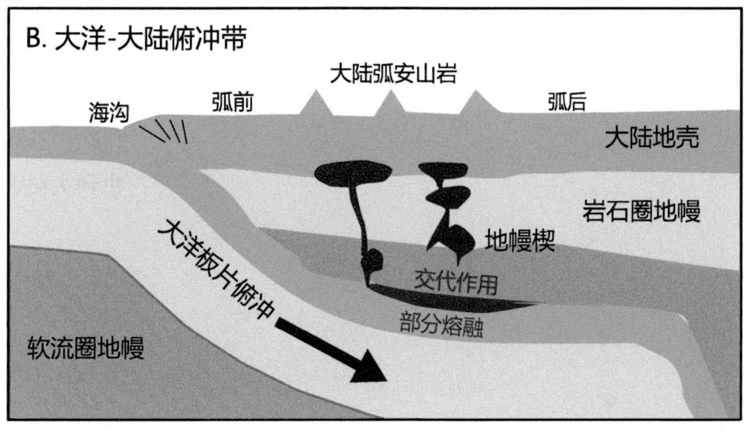

图 2-13　环太平洋地区两类大洋俯冲带示意图(引自郑永飞等, 2016)

在板块构造理论建立的早期阶段，人们依据地震活动来确定板块俯冲带的位置(Kearey et al., 2009; Frisch et al., 2011)。这个方法对识别正在进行的现代俯冲带是有效的，但对已经不再进行的古俯冲带是无效的，从而导致对大陆内部大大小小古俯冲带的忽视，甚至将其称为陆内俯冲带(Zheng, 2021a)。前人主要根据大洋板块俯冲带之上地幔楔部分熔融产生岛弧玄武岩浆的深度来推测俯冲板片脱水深度，但是这个深度往往对应于弧岩浆产生的前锋深度。有的属于玄武质弧岩浆与地幔楔橄榄岩之间脱离热力学平衡的深度，有点类似于元素扩散封闭所对应的深度。如果弧火山岩中含有地幔橄榄岩包体，那么可以对岩浆起源的深度提供有效制约。超高压变质岩在汇聚板块边缘的产出，为我们认识地壳俯冲到不同深度提供了直接可研究的岩石(Zheng and Chen, 2016; Faryad and Cuthbert, 2020)。

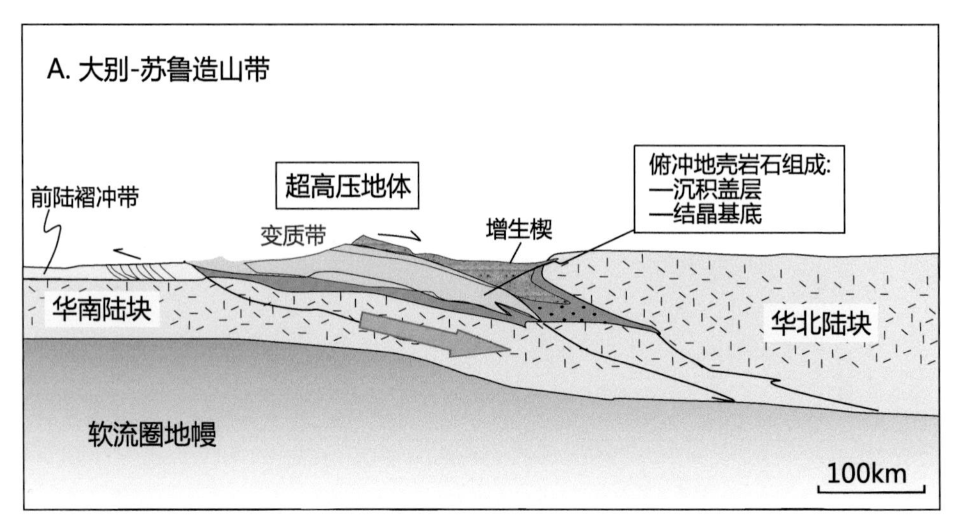

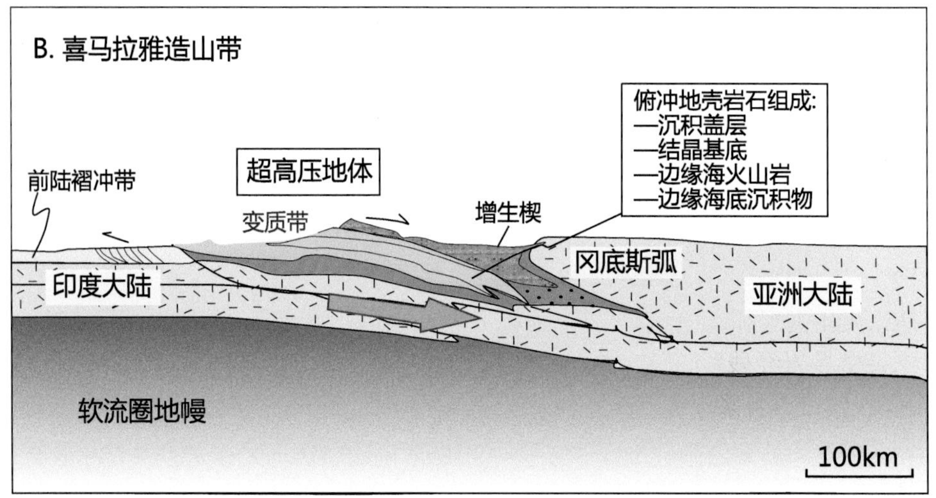

图 2-14　亚洲地区两类大陆俯冲带示意图(引自郑永飞等, 2015)

一般来说，显生宙大洋板块在垂向上从上到下由两个厚度差别很大的结晶岩层组成(图 2-15A)：(1) 火成岩洋壳，平均 7km 厚，上部是玄武岩，下部是辉长岩；(2) 岩石圈地幔，平均 90km 厚，自上而下分别是方辉橄榄岩、残留二辉橄榄岩和正常二辉橄榄岩(指示软流圈地幔在浅部降压熔融产生玄武岩浆)。在火成岩洋壳之上有海底沉积物，其厚度变化较大，在洋-洋俯冲带一般<100m(缺乏大陆地壳风化剥蚀产物)，在洋-陆俯冲带可厚达 3000–5000m(富含大陆地壳风化剥蚀产物)。对于太古宙大洋板块，虽然在垂向上从上到下也是由两个层次组成，但是由于软流圈地幔温度较高，火成岩洋壳的厚度高达 30–40km，因此岩石圈地幔相对较薄，其中方辉橄榄岩相对于二辉橄榄岩的比例要大得多。与显生宙洋壳相比，太古宙

海底沉积物中相对缺乏大陆地壳风化剥蚀产物。

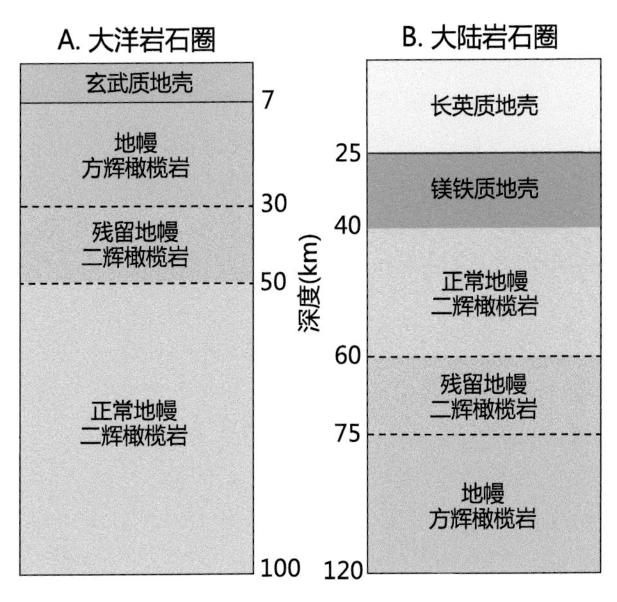

图 2-15　大洋岩石圈与大陆岩石圈结构和组成示意图(概括自 Zheng and Chen, 2016)

对于显生宙大陆板块来说，从上到下在垂向上也由两个厚度不同的层次组成(图 2-15B)：(1) 结晶地壳，平均 40km 厚，上部是长英质花岗岩和片麻岩，下部是镁铁质角闪岩和麻粒岩；(2) 岩石圈地幔，平均 80km 厚，一般自上而下是从正常二辉橄榄岩经残留二辉橄榄岩到方辉橄榄岩(指示地幔楔在深部加热熔融产生玄武质-安山质岩浆)。如果这些不同类型橄榄岩在局部地区的产出顺序出现差别，那么这个局部岩石圈地幔在成因机制上与众不同。在结晶地壳(又称地壳基底)之上常常有沉积盖层，其厚度变化很大(可从<1km 到>5km)。

对于前寒武纪岩石圈板块，虽然在垂向上从上到下也是由两个层次组成，但是在厚度比例上差别较大。在太古宙时期，软流圈地幔温度较高(Herzberg et al., 2010; Ganne and Feng, 2017)，由此降压熔融所产生的洋壳厚度可达 30–40km，而下伏岩石圈地幔的厚度只有 50–60km(其中方辉橄榄岩相对于二辉橄榄岩的比例要大得多)。在这个时期，软流圈地幔分异形成的大洋岩石圈在体积上比同时期大陆岩石圈大得多，结果出露海面的大洋地壳虽然在地理上可称为大陆，但是在成分上依然具有大洋地壳属性。一旦两个太古宙大洋板块发生汇聚(俯冲乃至碰撞)，汇聚板块边缘的古大洋地壳可加厚到 60–70km，岩石圈地幔厚度可高达 100–120km。与显生宙陆壳相比，太古宙陆壳沉积盖层的厚度要小得多。

虽然岩石圈地幔在不同的判别标准下具有不同的定义，包括弹性岩石圈、热岩石圈和地震学岩石圈等，但是其在流变学上总体表现为刚性，其温度总是低于软流圈地幔。在物理化学性质上，大洋岩石圈下部与软流圈在成分上相似，大陆岩石圈地幔下部则比软流圈地幔亏损熔体活动性不相容元素(Zheng and Chen, 2016)。弹性岩石圈代表了岩石圈内长期稳定的刚性板块，热岩石圈则以温度和热传导的方式为出发点，两者以不同温度所在的深度代表岩石圈厚度。因此，根据不同的岩石圈定义，小地幔楔的构成可能存在一定的差异。

俯冲板块界面是俯冲带地质结构的重要组成部分，它不仅控制了俯冲板片与地幔楔之间的相互作用，而且是高压-超高压变质岩折返和俯冲带流体活动的主要通道(郑永飞等, 2013; Agard et al., 2016, 2018)。俯冲板片与上覆板块之间的相对运动通过板块界面大型逆断层的滑动来调节，常导致大地震。俯冲板块界面指俯冲板片与上盘板块之间的构造边界，包括顶板滑脱层、底板滑脱层，以及这两个构造边界中间的部分。俯冲板块界面与俯冲隧道的区别在于：俯冲隧道暗示俯冲物质的连续回流，而俯冲板块界面复杂的几何学形貌可能导致不同型式的隧道流。

对大洋俯冲带地质结构的研究主要以汇聚板块边界出露的增生楔、蛇绿岩、变质岩、岩浆岩和矿床等为对象(Zheng, 2021b)，通过这些地质体的物质组成、时空分布、构造配置和变形特征来恢复板块俯冲前后的地质学变化。如图 2-16 所示，大洋板块俯冲时，以海底沉积物和镁铁质火成岩为主的大洋板块地层碎片、弧前沉积物、岛弧岩石，以及沿板块界面折返的高压-超高压变质岩，通过一系列倾向岛弧的叠瓦状逆断层混杂堆积在一起，形成构造混杂岩(Agard et al., 2018)。这些叠瓦状逆冲断层向下倾角变缓，收敛于顶板滑脱层。在板块俯冲过程中，俯冲板块界面的力学耦合随时间和空间的变化控制了板块界面的几何学、界面内岩石的相对运动(折返、埋藏、拆离、底垫)、以及俯冲板片和上覆板块及地幔楔的相互作用(底垫、基底侵蚀)。俯冲板块边界的流变学性质控制了俯冲带的初始演化和底板滑脱层的发育(Agard et al., 2016)。

在前方俯冲大洋岩石圈板片的拖曳力和后方洋中脊位置海底扩张的推力下，在板块汇聚边界的大陆岩石圈板块会继续俯冲到另一个大陆之下，在≥80km 的地幔深度地壳岩石形成超高压变质岩(图 2-17)，以石英发生同质多像转变形成柯石英为标志，对应的变质压力≥2.8GPa(Chopin, 1984; Smith, 1984)。如果地壳俯冲到≥120km 的深度，地壳上的石墨会转变成金刚石，对应的变质压力≥3.2GPa(Sobolev and Shatsky, 1990; Xu et al., 1992)。如果在变质岩中发现超硅石榴石，那么俯冲深度可达 200km(Ye et al., 2000)。如果斯石英假象出现在变质矿物中，推测的大陆地壳俯冲可深达 300km(Liu et al., 2007, 2018)。超高压变质带以长英质和泥质片麻岩为主要组成，含少量榴辉岩和橄榄岩(Zheng and Chen, 2016)。全球已发现了 30 余条超高压变质带，大多形成于显生宙(Chopin, 2003; Liou et al., 2009, 2014)。因此，大陆深俯冲是全球板块构造的重要一环，与地球历史上板块构造属性具有密切关系(郑永飞等, 2015; Zheng and Chen, 2016)。

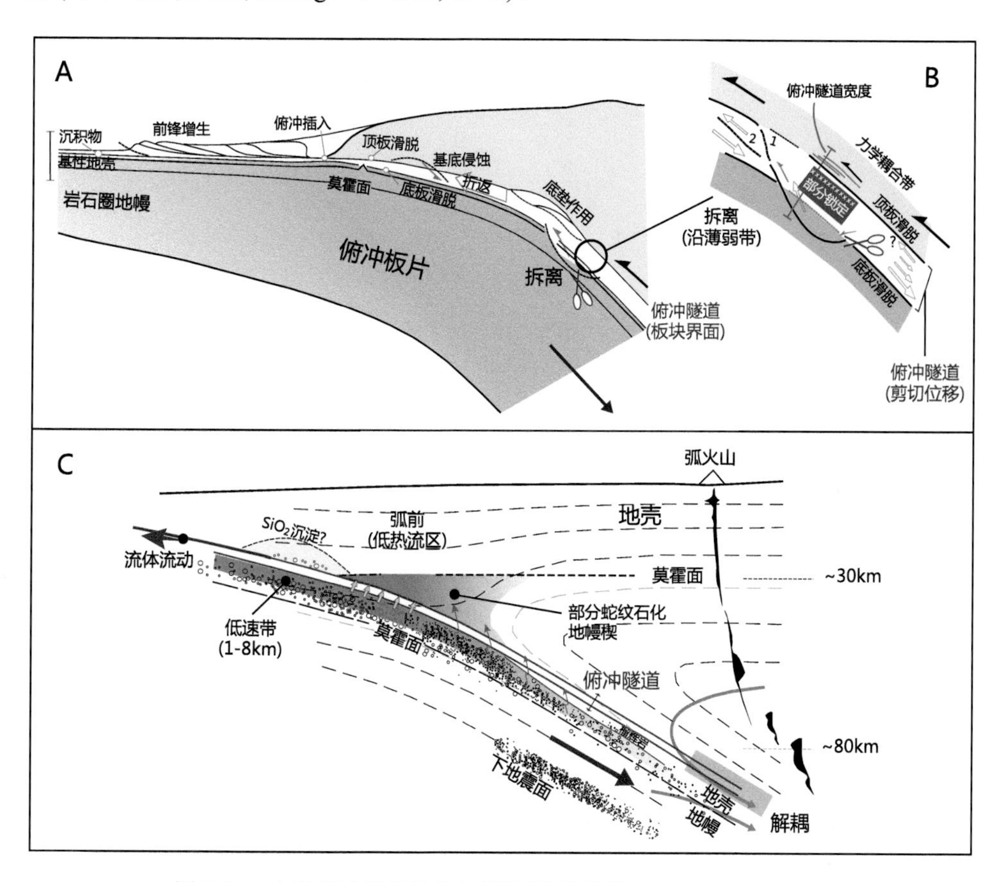

图 2-16　大洋俯冲带的结构与板块界面(修改自 Agard et al., 2018)

注：A. 顶板滑脱层的向下迁移使俯冲隧道内的物质或者俯冲板片的物质增生到上覆板块底部，称为底垫作用，而顶板滑脱层的向上迁移使上覆板块底部的物质进入板块界面，称为基底侵蚀。B. 板块界面的厚度被放大以显示顶板滑脱层、底板滑脱层和物质折返。C. 俯冲板片内薄弱带的应变集中导致底板滑脱层向下迁移，从而把板片内的岩石加入到板块界面，导致拆离作用。

汇聚板块边缘的大陆碰撞造山带是俯冲带的地表表现形式之一(郑永飞等, 2015)。以亚洲南部的喜马拉雅造山带为例(图 2-18)，这是一个典型的新生代碰撞造山带，内部由一系列不同等级变质岩构成的褶皱-逆冲带和淡色花岗岩组成(Yin and Harrison, 2000; Zhang et al., 2012; Kohn, 2014; 吴福元等, 2015; Weinberg, 2016)。在印度大陆北缘与亚洲大陆南缘之间发生碰撞的初期阶段，印度大陆北缘的海相沉积盖层在俯冲带浅部受到亚洲大陆南缘底部的刮削发生拆离，然后逐渐加积到亚洲大陆南缘形成增生楔(郑永飞等, 2015; Zheng, 2021b)。

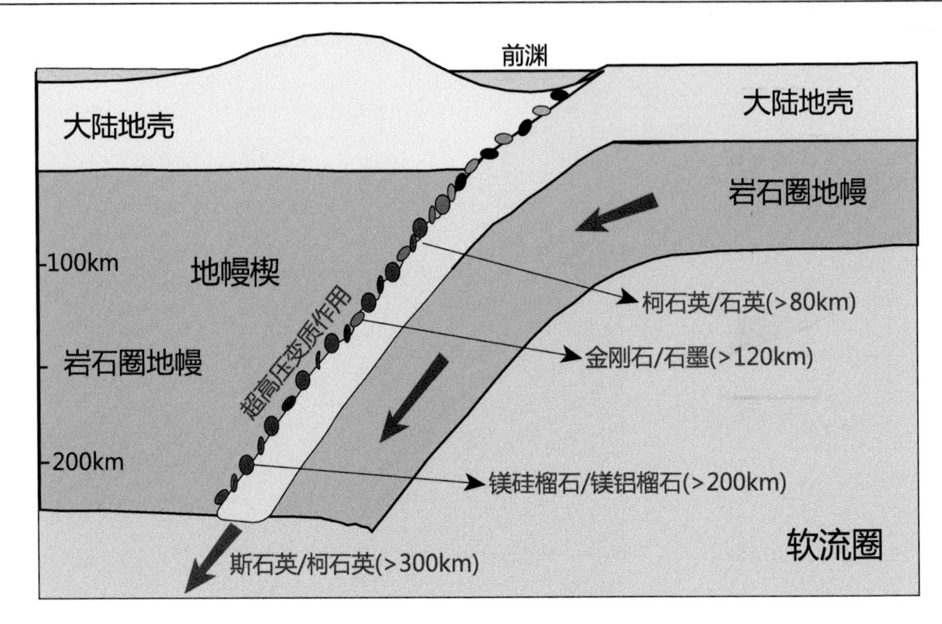

图 2-17　大陆深俯冲到地幔深度引起超高压变质作用(引自郑永飞等, 2015)

随着大陆碰撞的进行，汇聚板块边缘的大陆地壳加厚，加厚地壳不仅包括大陆碰撞带下盘的喜马拉雅造山带，而且包括上盘的冈底斯造山带。在印度大陆北向俯冲到亚洲大陆南缘之下的晚期阶段，印度大陆地壳岩石在下地壳和岩石圈地幔深度经受高压-超高压变质作用(Zheng and Wu, 2018)。一旦牵引大陆俯冲的大洋板片重力与大陆俯冲浮力之间达到动态平衡，碰撞挤压体制即告停止；如果这时板块边界出现伸展作用，先前受到高压-超高压变质的地壳岩片就会沿板块之间的俯冲隧道折返到地壳的不同层位(Zheng, 2021d)。亚洲大陆南缘的冈底斯造山带是新特提斯洋板片中生代俯冲时的主动大陆边缘，在新生代大陆俯冲过程中处于上盘位置(Zheng et al., 2013)，因此得以受到拉张再活化(Zheng et al., 2019b)。现在出露地表的喜马拉雅造山带岩石构造单元基本上由两部分组成(Zheng, 2021d)：一是俯冲到不同深度地壳以岩片逆冲形式折返到地壳层位的岩石，二是先前折返到下地壳深度的岩片在碰撞后伸展构造体制下以穹窿形式隆起到浅部地壳层位的岩石。第一部分岩石包括在喜马拉雅造山带西端出露的超高压榴辉岩，它们的形成和折返基本上都发生在新生代早期的大陆碰撞阶段；第二部分包括与淡色花岗岩组合在一起的混合岩穹窿，它们形成所对应的深熔变质作用基本上都发生在新生代晚期的碰撞后阶段。

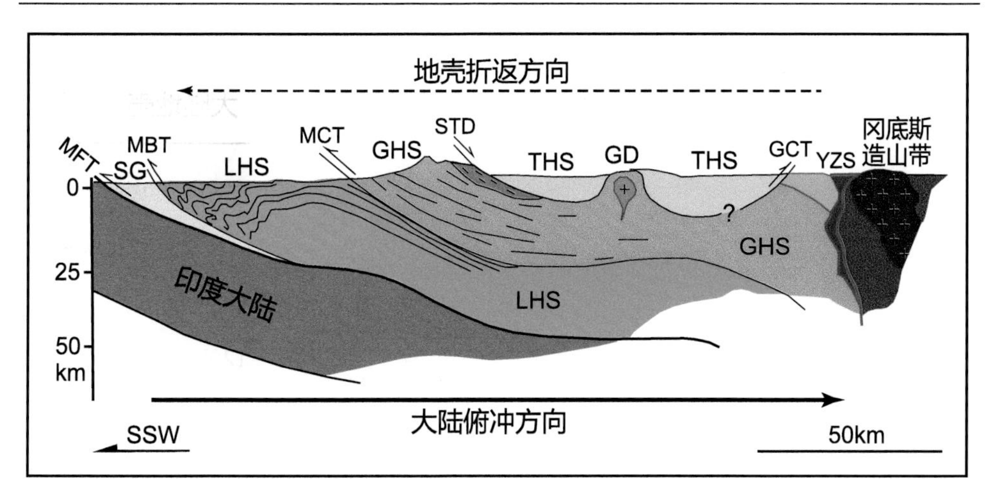

图 2-18　印度-亚洲大陆碰撞带喜马拉雅造山带地质结构示意图(修改自 Zhang et al., 2012)

岩石构造单元缩写：SG，Siwalik 沉积建造；LHS, 小喜马拉雅低级变质岩；GHS, 大喜马拉雅高级变质岩-淡色花岗岩；THS, 特提斯喜马拉雅增生楔；YZS, 雅鲁藏布缝合带；GD, 片麻岩穹窿。断层缩写：STD，藏南拆离断层；MCT，主中逆冲断层；MFT, 主前锋逆冲断层；MBT, 主边界逆冲断层； GCT, 大中逆冲断层。

第三章　汇聚边缘区域变质作用

变质作用是指地壳岩石在基本保持固态条件下由于温度(*T*)和压力(*P*)的改变，发生矿物转变的地质过程(Ernst, 1976; Miyashiro, 1994; Bucher and Grapes, 2011)。变质作用发生的 *P*-*T* 条件反映了当时的地热梯度(图 3-1)，变质岩所经历的 *P*-*T* 轨迹则反映了当时的构造环境和动力学过程(Zheng and Chen, 2017, 2021)。十九世纪

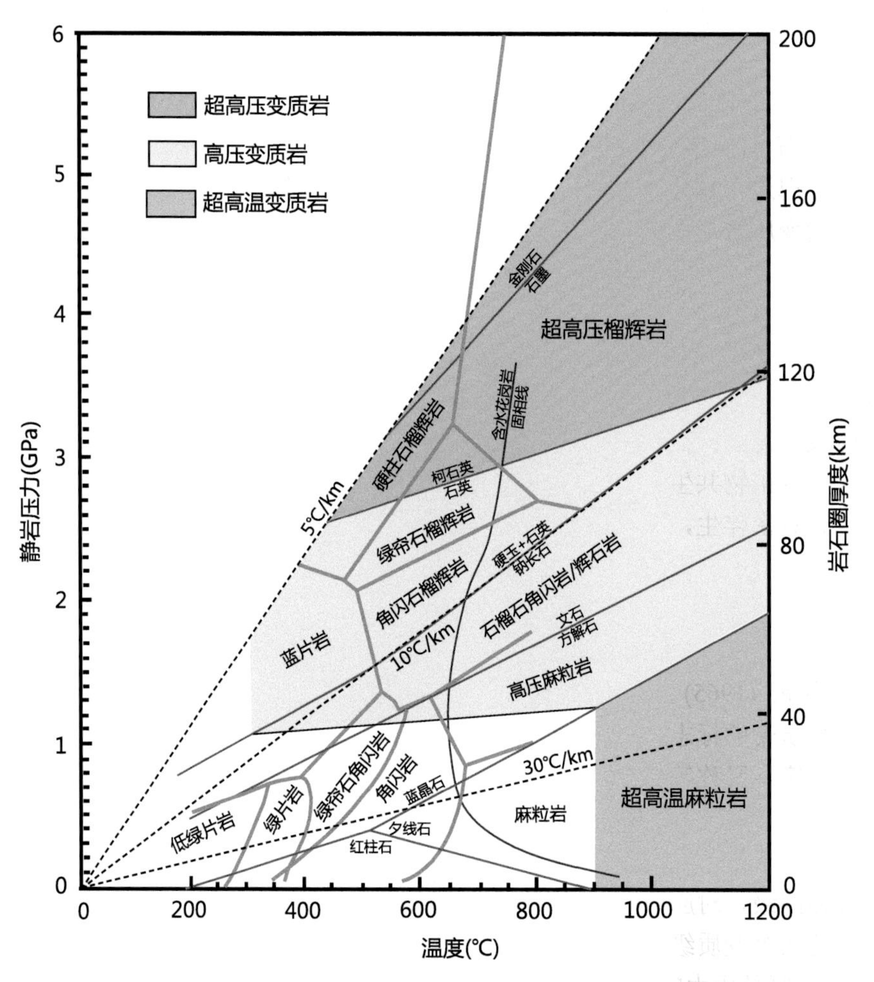

图 3-1　地壳岩石在不同温度压力条件下的变质产物(修改自 Zheng and Chen, 2017)

注：超高压榴辉岩相变质相系向低温低压方向延伸的变质产物是高压榴辉岩-蓝片岩；超高温麻粒岩相变质相系向低温方向延伸的变质产物是高温麻粒岩和低压角闪岩。

三十年代，莱伊尔首次在其著名的《地质学原理》中提出了变质作用的定义。经过近200年的发展和完善，变质地质学的研究主要经历了变质带、变质相、变质相系和变质作用 *P-T-t* 轨迹等四个阶段的发展历程。

第一节　变质带和变质相

在变质岩出露地区，常常可见变质程度不同的变质岩呈带状分布，其主要与变质程度有关。这种由于变质程度不同而造成的变质岩分带现象，称为变质带。以化学成分相同的变质岩中某些特征变质矿物或矿物组合的开始出现或消失为标志，可以划分出不同的变质带。Barrow (1893, 1912)在对苏格兰高地变质岩系的研究中，首次根据变泥质岩中随温度增高而出现的变质矿物组合的变化，从低温到高温划分出六个变质带：绿泥石带、黑云母带、铁铝榴石带、十字石带、蓝晶石带和夕线石带(十字石带有时缺失)。各个变质带之间的界线是以这些标志矿物的第一次出现进行划分，并以这些标志矿物作为每个变质带的名称。在同一变质带内所有的变质岩形成的 *P-T* 条件相似，表现在由相同成分的原岩形成的变质岩具有相同的矿物组合。在不同的变质带内，由于变质 *P-T* 条件不同，形成的变质岩类型及其矿物组合也不相同。

变质相的概念是由 Escola (1920, 1939)提出的，认为在特定的 *P-T* 条件下，通过变质作用而达到化学平衡的任一岩石的矿物组成受原岩总化学成分的控制，而与原岩成因无关；在一定的 *P-T* 条件范围内，不同成分的地壳岩石经变质作用后形成了一套矿物共生组合就称为变质相；相同成因的变质相在时间上和空间上重复出现、紧密伴生，每一个矿物共生组合与岩石化学成分之间有着固定的对应关系。Escola (1920)最初提出的是五个变质相：绿片岩相、角闪岩相、角岩相、透长石相和榴辉岩相。随后 Escola (1939)又增加了三个变质相：绿帘角闪岩相、麻粒岩相和蓝闪石片岩相，并把角岩相改为辉石角岩相。

Winkler (1965)主张用不同岩石中由特定变质反应所产生的矿物组合代替原来划分变质带的标志矿物，把以特定变质反应为基础的等变度称为等反应度或等变质反应度，又称等变质反应级。在一个变质地区内，只要有相应的岩石类型及由特定变质反应形成的矿物组合，就可以确定岩石变质时的具体温度和压力条件，并可进行不同地区之间的对比。Winkler(1976)还根据一些典型的变质反应把变质作用分为四级，对应于很低级、低级、中级和高级变质带，并用它代替不同的变质相。这四个变质级的划分基本上是以温度为主，在每个级内又可根据特定的变质反应(主要是压力的变化)作进一步的划分。虽然以变质反应进行变质相带的划分未能得以深入，但是由于它不受岩石化学成分的限制，并能具体确定变质岩形成时的温度和压力条件，因此它的提出为变质相系的划分(图 2-8 和图 2-12)奠定了变质反应基础。

无论是变质带还是变质相，它们的矿物组合不仅受变质温度控制，而且受变质压力支配(Zheng and Chen, 2017, 2021)。一般将这种变质温度从低到高的过程称为进变质作用，而将那些反映变质压力从高到低的过程称为退变质作用。对某些特定地区变质带或变质相的详细研究导致了一系列以地名命名的变质带，其中英国苏格兰高地变质岩和欧洲阿尔卑斯山变质岩是二十世纪上半叶研究得最为细致的露头。一般把中压条件下形成的角闪岩相变质带称为巴罗型变质带，把低压条件下形成的角闪岩相变质带称为巴肯型变质带，把高压条件下形成的榴辉岩相变质带称为阿尔卑斯型变质带。由于角闪岩相变质岩在汇聚板块边缘的常见产出，因此过去许多人认为巴罗型变质带是典型的区域变质带。但是实际工作证明，角闪岩相变质岩不仅在形成压力上有低压与中压之分，而且在成因机制上有进变质与退变质之分。

尽管地壳岩石在经受变质作用时对温度的响应比对压力敏感，但是压力变化对变质反应的控制为区分变质相系提供了有效监测。例如，钠长石分解形成硬玉和石英这个变质反应是榴辉岩形成的标志，其中硬玉分子是绿辉石的必要组分。虽然地壳岩石中的长石一般是具有不同 Na-Ca 比例的斜长石，但是斜长石分解产生的钙长石则会进入石榴石，因此斜长石分解反应本身就标志着榴辉岩相变质的开始。与此相比，泥质岩中铝硅酸盐组分在低压变质作用条件下形成红柱石-夕线石同质多像变体，在中压、高压和超高压条件下形成蓝晶石；由红柱石向夕线石转换指示温度升高主导的进变质作用，而蓝晶石向夕线石转换则指示压力降低主导的退变质作用。

越来越多的研究发现，绿片岩相、角闪岩相和麻粒岩相可以发生在较大的地热梯度范围内，而蓝闪石片岩相(后简称为蓝片岩相)和榴辉岩相则发生在较小的地热梯度范围内(图 3-1)。对于麻粒岩相变质岩，它既可以形成在中等地热梯度区间，也可以形成在高地热梯度区间，结果在形成压力上有低压与高压之分，在成因机制上有进变质与退变质之分(Zheng and Chen, 2021)。无论是采用标志矿物还是变质反应，地壳岩石在相同的 P-T 条件下形成特征的矿物共生组合，在不同 P-T 条件下形成不同的矿物共生组合。由于每个变质地体在地热梯度和动力体制上的差别，所形成的变质相带可以有不同的类型，它们在变质矿物组合、变质相带的数目及各相带的标志矿物上也不尽相同。

第二节　双变质带和变质相系

早在板块构造理论提出之前，变质岩石学家就已经开始探索变质作用与构造环境之间的关系，其中最具代表性的成果是 Miyashiro (1961, 1973)根据地热梯度把区域变质作用划分为三种压力类型的方案：(1) 低地热梯度下的高压型变质作用，(2) 中等地热梯度下的中压型变质作用，(3) 高地热梯度下的低压型变质作用。在此基础上，Miyashiro (1961, 1973)提出了双变质带的概念，发现在环太平洋地区高压型和低压型变质带是成对出现的，空间上平行延伸(图 3-2)：在大洋一侧是阿尔卑斯型低温高压变质带(具有低 *T*/*P* 特点)，代表古海沟，洋壳曾在此处俯冲到大陆边缘之下；在大陆一侧的是巴肯型高温低压变质带(具有高 *T*/*P* 特点)，位于大陆边缘的火山弧-花岗岩带。

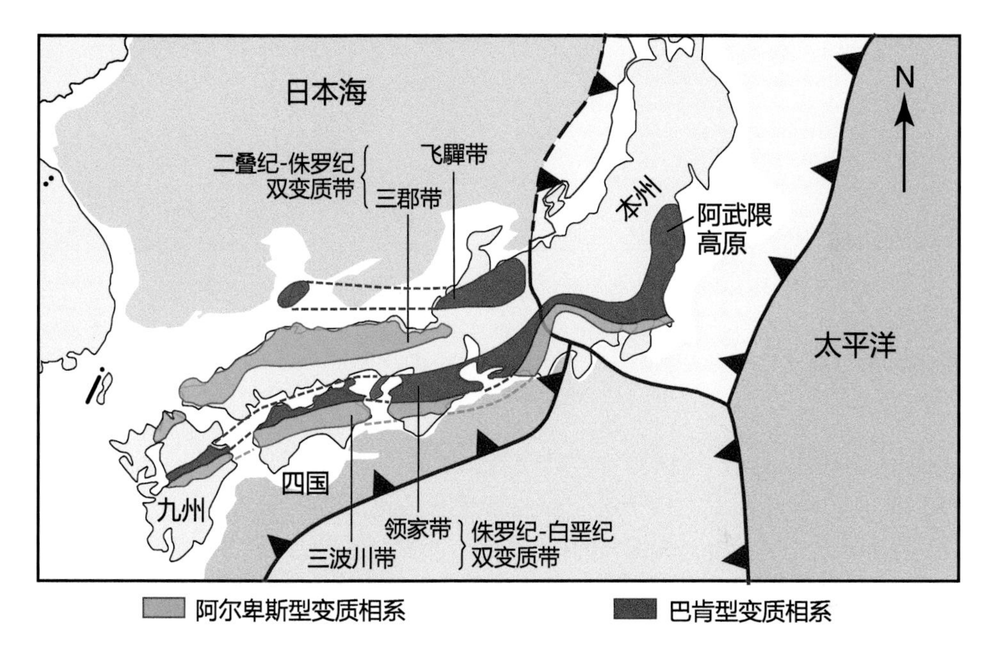

图 3-2　日本三波川-领家和三郡-飞驒两个双变质带地质分布示意图(修改自 Frisch, 2011)

注：三波川带和三郡带为阿尔卑斯型低温高压变质带，领家带和飞驒带为巴肯型高温低压变质带。Miyashiro (1961, 1973)对三波川-领家和三郡-飞驒这两个双变质带的鉴定为当时认识太平洋板块俯冲到日本岛之下所发生的板块构造过程提供了典型实例。

在板块构造理论发展的初期，双变质带的识别和建立成为其地质基础的一部分(Dewey and Bird, 1970; Ernst, 1976)。随后，Ernst (1971, 1973)的研究进一步明确了高压变质作用与板块俯冲作用之间的联系(图 3-3)，这方面的研究也迅速成为变质地质学最重要的主题。此后，双变质带这个概念被拓展到古老的陆内造山带(Brown, 2006, 2010; Brown and Johnson, 2019; Holder et al., 2019)，但是低 *T*/*P* 变质带与高 *T*/*P* 变质带之间常见构造叠加作用，因此又称为多变质带。无论是双变质带还是多变质带，两者之间的关系都是构造体制由挤压转变为拉张(Zheng and Chen, 2017)，这也是低 *T*/*P* 变质作用总是先于高 *T*/*P* 变质作用出现的基本原因，因此统称为双峰式变质作用(Zheng and Chen, 2021)。

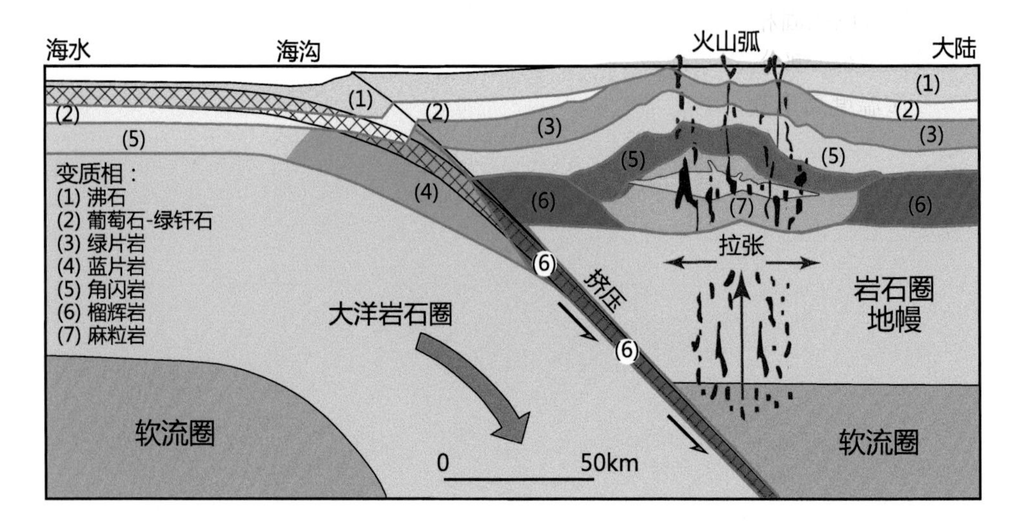

图 3-3　汇聚板块边缘双变质带形成的构造位置示意图(修改自 Ernst, 1976)

注：变质相(4)和(6)：低 *T*/*P* 阿尔卑斯型变质相系；变质相(5)和(7)：高 *T*/*P* 巴肯型变质相系。高压型阿尔卑斯型变质相系形成于海沟一侧的低热梯度变质作用，低压型巴肯型变质相系形成于火山弧之下的高热梯度变质作用(Zheng and Chen, 2017)。

在汇聚板块边缘，根据变质岩形成的 *P*-*T* 条件可将它们划分成三个变质相系(图 2-8)，在 *P*-*T* 相图上对应于不同的地热梯度区间和 *T*/*P* 值区间。阿尔卑斯型变质相系由高压蓝片岩相到高压-超高压榴辉岩相变质岩组成，巴罗型变质相系由中压角闪岩相到高压麻粒岩相变质岩组成，巴肯型变质相系由低压角闪岩相到高温-超高温麻粒岩相变质岩组成。通过解析变质温压比值和变质地热梯度，Zheng 和 Chen (2017, 2021)发现高温低压变质作用与高温-超高温变质作用属于同一地热梯度区间，因此统一作为巴肯型变质相系来认识对其形成的动力体制和构造环境提供了有效制约。尽管低 *T*/*P* 阿尔卑斯型变质岩和高 *T*/*P* 巴肯型变质岩的产出具有特殊的地质意义，但是在大陆地壳广泛出露的主要是中 *T*/*P* 巴罗型变质岩(Zheng and Chen, 2017, 2021; Zheng, 2021c)。

阿尔卑斯型变质相系大多形成于低 *T*/*P* 值(<335°C/GPa)对应的低地热梯度(<10°C/km)条件下。巴罗型变质相系大多形成于中 *T*/*P* 值(335–1000°C/GPa)对应的中等地热梯度(11–30°C/km)条件下，与阿尔卑斯型变质相系之间以钠长石分解成硬玉和石英这个变质反应为分界。巴肯型变质相系大多形成于高 *T*/*P* 值(>835–1175°C/GPa)对应的高地热梯度(>25–35°C/km)条件下，与巴罗型变质相系之间在高温下以蓝晶石/夕线石相变线为分界，在低温下则以蓝晶石/红柱石相变线为分界(Zheng, 2021c; Zheng and Chen, 2021)。

根据区域变质作用发生的 P-T 条件，地壳岩石既可以发生在固相线之下变质脱水，也可以在固相线之上部分熔融，其中含水矿物分解是自由水的主要来源(郑永飞等, 2016)。部分熔融既可以是脱水熔融也可以是水化熔融，取决于水的流向。一旦变质温度高于其固相线，地壳岩石就有可能发生部分熔融，具体受其中含水矿物的热力学稳定性控制。一般来说，较高压力形成的矿物具有较高的热力学稳定性，因此在提高的温压条件下得以亚稳定存在的可能性较大。含水矿物在阿尔卑斯型进变质过程中的亚稳定性较大，在俯冲进入岩石圈地幔深度后未必立即分解，而是在那里居留相当长的一段时间后才能克服动力学障碍发生分解脱水引起部分熔融。与此相比，在巴罗型和巴肯型变质作用中含水矿物的热力学稳定性较低，这时一旦地壳岩石所处 P-T 条件进入固相线温度之上，不仅发生变质脱水而且发生部分熔融，一般将这两个同步发生的过程称为深熔变质作用(anatectic metamorphism)。这个过程是地壳岩石发生混合岩化的基本机制，所形成的熔体向上迁移聚集侵位就形成花岗岩，而残留体就成为麻粒岩(Zheng and Chen, 2017, 2021; Zheng and Gao, 2021)。

虽然三大变质相系在大洋和大陆俯冲带都有产出(图 3-4)，但是相对于陆壳俯冲带变质岩来说，在洋壳俯冲带阿尔卑斯型超高压变质岩的出露非常稀少。这可能归因于基性成分的洋壳岩石在经历超高压变质后形成了具有较大密度的榴辉岩，这样就难以折返回到浅部地壳层位(张立飞和王杨, 2020)。不过，在大洋俯冲带演化的晚期阶段会在上盘出现弧岩浆作用，在成熟阶段会形成弧后盆地；在这两个构造位置，由于岩石圈拉张都会形成巴肯型变质相系(Zheng and Chen, 2017, 2021)。虽然在大陆俯冲带上盘未发现弧岩浆作用产物，但是大陆板块俯冲到弧下深度的脱水交代作用以及大洋板片到弧后深度引起的上盘拉张作用确实都是存在的(郑永飞等, 2016)。

越来越多的研究发现，汇聚板块边缘的构造体制随时间演化会有规律地发生转变，从而形成双变质带，其中与低压巴肯型变质相系配对的高压变质带在显生宙为阿尔卑斯型变质相系，在太古宙则为巴罗型变质相系(Brown and Johnson, 2019; Holder et al., 2019)。因此，虽然双变质带是判断板块构造出现的重要标志之一，但是地幔温度控制了高压变质带属于巴罗型还是阿尔卑斯型变质相系(Zheng and Zhao, 2020)。

根据板块构造过程与区域变质作用之间的关系，发现阿尔卑斯型变质相系形成于板块俯冲早期的低地热梯度阶段，巴罗型变质相系形成于板块俯冲晚期的中等地热梯度阶段(Zheng and Chen, 2017, 2021)。对于巴肯型变质相系，在大洋俯冲带形成于火山弧之下(Ernst, 1976)，在大陆碰撞带则叠加在阿尔卑斯型或者巴罗型变质相系之上(Zheng and Chen, 2017, 2021)。

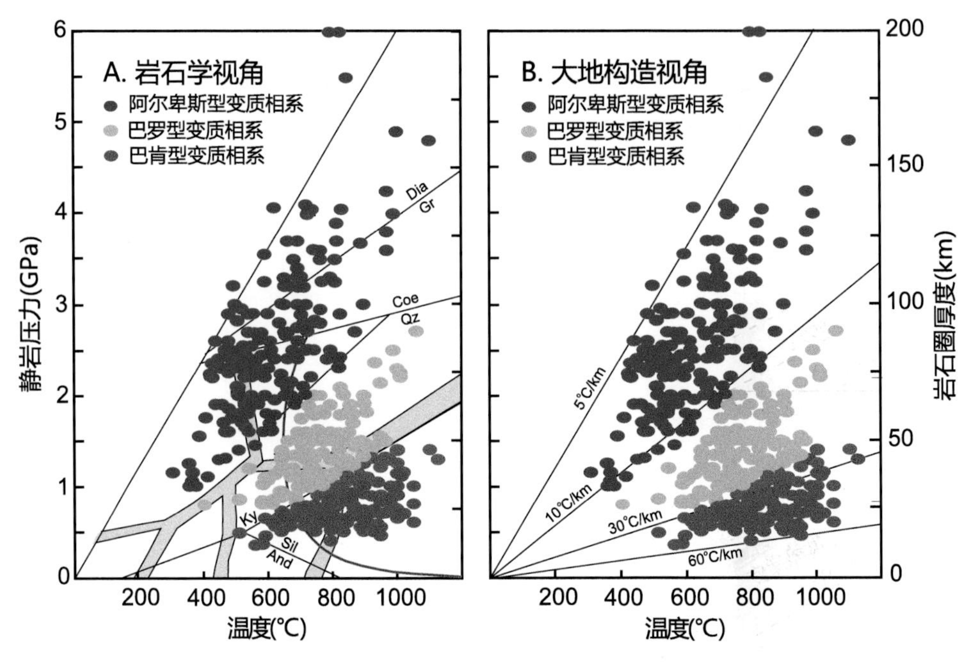

图 3-4　汇聚板块边缘地壳岩石三大变质相系(修改自 Zheng and Chen, 2017)

注：三大变质相系形成于三个变质 *T*/*P* 值变化区间(Brown and Johnson, 2019)，对应于三种地热梯度(Zheng and Chen, 2021)。阿尔卑斯型变质相系由超高压榴辉岩和高压榴辉岩-蓝片岩组成，巴罗型变质相系由高压麻粒岩和中压角闪岩组成，巴肯型变质相系由高温-超高温麻粒岩和低压角闪岩组成。

第三节　俯冲带变质岩

大洋俯冲带形成的典型变质岩是蓝片岩和榴辉岩(李继磊，2020)，它们是鉴别板块俯冲带的主要标志岩石(图 3-5)。在显生宙以来包括现今正在进行的冷板块俯冲带都发现了大量的蓝片岩和榴辉岩。对于前寒武纪时期蓝片岩和榴辉岩的识别和岩石学研究，也是判断古代板块构造的重要依据。随着俯冲带地壳变质温度压力的同步增加，镁铁质岩石中斜长石发生分解成为钠长石和钙长石组分，其中的钠长石进一步分解成为硬玉和石英，硬玉与单斜辉石结合形成榴辉岩相的特征矿物绿辉石，而钙长石则进入石榴石中(Zheng and Chen, 2021)。这个变质反应标志着榴辉岩相变质的开始(图 3-1)。

目前世界范围内发现的蓝片岩带主要集中在显生宙以来的洋壳俯冲带上，确切的前寒武纪蓝片岩非常稀少(Maruyama et al., 1996; Brown and Johnson, 2019)。发育完好的前寒武纪蓝片岩出露在中国新疆的阿克苏地区，位于塔里木板块西北缘阿克苏市附近约 300km^2 的区域，其上为震旦纪磨拉石建造不整合覆盖(张立飞等，1998)。阿克苏蓝片岩的主要岩石类型为基性绿帘石蓝片岩-长英质蓝片岩和多硅白云母片岩，其峰期变质温压条件是 320–410°C 和 680–870MPa，变质时代为 769–805Ma(Xia et al, 2019)，这是目前最古老的蓝片岩之一。

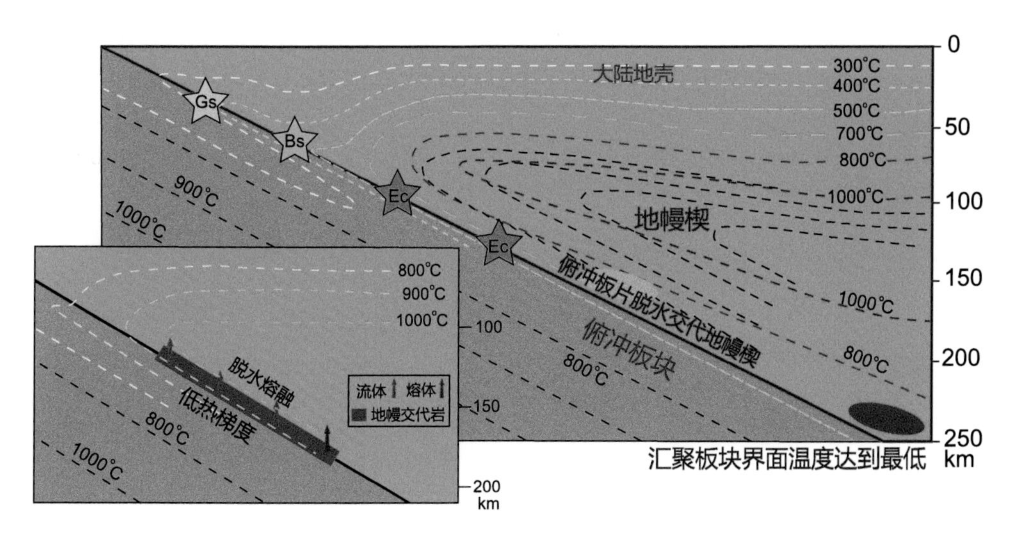

图 3-5　蓝片岩相和榴辉岩相变质岩形成与板块俯冲关系示意图(修改自 Zheng and Chen, 2016)

注：阿尔卑斯型变质相系只会形成于板块俯冲早期阶段的低地热梯度条件下，在进入弧岩浆作用的晚期阶段俯冲带温压条件已经显著升高到中等到高的地热梯度，形成的是巴肯型变质相系(Zheng and Chen, 2017)。变质相缩写：Gs. 绿片岩相；Bs. 蓝片岩相；Ec. 榴辉岩相。

目前发现的最老榴辉岩属于古元古代，规模最大的是俄罗斯白海活动带榴辉岩(Liu et al., 2017; Yu et al., 2017)，由此认为现代板块构造在古元古代就已经出现(Xu et al., 2018)。板块构造体制在地球上何时启动，是固体地球科学研究的重要问题(Cawood et al., 2018; Kusky et al., 2018; Zheng and Zhao, 2020; Windley et al., 2021)。洋壳俯冲带高压-超高压变质作用形成的蓝片岩和榴辉岩是板块俯冲带最直接的产物，对于建立地球早期板块构造机制具有重要意义，也是目前俯冲带变质岩研究的前沿领域。

大陆俯冲带变质岩形成的温压条件及以此为基础构建的 *P-T* 轨迹，对探讨大陆地壳岩石俯冲和折返的动力学过程具有非常重要意义。目前用于变质岩石 *P-T* 条件计算的方法主要是传统的矿物温压计和热力学视剖面模拟计算，其中前者需要找到峰期及不同阶段的变质矿物组合，并准确判断哪些矿物或矿物域处于化学平衡，而后者则需要明确有效的全岩组分。已有研究应用不同的方法计算了全球大陆俯冲带的温压条件，并构建了 *P-T* 演化轨迹(图 3-6)。实际上，陆壳深俯冲形成的超高压岩石记录的峰期压力为>2.6GPa，并可高达 7.0GPa，峰期温度条件为 450–1100°C(e.g., Hermann and Rubatto, 2014; Faryad and Cuthbert, 2020)。

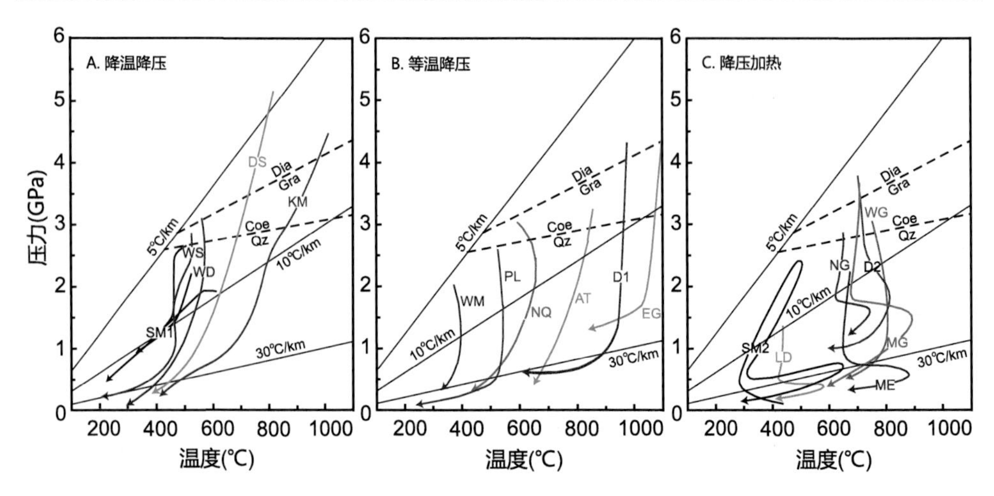

图 3-6　大陆俯冲带超高压变质地体折返的 *P-T* 轨迹(修改自 Faryad and Cuthbert, 2020)

注：不同超高压变质地体折返所经历的 *P-T* 轨迹和构造演化有较大差异，导致了三种类型的折返轨迹：A. 降温降压，对应于超高压岩片沿俯冲隧道快速折返；B. 等温降压，对应于超高压岩片沿俯冲隧道缓慢折返；C. 降压加热，对应于超高压地体以穹窿式抬升。矿物名称缩写：Coe，柯石英；Dia，金刚石；Gra，石墨；Qz，石英。图中字母缩写表示不同名称的大陆碰撞带：A. DS，中国中东部的大别-苏鲁造山带；KM，哈萨克斯坦的 Kokchetav 地体；SM1，土耳其中部的 Sivrihisar 地体；WD 和 WS，西阿尔卑斯的 Dora Maira 地体和 Sesia 带。B. AT，中国西北的阿尔金带；D1，中国中东部的中大别带；EG，波希米亚地体的 Erzgebirge；NQ，中国西部的柴北缘；PL，西阿尔卑斯的 Piemonte Ligurian；WM，西阿尔卑斯的 Monviso 带。C. D2，中国中东部的北大别带；LD，中阿尔卑斯的 Lepontin 穹窿；ME，波希米亚地体的 Moldanubian 榴辉岩带；MG，波希米亚地体的 Moldanubian 麻粒岩带；NG，新几内亚；SM2，土耳其中部的 Sivrihisar 地体；WG，挪威西片麻岩省。

进入二十一世纪以来，人们把在大洋俯冲带研究中提出的俯冲隧道模型拓展到大陆俯冲带(Gerya et al., 2002; Guillot et al., 2009)，提出大陆俯冲隧道模型(郑永飞等, 2013; 张建新, 2020)，强调大陆俯冲过程实质是下伏俯冲大陆板块与上覆大陆板块之间在一定空间内发生的物质运动(图 3-7)，并伴随着板块界面之间的相互作用。

精确测定造山带地壳岩石在不同阶段的变质年龄(t)，对于确定这些岩石在汇聚板块边缘的俯冲/折返历史及其地球动力学过程和演化机制具有非常重要的意义。对于高级变质岩的峰期变质年龄，一般采用矿物封闭温度较高的同位素体系，包括石榴石和其它矿物的 Sm-Nd 和 Lu-Hf 同位素等时线法(e.g., Cheng et al., 2019)、锆石和其它副矿物的 U-Pb 定年法等(e.g., Liu and Liou, 2011)。对于后期退变质演化历史的恢复，主要依靠多硅白云母和角闪石等矿物 Ar/Ar 定年法以及封闭温度较低的副矿物(如金红石和磷灰石)U-Th-Pb 定年方法等。

随着两个刚性板块之间的汇聚，俯冲隧道内的物质形成韧性剪切带，表现为“动态三明治结构”(郑永飞等, 2013)，因此出现同一造山带不同岩片之间的构造拆离，以及同一个超高压岩片中不同部位记录的差异性 *P-T-t* 演化轨迹(Rubatto et al., 2011)，从而解释了大陆碰撞造山带中出现的各种微观和宏观岩石构造单元以及深俯冲陆壳的折返机制(Zheng, 2012)。大陆俯冲隧道的温度与现代大洋俯冲隧道相似(郑永飞等, 2013)，大陆俯冲隧道中地壳岩石在俯冲过程中发生的脱水作用应与大洋俯冲隧道类似(郑永飞等，2016)。但是，由于大陆俯冲带之上大陆岩石圈的厚度相对较大，俯冲带地热梯度相对较低，没有出现同俯冲大陆弧岩浆作用(Zheng and Chen, 2016)。

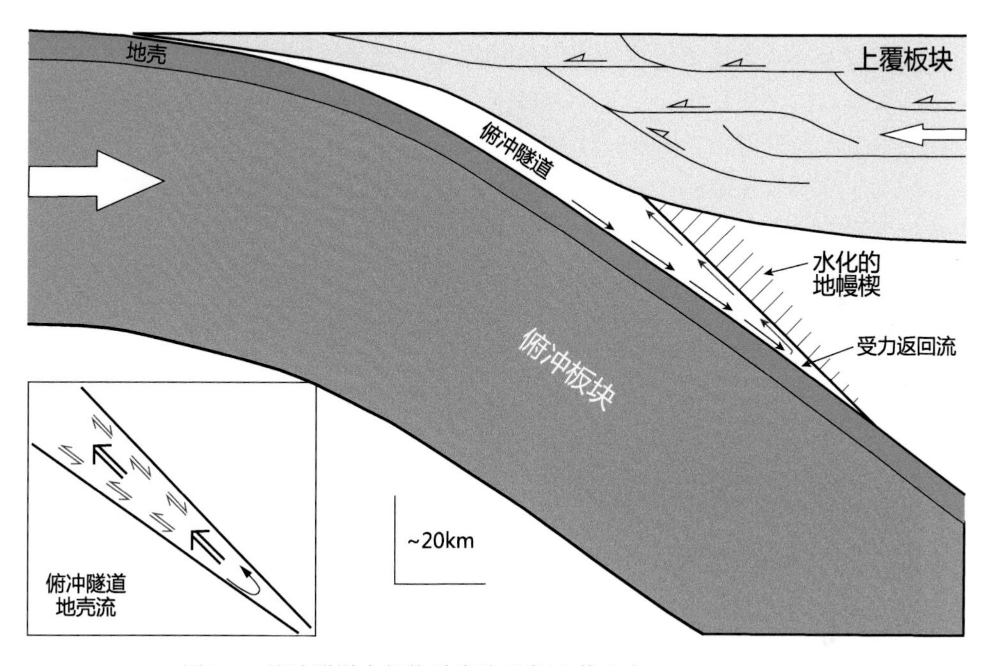

图 3-7　俯冲隧道内部物质流动示意图(修改自 Ring et al., 2020)

注：不同大小的地壳和地幔碎块在俯冲隧道中受到角力流作用发生向上或向下运动，在不同深度经历不同程度的变质作用，伴有不同程度的变形。在俯冲隧道中，壳源岩石与幔源岩石之间可以发生机械混合，形成超高压变质混杂岩；这些岩石在折返到地壳层位过程中与低级变质岩拼合到一起，可以形成构造混杂岩。对地壳岩石在俯冲隧道内的行为可进一步参见郑永飞等(2013)。

第四节　极端变质作用

自二十世纪六十年代以来，变质地质学的研究取得了一系列新的成果和发展，分别在造山带识别出麻粒岩相超高温变质岩(Dallwitz, 1968; Ellis et al., 1980)和榴辉岩相超高压变质岩(Chopin, 1984; Smith, 1984)，进入二十一世纪之后，习惯上将形成这两类变质岩的区域变质作用称为极端变质作用(张立飞, 2007; Zheng and Chen, 2017)。

1. 超高压变质作用

到 20 世纪 80 年代中期，在变质陆壳岩石中发现柯石英(Chopin, 1984; Smith, 1984)，拉开了超高压变质作用研究的序幕。进入 20 世纪 90 年代初期，在变质陆壳岩石中发现显微金刚石(Sobolev and Shatsky, 1990; Xu et al., 1992)，将超高压变质作用的研究带入高潮(Chopin, 2003; Liou et al., 2009)。超高压变质作用是指在压力≥2.8GPa 条件下发生的一种区域变质作用(图 3-1)，是地壳岩石俯冲到≥80km 的弧下深度后发生的区域变质作用。其主要识别标志是在区域变质岩中出现柯石英、金刚石等超高压变质矿物，对应的变质压力下限分别为 2.8GPa 和 3.2GPa，一般将超高压变质深度限定在 80km 以上。

超高压变质岩主要呈带状出现在显生宙时期的汇聚板块边缘，在我国中部的中央造山带非常发育，自西向东有 5 个超高压变质地体，分别出露在西南天山、阿尔金、柴北缘、北秦岭、红安-大别-苏鲁造山带。超高压变质岩的形成时代就是大陆地壳俯冲到地幔深度的时间，如在中国的西南天山变质带为石炭纪，在阿尔金变质带为寒武纪，在柴北缘变质带为志留纪，在北秦岭变质带为寒武纪，在红安-大别-苏鲁变质带为三叠纪。

尽管超高压变质岩的研究历史还不到四十年，但是它证明大陆地壳可以俯冲到地幔深度，导致了板块构造的第一次革命(Schreyer, 1995; Chopin, 2003; Liou et al., 2009)。对大陆俯冲带变质岩的研究，为认识板块俯冲带地球动力学提供了重要证据。通过对大陆深俯冲过程的细致刻画，极大地丰富了板块构造动力学过程的科学内涵。从超高压变质岩自寒武纪起才得以大规模出现来看，地幔温度在进入寒武纪后才得到充分降低(Brown et al., 2020)。

2. 超高温变质作用

超高温变质作用的研究历史也已经有了半个多世纪。Dallwitz (1968)在东南极泥质变质岩中发现了假蓝宝石，变质矿物组合所记录的温度达到 1100°C。这个发现得到 Ellis 等(1980)的证实，随后在世界各地克拉通造山带变质岩中陆续发现变质温度超过 900°C 的麻粒岩(Harley, 1998, 2008)。五十多年来，全球共有 66 个超高温变质岩地区的报道，其中有 47 个含有假蓝宝石，这其中 24 个发育假蓝宝石和石英的组合，尤其发育在几个冈瓦纳大陆地体，如印度南部、斯里兰卡、马达加斯加和南极洲东部等(Kelsey and Hand, 2015; Harley, 2021)。

据 Harley (1998)研究，超高温变质作用一般发生在中压(0.7–1.3GPa)条件下，变质温度为 900–1100°C，与中压角闪岩相和高压麻粒岩相之间以蓝晶石/夕线石转换为界(图 3-1)。对超高温变质岩的主要识别标志是一些指示性矿物组合，如在富镁铝变泥质岩中的假蓝宝石+石英、尖晶石+石英、紫苏辉石+矽线石±石英组合等，以及含大隅石的组合。从理论上讲，超高温变质作用可以发生在任何岩石单元中，但是在岩相学工作中只能在富 Mg-Al 的变泥质岩中才能找到上述特征矿物组合(Kelsey and Hand, 2015)。

超高温变质作用发生的构造背景和地球动力学机制一直是地质学界争议的课题(Harley, 2008, 2021; Kelsey and Hand, 2015; Zheng and Chen, 2017, 2021)。即使是对矿物组合最为发育、保存最为完整的几个冈瓦纳大陆，如印度南部东高支山地区和斯里兰卡，不同的学者也存在不同的认识，一个核心问题就是如何在地壳深度获得如此高的温度。尽管高温低压巴肯型角闪岩-麻粒岩相变质岩可以出现在离散板块边缘(例如洋中脊)或者汇聚板块边缘(增生和碰撞造山带)，但是对超高温变质作用发生的构造背景存在多种假说，包括弧后张裂、地幔柱、板片撕裂、洋脊俯冲、热造山带、大陆张裂等(Kelsey and Hand, 2015; Zheng and Chen, 2017; Harley, 2021)。如果对上述构造背景进行综合归纳，可以发现两个特点(图 3-8)：一是板块构造边界出现地壳热异常，如洋中脊、弧后盆地、大陆张裂；二是深部地幔对浅部地壳的加热作用。在增生和碰撞造山带出现的岩石圈拉张引起地壳岩石的变质脱水和部分熔融，可能是产生超高温变质作用的基本物理化学机制(Zheng and Chen, 2017, 2021; Cipar et al., 2020)。

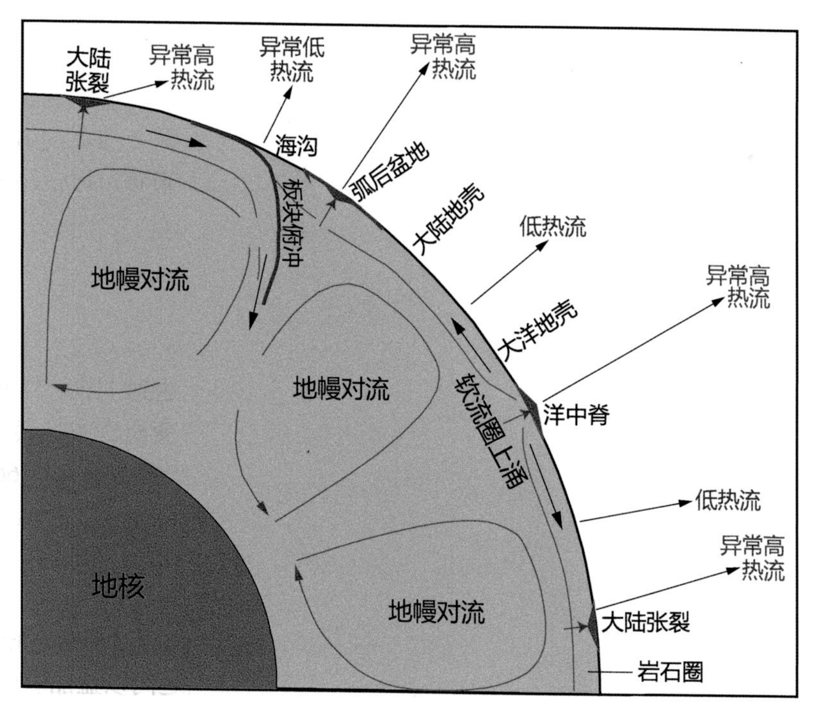

图 3-8　地壳高热流区分布示意图(修改自 Bucher and Grapes, 2011)

注：离散板块边缘如洋中脊、弧后盆地和大陆张裂是典型的高热流区(Zheng and Chen, 2021)。

弧后张裂作用已经成为成功解释超高温变质作用的构造机制之一(St-Onge and King, 1987; Hyndman et al., 2005; Brown, 2010; Zheng and Chen, 2017, 2021; Hyndman, 2019; Harley, 2021)。从弧后盆地在现代大洋俯冲带之上的发育来看，弧后盆地在西太平洋俯冲带之上较为常见，但是东太平洋俯冲带之上非常少见(Zheng, 2021b)。不过，弧后张裂形成受俯冲大洋板片的回卷控制(e.g., Tamaki and Honza, 1991; Honza, 1993; Clark et al., 2008)。由于俯冲大洋板片在上覆板块边缘之下发生回卷属于共同现象，因此在主动大陆边缘发生弧后张裂能够引起超高温变质作用。但是，不能将这个机制推广到大陆碰撞带乃至不再汇聚的大陆边缘。在大陆内部这个构造背景下，造山带岩石圈去根减薄作用引起下伏软流圈地幔上涌，由此所引起的主动张裂才是产生超高温变质作用的构造机制(Zheng and Chen, 2017, 2021)。

第五节　俯冲带地壳变质演化

阿尔卑斯型变质相系代表了地壳(洋壳和陆壳)岩石在低地热梯度下俯冲到岩石圈地幔深度过程中经受变质作用的产物，而巴肯型变质相系代表了位于地壳深度岩石在高地热梯度下受到变质作用的产物(Zheng and Chen, 2017; Zheng, 2021c)。对于巴罗型变质相系来说，它们既可以通过地壳岩石在中等地热梯度下俯冲到下地壳深度过程中变质形成，也可以通过阿尔卑斯型变质相系的等温降压进入巴罗型变质相系 *P-T* 区间形成(Zheng and Chen, 2021)。从汇聚板块边缘不同变质相系之间的叠加变质来看，俯冲带地壳变质演化主要表现在两个方面：(1) 岩石圈地幔深度形成的变质岩向地壳深度的近等温降压折返；(2) 下地壳深度变质岩向上地壳深度的加热降压折返。

阿尔卑斯型高压-超高压榴辉岩的折返机制一直是俯冲带变质作用研究的关键科学问题之一(Li et al., 2016; 刘贻灿和张成伟, 2020; 张立飞和王杨, 2020; Zheng, 2021d)。自超高压变质岩发现以来，最大的困惑就是俯冲到地幔深度的地壳岩石是如何抬升折返到地壳层位的。俯冲大陆地壳以长英质片麻岩为主，夹有少量榴辉岩和橄榄岩，它们具有与俯冲洋壳不一样的岩石组合和全岩组分(Zheng, 2012; Hermann and Rubatto, 2014)。对于大陆型超高压变质地体来说，其折返动力通常被认为是陆壳密度较低，可以通过浮力折返(Ernst et al., 1997)。由于长英质变质岩的密度低于镁铁质变质岩，低密度长英质变质岩可以裹带高密度镁铁质变质岩，在浮力驱动下沿着俯冲隧道从岩石圈深部折返到浅部不同层位(郑永飞等, 2013; 张建新, 2020)。

俯冲变质洋壳主要是由以高密度榴辉岩为代表的铁镁质岩石所组成，其密度比周围的橄榄岩要大，因此对其折返过程及机制一直存在争议。目前提出来的有关洋壳榴辉岩折返机制主要有逆掩推覆模式、板底垫托模式、俯冲隧道模式、板块后撤模式等(Hacker and Gerya, 2013; Warren, 2013)。在众多模式中，密度演化无疑是最重要的影响因素之一。张立飞和王杨(2020)依据密度演化将现今折返到地表的洋壳榴辉岩分为两类：一类是具有自折返能力的榴辉岩，岩石在自身浮力的驱动下发生折返(Chen et al., 2013)；另一类是携带折返的榴辉岩，岩石具有负浮力，只能依靠低密度的变沉积岩和蛇纹岩的携带作用才能发生折返(Li et al., 2016; Wang et al., 2019)。数值模拟计算结果显示，几乎所有的洋壳硬柱石榴辉岩都属于具有自折返能力的洋壳榴辉岩，而绝大部分的绿帘石榴辉岩则属于携带折返的洋壳榴辉岩(图 3-9)。

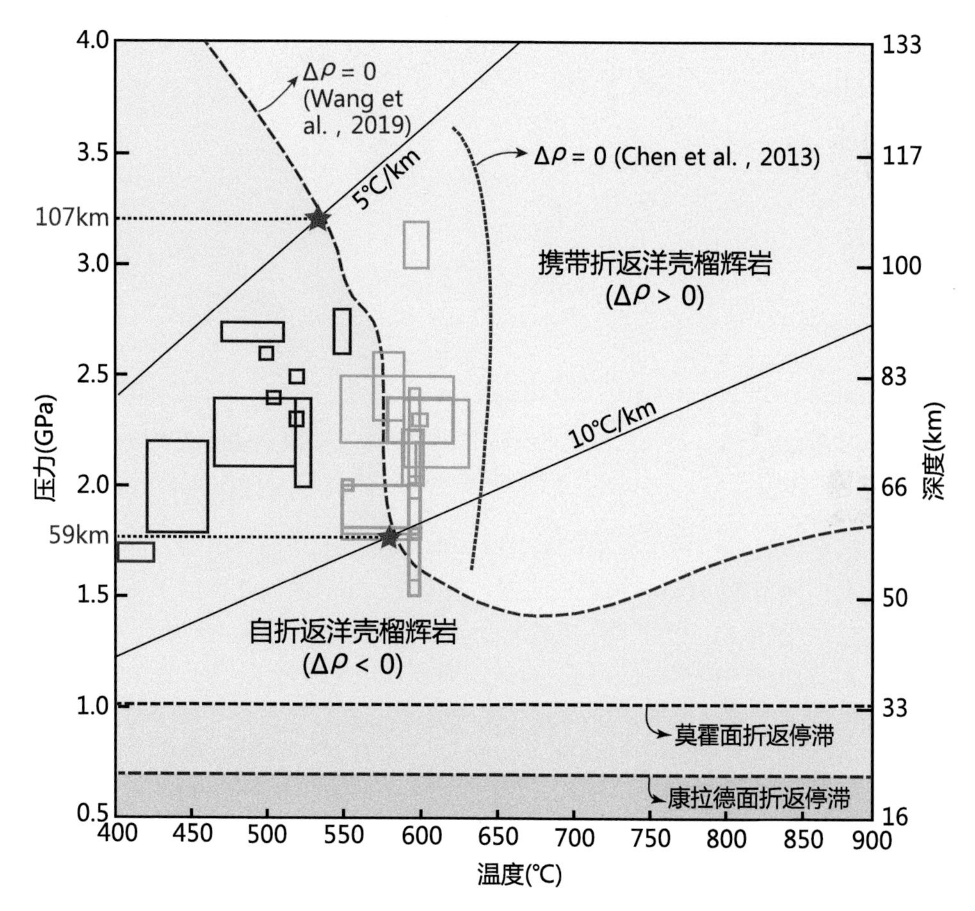

图 3-9 洋壳榴辉岩 *P-T* 条件与 $\Delta\rho$ 之间关系演化图解(修改自张立飞和王杨, 2020)

注：蓝色和绿色方框代表不同大洋俯冲带榴辉岩，$\Delta\rho$ 为榴辉岩与橄榄岩之间在特定温度压力条件下的密度差。

张立飞和王杨(2020)的研究表明，洋壳榴辉岩折返过程中也会出现“莫霍面停滞”的现象(图 3-9)，即莫霍面是洋壳榴辉岩折返的阻碍面，洋壳榴辉岩折返到这个界面处时，其密度会远高于周围岩石的密度，从而出现明显的折返速度下降，直至发生折返停滞。停滞在莫霍面附近的榴辉岩需要外力作用才能折返到上地壳层位，这个外力就是造山带岩石圈地幔减薄后上覆地壳加热熔融所产生的长英质熔体浮力(Zheng and Chen, 2021)。因此，巴肯型变质相系的形成和折返与汇聚板块边缘岩石圈地幔减薄后的大陆主动张裂密切相关(图 3-10)，其中软流圈地幔上涌可能是造山带地壳脱水熔融和片麻岩穹窿隆起的地球动力学机制(Zheng and Gao, 2021)。

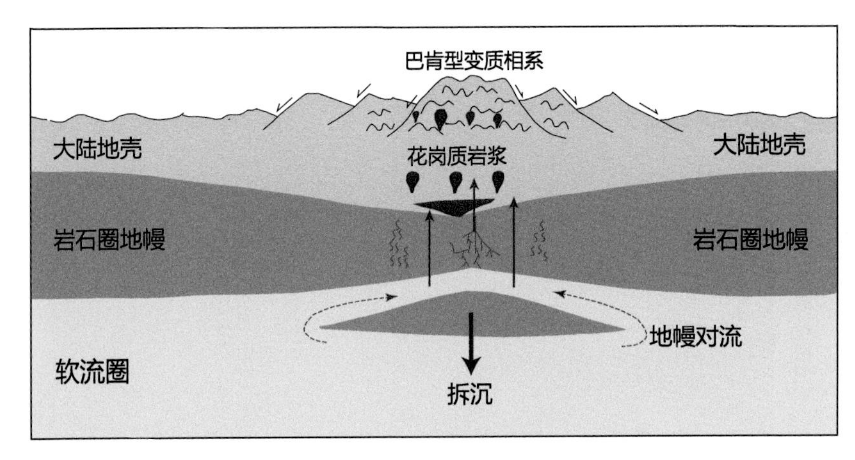

图 3-10　汇聚板块边缘加厚岩石圈拆沉减薄后的大陆主动张裂作用引起地壳深熔变质作用
(修改自 Zheng and Chen, 2017)

超高压变质岩形成的大地构造背景毫无例外属于汇聚板块边缘。地壳岩石在此俯冲到上地幔顶部≥80km 的弧下深度，在<10°C/km 的低热梯度下发生阿尔卑斯型变质作用(图 3-1)。尽管大陆超高温变质岩也出现在汇聚板块边缘，但是这些岩石一般都叠加在先前形成的高压-超高压榴辉岩相变质岩上，并且板块汇聚年龄都不同程度地老于超高温变质年龄。这种时空叠加关系导致超高压变质岩一方面表现出超高温条件下脱水熔融的特点，另一方面表现出结构和成分上的继承性(Zheng and Chen, 2017, 2021)。

无论是超高压变质岩还是超高温变质岩，它们的形成和折返一般都涉及两阶段过程(Zheng, 2021c, 2021d)。在板块汇聚的早期阶段，地壳岩石沿较低的地热梯度俯冲到弧前至弧下深度，在此发生阿尔卑斯型乃至巴罗型变质作用。然后，这些岩石沿俯冲隧道以岩片逆冲方式折返，其中大多折返到莫霍深度附近的下地壳层位，在此高压-超高压榴辉岩相变质岩在中等地热梯度下受到巴罗型中压角闪岩相到高压麻粒岩相变质叠加；少数直接折返到上地壳层位。因此，折返的第一阶段是俯冲地壳在受到地幔楔底部的物理刮削进入俯冲隧道后，在角力流和浮力的共同作用下以岩片逆冲方式沿俯冲隧道折返到下地壳深度(图 3-11A)。

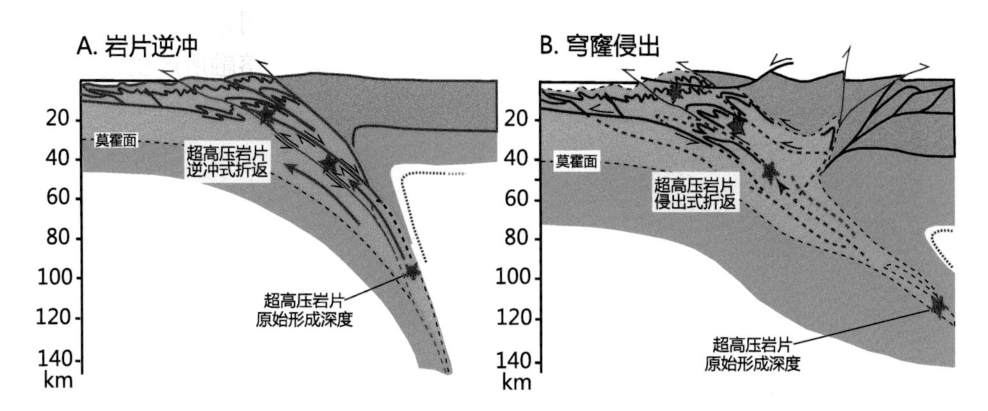

图 3-11　超高压变质地体两阶段折返示意图(修改自 Zheng, 2021d)

注：超高压变质岩折返的第一阶段是以岩片逆冲方式从弧下深度沿俯冲隧道折返，在到达莫霍深度后受到巴罗型高压麻粒岩相变质叠加。第二阶段则是位于下地壳深度的高压变质地体受到下伏软流圈地幔加热后发生部分熔融，所产生的长英质熔体将其从莫霍深度以穹窿隆起方式裹带折返到地壳浅部，对应于高温-超高温变质岩的折返。

阿尔卑斯型变质岩在下地壳深度受到巴罗型变质作用叠加后，一般会在这个深度居留相当一段时间，处于亚稳定状态(Zheng, 2021d)。一旦碰撞造山带岩石圈地幔发生去根减薄(可以是由于重力不稳定引起的拆沉或者软流圈地幔对流的底部侵蚀)，高的热流就会从上涌的软流圈通过减薄的岩石圈地幔传导进入先前碰撞加厚的地壳，从而引起高压-超高压变质岩在下地壳深度发生部分熔融，所产生的长英质熔体将这些变质岩块体裹带到上地壳深度发生高温-超高温变质叠加，引起混合岩化形成片麻岩穹窿(Zheng and Chen, 2021; Zheng and Gao, 2021)。因此，折返的第二阶段是从莫霍深度以穹窿隆起方式从地壳深度折返到地壳浅部(图 3-11B)，浮力发挥主导作用，对应于高温-超高温变质岩的折返。

极端变质岩与围岩之间的关系也一直是地质学界争议的话题。就超高压变质地体来说，其中的镁铁质榴辉岩与长英质片麻岩之间的关系属于原位关系而不是外来关系，但是超高压变质地体与非超高压围岩之间的关系属于外来关系而不是原位关系。就超高温变质地体来说，其中的片麻岩穹窿与低级变质岩之间的关系属于外来关系而不是原位关系。但是，不同等级变质岩的原岩可以在地壳俯冲之前属于同一构造单元，在第一阶段折返过程中可以构造混杂岩的形式出现在不同地壳深度(主要集中在莫霍深度)。位于莫霍深度的构造混杂岩在经受部分熔融后，在第二阶段通过穹窿隆起方式才折返到地壳浅部。

对于汇聚板块边缘的碰撞造山带，其现今地质结构一般都是叠加变质作用之后的表现，记录了双峰式变质作用的综合效应。以中国中东部大别-苏鲁造山带为例(图 3-12)，这是一个典型的中生代碰撞造山带(郑永飞, 2008)，其内部由一系列不同变质等级的褶冲带(Faure et al., 1999; Zheng et al., 2005; Xu et al., 2006)和岩浆岩(Zhao et al., 2008, 2017; Xu and Zhang, 2017)组成。在华南陆块北缘与华北陆块南缘发生碰撞的初期阶段，华南陆块北缘的海相沉积盖层在俯冲带浅部受到华北陆块南缘底部的刮削发生拆离，然后逐渐加积到华北陆块南缘形成增生楔(Zheng et al., 2005)。随着大陆碰撞的进行，俯冲进入岩石圈不同深度的华南陆块地壳沿俯冲隧道发生折返(郑永飞等, 2013)。

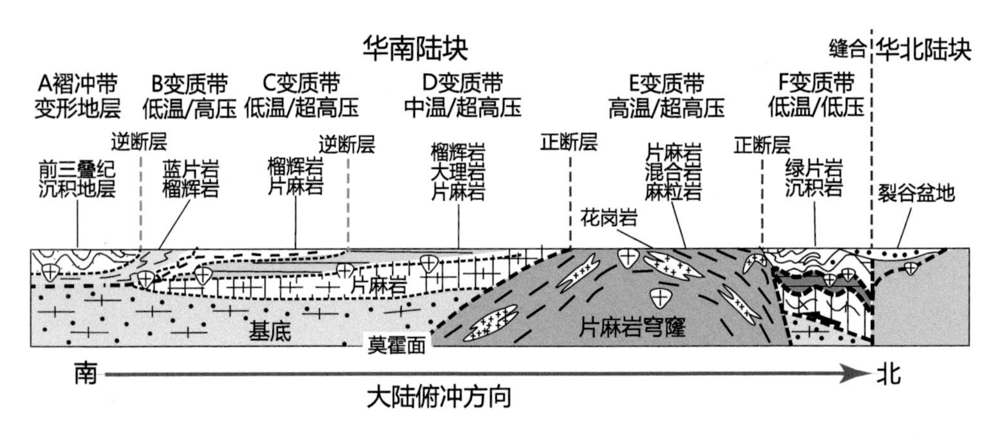

图 3-12 华南陆块与华北陆块之间大别造山带地质结构示意图(修改自 Zheng et al., 2019a)

在华南陆块北向俯冲到华北陆块南缘之下的主期阶段，华南陆壳岩石在下地壳和岩石圈地幔深度经受高压-超高压榴辉岩相变质作用(郑永飞, 2008)。华北陆块南缘是古特提斯洋板片古生代俯冲期间的主动大陆边缘，虽然尚未发现大陆弧岩浆作用(Zheng et al., 2019a)，但是可以受到拉张再活化(Zheng et al., 2019b)。在大陆碰撞之后，造山带岩石圈发生去根作用(李曙光等, 2013; He and Zheng, 2018)，软流圈地幔上涌引起大陆主动张裂，导致下地壳发生变质脱水和部分熔融(Zheng and Chen, 2017)，结果形成在这个碰撞造山带广泛出露的碰撞后岩浆岩(Zhao et al., 2008; Xu and Zhang, 2017; Zhao et al., 2017)。现在出露地表的大别-苏鲁造山带岩石构造单元基本上由两部分组成(图 3-12)，一是俯冲到地幔深度的地壳以岩片逆冲形式折返到地壳层位的岩石，二是先前折返到下地壳深度的岩片在碰撞后伸展构造体制下以穹窿形式隆起到浅部地壳层位的岩石。第一部分岩石包括在大别-苏鲁造山带出露的超高压榴辉岩，它们的形成和折返基本上都发生在三叠纪时期的大陆碰撞阶段；第二部分包括与花岗岩组合在一起的混合岩穹窿，它们形成所对应的深熔变质作用基本上都发生在早白垩世时期的碰撞后阶段。

第四章　汇聚边缘流体活动

第一节　俯冲带脱水熔融

俯冲板片脱水熔融是俯冲带物质循环的关键机制，所产生的流体是引起壳幔相互作用的关键介质(Zheng and Chen, 2016; Zheng, 2019)。前者改变俯冲板片自身的化学组成，后者导致地幔成分的不均一性。俯冲板片脱水熔融也可以引发俯冲带中深源地震、地震波速降低和能量衰减，以及电导率异常等地球物理效应。因此，俯冲带脱水熔融也是控制俯冲带重大地质事件的基本原因。

俯冲带脱水熔融包括脱水和熔融两个过程(Schmidt and Poli, 2014; 郑永飞等, 2016)，其中熔融是发生在岩石的湿固相线之上(超固相条件)，而脱水可以发生在超固相条件和亚固相条件(岩石的湿固相线之下)。无论是脱水还是熔融，相对于源区岩石来说都是失去部分流体(可以是富水溶液或者含水熔体)，因此常用的术语是变质脱水和部分熔融。对地壳岩石在超固相条件下产生熔体的变质作用又称深熔变质作用(anatectic metamorphism)。

俯冲板片部分熔融产生含水熔体仅仅发生在中等地热梯度(11–30°C/km)的暖俯冲条件下。这种情况在显生宙相对稀少，这也是环太平洋俯冲带只有极少数地方出现埃达克岩的基本原因(Zheng, 2021b)。但是，在太古宙时期，板片俯冲主要发生在中等地热梯度下(Zheng and Zhao, 2020)，这样在汇聚板块边缘就易于形成地球化学成分上与埃达克岩相似的 TTG 岩石(Li et al., 2021a; Zheng, 2021b)。

在汇聚板块边缘，脱水熔融可以出现在俯冲带演化的三个阶段(Zheng and Chen, 2016, 2017)：(1) 俯冲早期，两个板块之间处于耦合状态，地壳在挤压体制下加厚，板块界面热梯度较低，俯冲的地壳岩石在<120km 的岩石圈深度只发生变质脱水；(2) 俯冲晚期，两个板块之间出现解耦进入拉张体制，板块界面热梯度升高，板片表面变质岩和地幔楔底部蚀变岩都会在>80km 的深度发生变质脱水乃至部分熔融；(3) 俯冲之后，板块之间无论在挤压还是拉张上都不显著，但是加厚地壳之下的岩石圈地幔或者由于软流圈地幔对流侵蚀而减薄，或者在重力作用下拆沉减薄，使得先前汇聚的板块边缘受到下伏软流圈地幔本身的上涌作用(或者其降压熔融产生岩浆上升的底垫作用)而进入拉张体制，高的热流穿过减薄的岩石圈地幔进入地壳使其地热梯度显著升高，引起地壳岩石在<60km 深度发生脱水熔融。如何区分俯冲带在这三个不同阶段的脱水熔融，已经成为研究汇聚板块边

缘流体活动和岩浆作用的关键。

俯冲板片携带存在于岩石孔隙中的自由水和矿物中的结构水一起向地幔深部俯冲，但是自由水在进入绿片岩相条件后一部分完全析出，另一部分进入含水矿物和名义上无水矿物(Schmidt and Poli, 2014; 郑永飞等, 2016)。俯冲板片岩石中含水矿物分解是板块俯冲带主要的流体来源(图 4-1)。俯冲地壳含水矿物的稳定性及其脱水行为主要受俯冲带温压结构控制(郑永飞等, 2016; 魏春景和郑永飞, 2020)。各种含水矿物的稳定域随俯冲岩石温度压力的变化而变化，在弧前深度(<60–80km)发生亚固相变质脱水，在弧下深度(80–160km)和后弧深度(>200km)发生超固相变质脱水和部分熔融(Schmidt and Poli, 2014; 郑永飞等, 2016)。

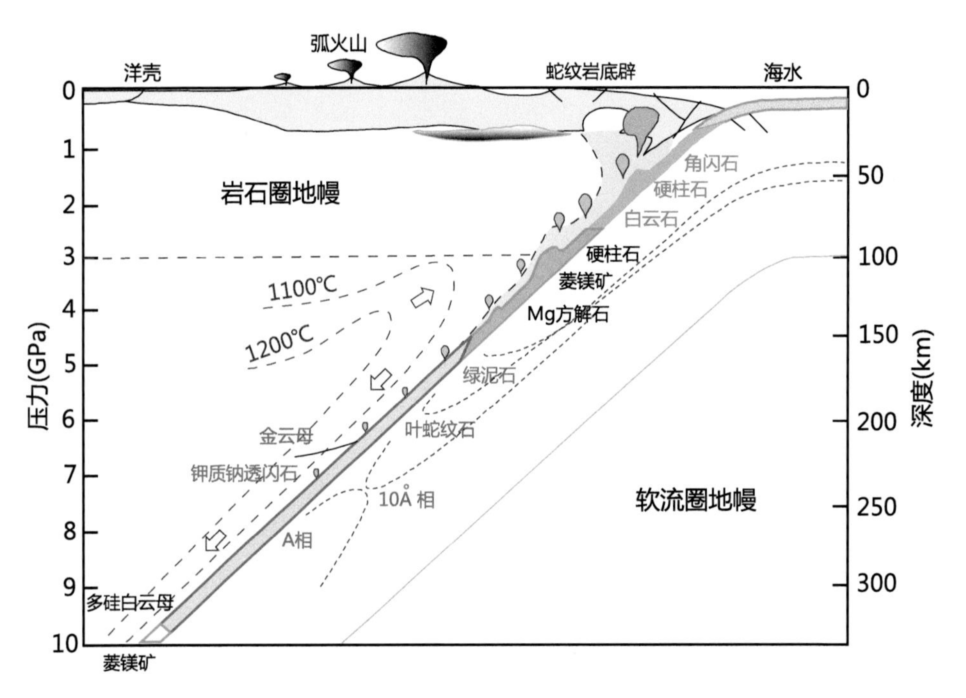

图 4-1 俯冲大洋板片含水矿物分解深度示意图(修改自 Schmidt and Poli, 2014)

前人根据俯冲带地热梯度变化与含水矿物稳定性之间的热力学关系，建立了若干俯冲板块流体释放随深度变化的计算地球动力学–岩石学理论模型(e.g., Hacker, 2008; van Keken et al., 2011; Schmidt and Poli, 2014; 郑永飞等, 2016; 魏春景和郑永飞, 2020)。在这些模型设计中，主要考虑的是俯冲洋壳中含水矿物在不同深度的热力学稳定域(图 4-2)。根据这类理论模型，含水矿物在地热梯度为 5–10°C/km 的冷俯冲带分解有限，释放的流体较少；在地热梯度为 11–30°C/km 的暖冷俯冲带分解显著，释放的流体较多(图 4-3)。

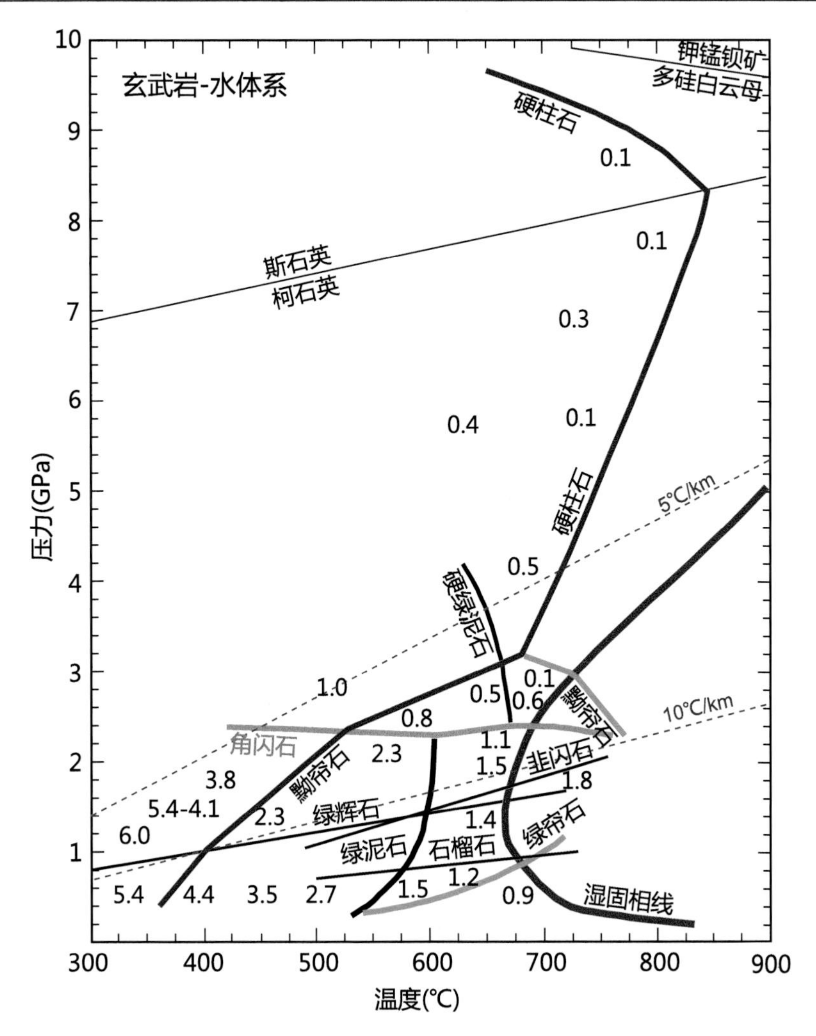

图 4-2　玄武岩-水体系中主要矿物相的稳定域(修改自 Schmidt 和 Poli, 2014)

注：图中数字是含水矿物所储存的水含量(wt.%)，而含水矿物分解就提供了俯冲带中水的来源。

根据现代大洋俯冲带温压结构差异(Syracuse et al., 2010)，van Keken 等(2011)定量估计了俯冲地壳含水矿物在冷和暖俯冲带脱水析出的流体量与俯冲深度之间的关系(图 4-4)。结果显示，在冷俯冲带俯冲板片丢失的水很少，而在暖俯冲带丢失的水很多。具体来说，俯冲地壳中的含水矿物在弧前深度大多保持稳定，只有少量在亚固相条件发生分解引起变质脱水，形成富水溶液，与地热梯度高低关系不大(图 4-2 和图 4-3)。在弧下和后弧深度，虽然板片地壳的温度压力条件进入超固相区域，但是在地热梯度为 5–10°C/km 的冷俯冲带依然以变质脱水为主，而在地热梯度为 11–30°C/km 的暖俯冲带则可能发生部分熔融，因此不仅形成富水溶液而且形成含水熔体。

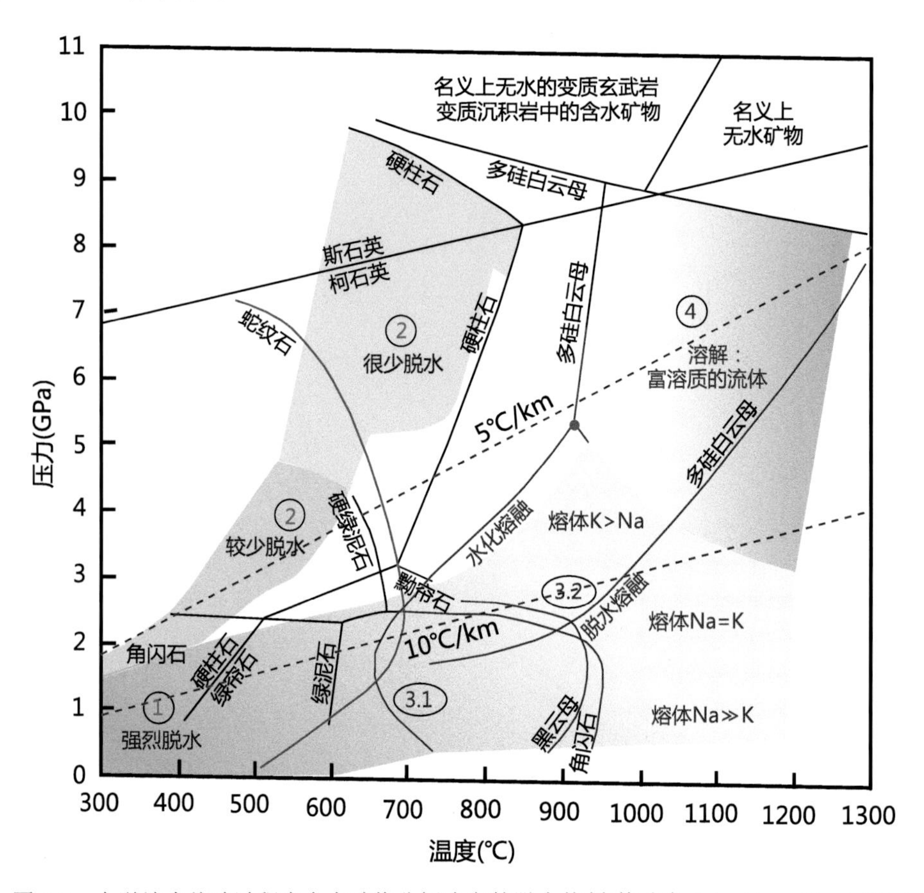

图 4-3 大洋地壳俯冲过程中含水矿物分解决定的脱水体制(修改自 Schmidt and Poli, 2014)

注：高脱水速率区(1)位于角闪石稳定限与湿固相线之间，弱脱水区(2)位于黝帘石与硬柱石稳定限之间。地壳岩石在达到湿固相线时发生水化熔融；在2.5GPa压力之下的脱水熔融主要受角闪石(变玄武岩)分解和黑云母(变泥质岩)分解控制，在 2.5GPa 压力之上的脱水熔融主要受多硅白云母(变泥质岩)的分解控制。高温/低压熔融区(3.1 和 3.2)随压力升高被含水矿物在富溶质流体中的溶解区(4)所替代。由于俯冲板片内部蛇纹石化橄榄岩的脱水作用为上覆地壳岩石的熔融提供了自由水，图中绿色曲线标示了水化橄榄岩中蛇纹石的稳定域。

在板块快速俯冲过程中，矿物往往处于亚稳定状态，导致含水矿物的真实分解深度可显著大于其热力学分解深度，出现所谓的动力学滞后效应，这在具体研究俯冲带流体活动时不能忽视(Zheng and Chen, 2016)。实际上，快速俯冲引起相对较低的地热梯度，不利于含水矿物分解；缓慢俯冲引起相对较高的地热梯度，有利于含水矿物分解。此外，虽然名义上无水矿物水含量较低，但是它们成为俯冲地壳在弧下和后弧深度的重要水储库，在深俯冲地壳折返过程中能释放出大量流体(Zheng, 2009; Zheng and Hermann, 2014)。

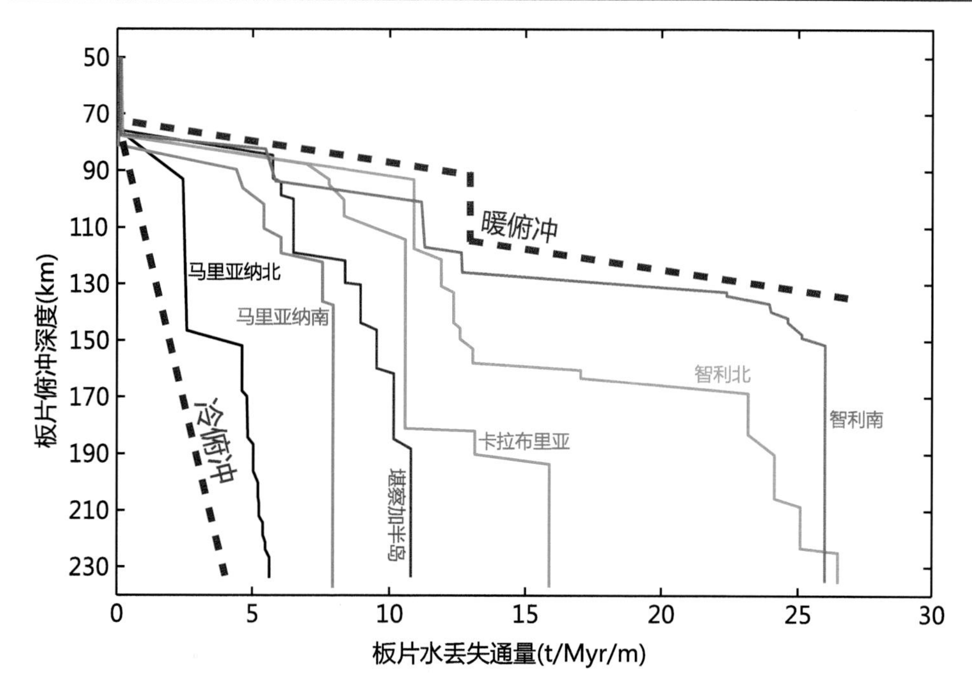

图 4-4 俯冲板片脱水深度与俯冲带温压结构之间的关系(修改自 van Keken et al., 2011)

注：含水矿物分解的温压条件是决定俯冲带流体活动的主导变量，而板片水丢失通量受俯冲速率、俯冲深度和含水矿物稳定性支配。根据 Syracuse 等(2010)概括的现代大洋俯冲带板片表面 *P-T* 变化轨迹，在暖俯冲带的 80–130km 深度，含水矿物就可以发生分解释放出大量的水，而在冷俯冲带的 150–200km 深度，含水矿物只发生有限分解释放出少量的水。

对于不同化学成分的地壳岩石，岩石发生脱水熔融的温度压力存在一定的差异性和相似性。对于玄武岩-水体系(图 4-5)，其中包含两种在温度高于湿固相线时仍稳定的含水相：绿帘石和角闪石。这两种矿物相在高压和低压条件下均可以分解导致脱水熔融；绿帘石主导的脱水熔融仅会产生少量熔体，而角闪石主导的脱水熔融则可导致埃达克质熔体的产生。无论哪种压力条件，以绿帘石和角闪石为主的脱水熔融一般出现在>11°C/km 的中到高地热梯度下，对应于角闪岩相到麻粒岩相变质岩在拉张条件下的部分熔融(Zheng and Chen, 2017, 2021)。

对于泥质岩-水体系(图 4-6)，湿固相线在压力略微高于 5GPa 时终止，高于此压力时，即使过剩水低于 1wt%，多硅白云母仍会因连续溶解而消失。少数暖俯冲带的 *P-T* 轨迹会与泥岩湿固相线相交，但在这种情况只能得到较小比例的熔体(Behn et al., 2011)。在泥质岩-CO_2 体系中，硅酸盐和碳酸盐熔体分别在 2–3GPa 和>5GPa 压力下生成。黑云母脱水熔融一般出现在热梯度>11°C/km 的中到高热梯度下，对应于角闪岩相到麻粒岩相变质岩在拉张条件下的部分熔融，在较低压力条件下形成花岗质熔体。

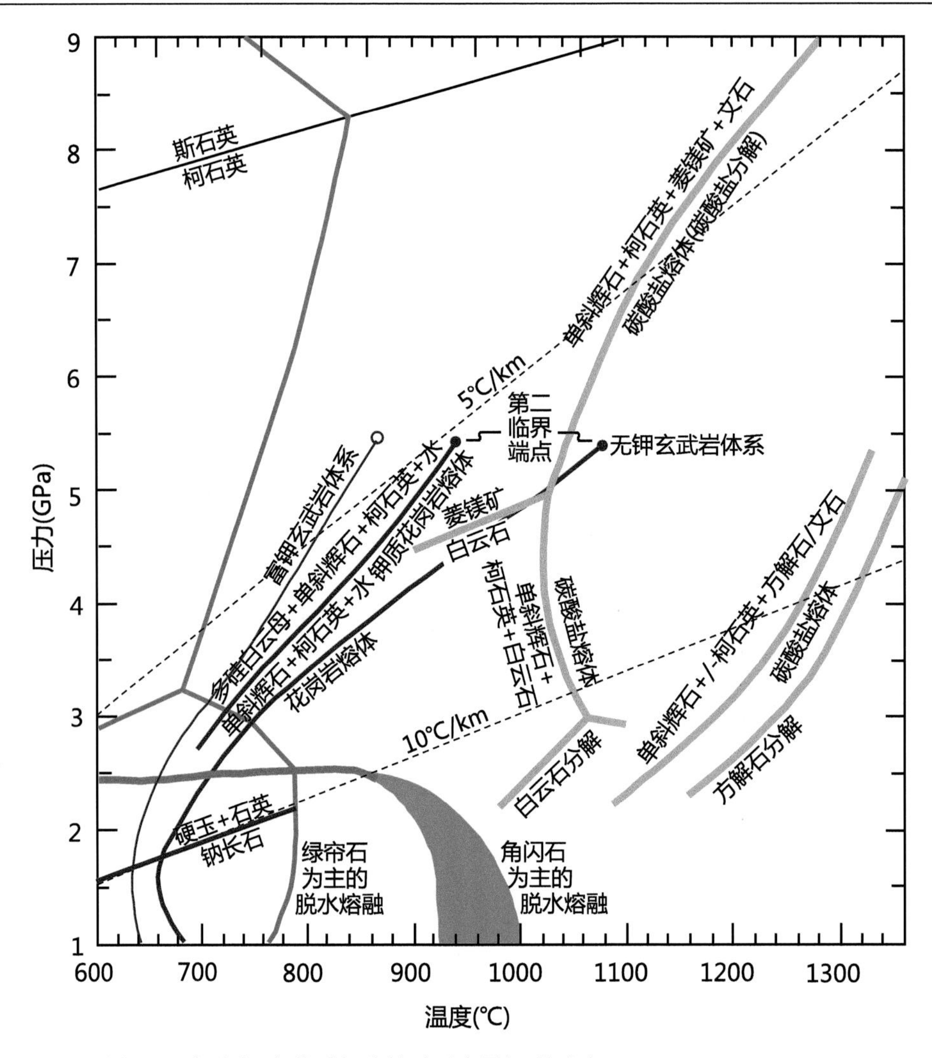

图 4-5　玄武岩-水体系部分熔融反应图解(修改自 Schmidt and Poli, 2014)

注：图中红色实线代表富钾和无钾玄武岩湿固相线，绿色实线代表玄武岩-CO_2体系的固相线。

汇聚板块边缘的地壳熔融可以通过脱水熔融反应或者水化熔融反应这两种机制发生，且不同类型岩石发生脱水熔融和水化熔融的条件也存在较大差异(Zheng and Chen, 2017)。对于部分熔融发生的条件和机制，目前已有的研究主要是根据高温高压实验结果和岩石 *P-T* 轨迹来推测，相对缺乏天然岩石本身的制约。此外，高温高压实验研究发现，俯冲洋壳在特定条件下甚至可以形成碳酸盐熔体(Poli, 2015)。在大陆俯冲带超高压变质岩中也发现了碳酸盐熔体可能存在的证据(Korsakov and Hermann, 2006; Gao et al., 2014)。

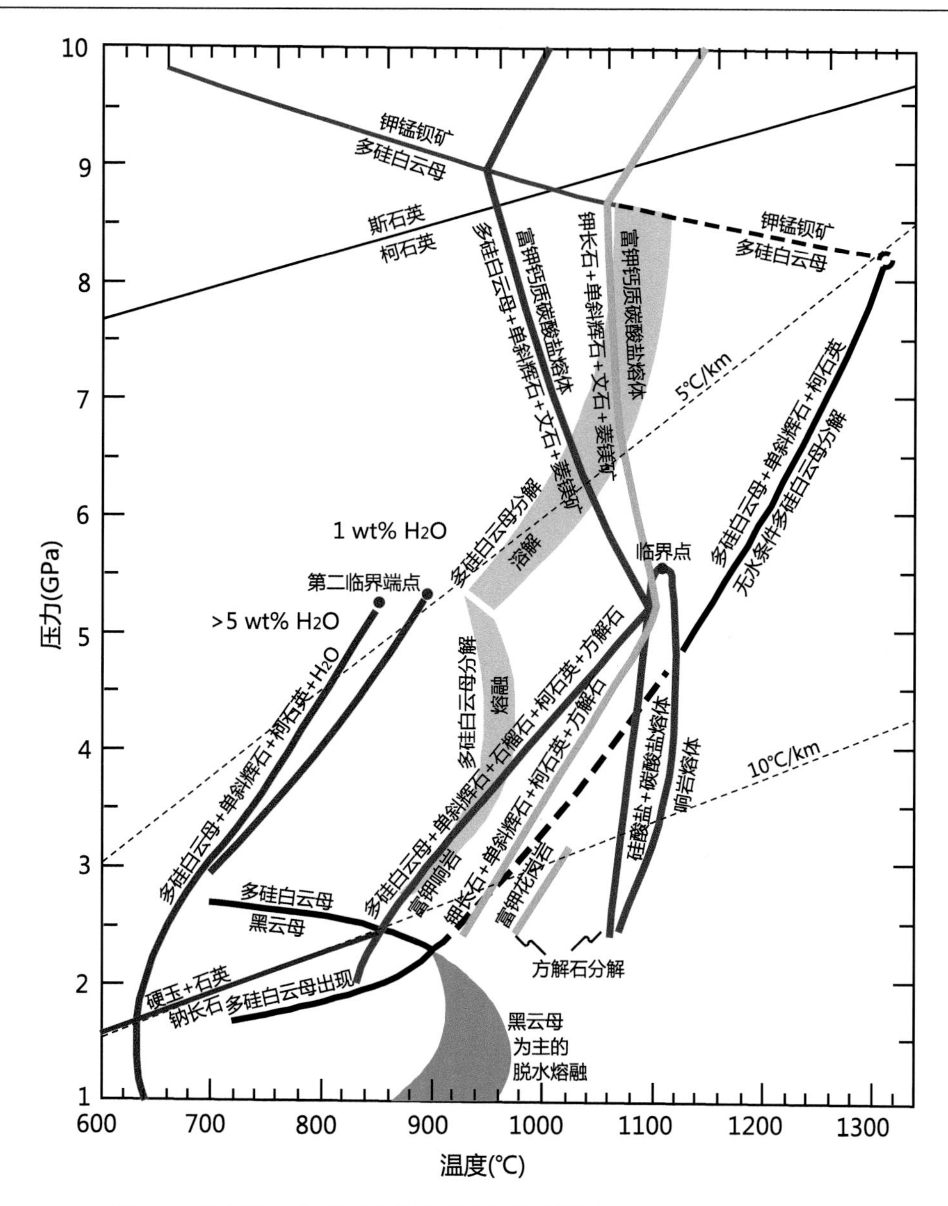

图 4-6　泥质岩-水体系部分熔融反应图解(修改自 Schmidt and Poli, 2014)

注：图中红色线条代表体系中存在>5wt%和<1wt%过量水的湿固相线(1.0–1.5wt%水与多硅白云母结合)，上部灰色区域标识了多硅白云母连续溶解消失区域，下部红灰色区域标识过剩水低于1wt%时多硅白云母消失的熔融区域，黑色粗线代表不同实验得出的无自由水体系中多硅白云母消失的区域，褐色线条代表无自由水泥质岩-H_2O-CO_2体系熔融反应和碳酸盐-硅酸盐熔体不混溶区域，绿色线条代表内插的泥质岩-CO_2体系(2–3GPa)。

无论如何，随着俯冲带温度和压力的升高，俯冲板片表层岩石在亚固相温度下发生变质脱水形成富水溶液，在超固相温度下发生部分熔融形成含水熔体乃至超临界流体(Bebout, 2014; 郑永飞等, 2016)。深俯冲地壳岩石在经受高压-超高压变质后沿俯冲隧道降压折返，在这个过程中同样存在变质脱水和部分熔融(Zheng, 2009, 2012)，在弧下深度所形成的超临界流体则会出现相分离变成富水溶液和含水熔体(Kawamoto et al., 2012; Zheng and Hermann, 2014)。

在大陆俯冲带形成主期的挤压阶段，大陆俯冲/碰撞引起低地热梯度高压-超高压阿尔卑斯型变质作用，地壳岩石只发生脱水作用，直到俯冲/碰撞结束之际拉张阶段的俯冲地壳折返过程中才发生降压脱水熔融(Zheng et al., 2011; Hermann and Rubatto, 2014; Chen et al., 2017a)。由于大陆地壳的流变学强度较低，在俯冲/碰撞过程中可挤压加厚到70–80km。类似的挤压加厚也会出现在中等地热梯度的大洋俯冲带，这在少数现代大洋俯冲带已经发现，预计在太古宙大洋俯冲带较为常见。一旦加厚的岩石圈地幔发生去根减薄，软流圈地幔上涌会加热上覆地壳岩石，使其下部发生脱水熔融而上部发生水化熔融(Zheng and Chen, 2016, 2017; Zheng and Gao, 2021)。

前人研究认为，大陆俯冲带之上缺乏弧岩浆活动的基本原因是俯冲板片相对缺水、缺乏流体活动(Rumble et al., 2003; McCarthy et al., 2018)。然而，超高压条件下稳定的含水矿物的发现、名义上无水矿物中微量水的存在、超高压变质岩中高压-超高压脉体以及超高压矿物中流体包裹体的发现，均指示大陆俯冲带同样存在显著流体活动(Zheng, 2009; Hermann and Rubatto, 2014)。根据陆壳和洋壳中含水矿物种类和数量的比较，推测在弧下和后弧深度，大陆俯冲带具有与大洋俯冲带类似当量的流体活动(郑永飞等, 2016)。虽然大洋和大陆俯冲带在俯冲地壳物质组成上存在较大差异(Zheng and Chen, 2016)，但是由于两者在俯冲带温压结构上的相似性，它们在俯冲带流体活动和壳幔相互作用上也存在一定的相似性。因此，大陆俯冲带之上缺乏弧岩浆活动的根本原因不是俯冲板片相对缺水、缺乏流体活动，而是受到流体交代的地幔楔在大陆俯冲时期一直处于低地热梯度条件下，难以受到下伏软流圈的加热而发生部分熔融形成镁铁质弧岩浆(郑永飞等, 2016)。

第二节　俯冲带交代作用

俯冲带交代作用一般指俯冲板片析出流体对上覆地幔楔的化学交代作用(图4-7)。这种正向交代过程虽然发生在地幔深度，但是流体具有地壳成因，因此又称地壳交代作用 (e.g., Rampone and Morten, 2001; Tumiati et al., 2007; Zheng, 2012; Chen et al., 2017b; Li et al., 2018)。一般来说，板片流体对地幔橄榄岩的化学交代作用会产生如下效应：(1) 造成地幔楔橄榄岩内不相容元素和挥发份的富集；(2) 形成新生的无水/含水硅酸盐矿物、碳酸盐矿物以及伴生硫酸盐矿物/硫化物、单质和氧化物等；(3) 富硅熔体与橄榄岩反应，诱发贫硅矿物(橄榄石)的溶解和富硅矿物(辉石等)的结晶，形成橄榄岩内的辉石岩脉体；(4) 在橄榄岩矿物内形成流/熔体包裹体及其与矿物反应的产物。

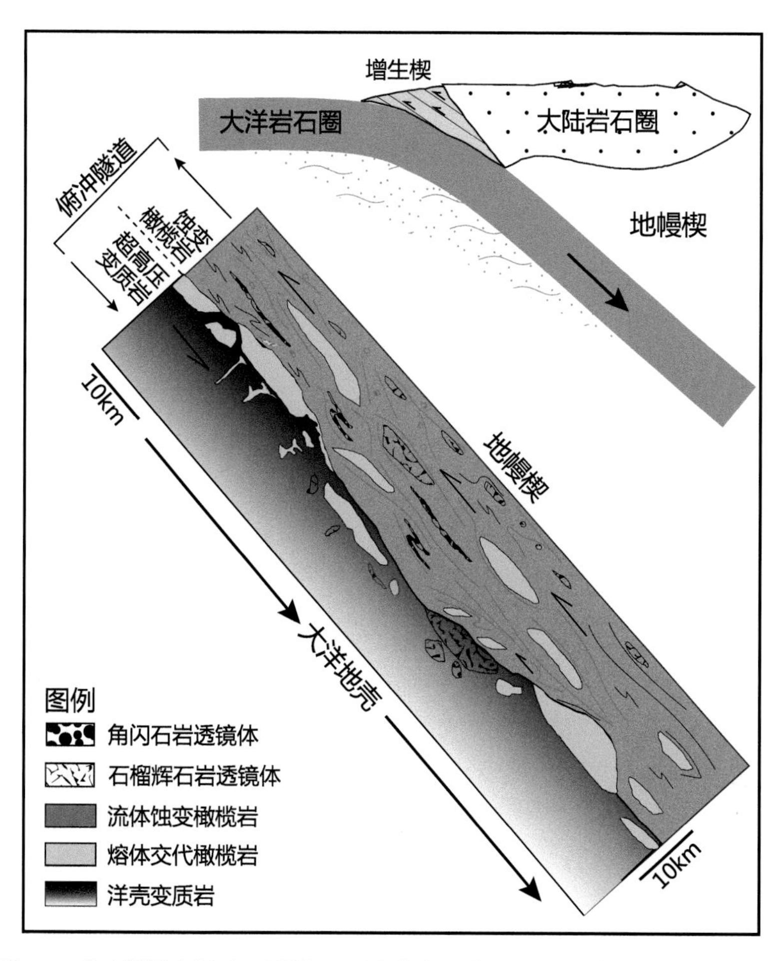

图 4-7 俯冲隧道中板片-地幔楔界面流体交代作用示意图(修改自 Zheng, 2012)

注：板片-地幔楔界面既有不同物质的物理混合，又有化学反应和流体交代作用，具体过程参见郑永飞等(2013)。

Chen 等(2016)对大陆俯冲带超高压白片岩进行镁和氧同位素联合分析，发现这种岩石具有高的镁同位素比值和低的氧同位素比值(图 4-8)，要求变质岩本身受到蛇纹石脱水流体的高温交代作用。由于蛇纹石是俯冲地壳来源流体对地幔楔橄榄岩交代的产物，这些蛇纹石必须被俯冲板片刮削进入俯冲隧道，在那里发生脱水分解从而形成高镁流体。这个结果指示，在俯冲隧道可以出现幔源流体对地壳岩石的反向交代作用。

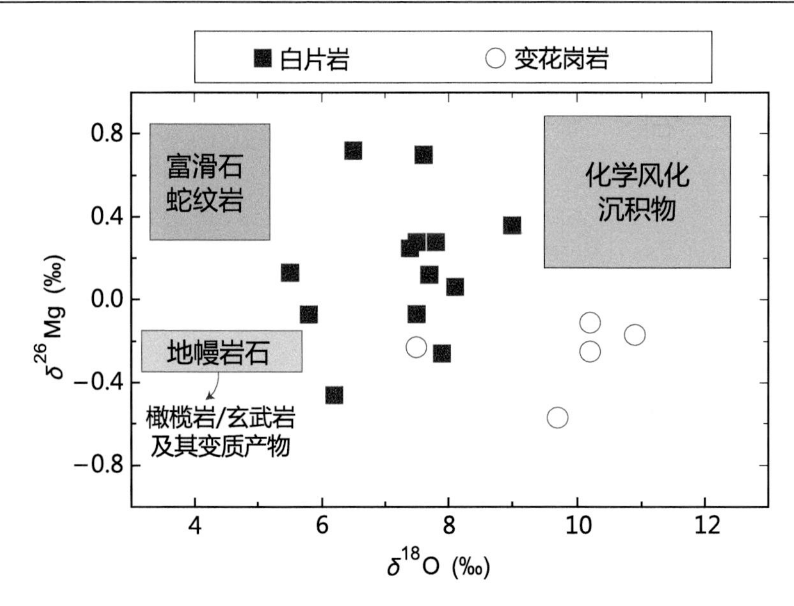

图 4-8　大陆俯冲带超高压白片岩镁和氧同位素组成图解(修改自 Chen et al., 2016)

注：白片岩经受了富镁流体的交代作用，流体来源于蛇纹石化橄榄岩在弧下深度的脱水，属于幔源流体。因此，在俯冲带深部存在幔源流体对地壳岩石的反向交代作用。

反向交代作用是指水化地幔楔岩脱水交代俯冲地壳的过程(图 4-9)，一般由三个阶段组成：(1) 俯冲板片在弧前深度析出壳源流体交代地幔楔橄榄岩形成蛇纹石岩或绿泥石岩；(2) 在板片继续向下俯冲过程中刮削蛇纹石化或者绿泥石化橄榄岩，并将其携带到弧下深度；(3) 蛇纹石岩或绿泥石岩在弧下深度发生脱水分解，形成幔源流体交代板片地壳及其上覆地幔楔。显然，这一系列正向和反向交代作用对俯冲板片和地幔楔的物理化学变化以及俯冲带动力学过程都具有重要影响。

正向交代作用强调俯冲板片衍生流体在不同深度对地幔楔成分的改造(Rampone and Morten, 2001; Tumiati et al., 2007; Zheng, 2012; Chen et al., 2017b; Li et al., 2018)，而反向交代作用强调地幔碎片衍生流体在弧下深度对俯冲地壳岩石成分的改造(Chen et al., 2016, 2017c, 2019; Xiong et al., 2021, 2022)。无论是正向还是反向交代作用，它们都发生在板块俯冲进行时，前者是地壳衍生物质对地幔岩石的交代作用，后者是地幔衍生物质对地壳的交代作用。无论哪种方向，俯冲带交代作用是实现地球内部物质循环和能量交换的关键途径，深刻影响着汇聚板块边缘变质-岩浆-成矿作用(Zheng, 2012, 2019; Bebout, 2014; Zheng et al., 2020b)。

一旦俯冲板片将在弧前深度交代形成的蛇纹石化或者绿泥石化橄榄岩刮削下来并携带到弧下深度，这些超镁铁质交代岩会在弧下深度发生分解，所形成的幔源流体也会交代上覆地幔楔橄榄岩(图 4-9)，从而影响弧玄武岩岩浆源区的成分。

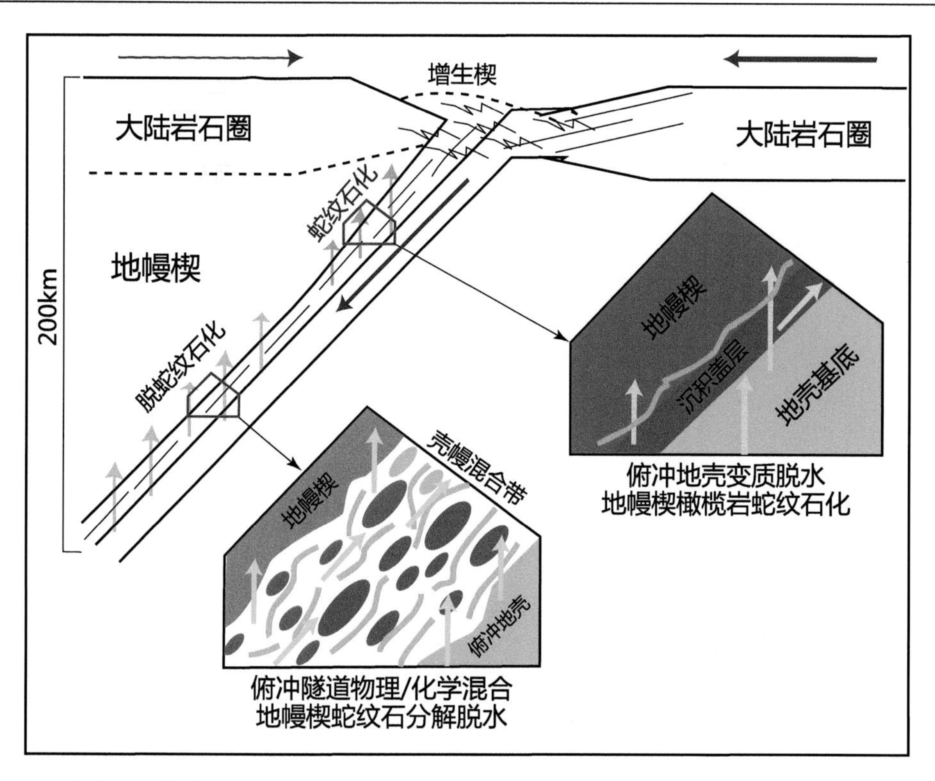

图 4-9 大陆俯冲隧道流体正向和反向交代作用示意图(修改自郑永飞等, 2013)

注：正向交代作用是板片流体交代地幔楔引起蛇纹石化，反向交代作用是蛇纹石化橄榄岩脱水交代俯冲隧道中的拆离地壳。

弧岩浆岩的一些地球化学特征(如高 $\delta^{11}B$)也要求，弧前地幔楔蛇纹岩来源流体的贡献(Tonarini et al., 2011; Spandler and Pirard, 2013)。Li 等(2021b)根据西太平洋俯冲带之上马里亚纳岛弧玄武岩的地球化学研究，推测这种脱蛇纹石化幔源流体在弧下深度交代地幔楔橄榄岩，形成了这种岛弧玄武岩的地幔源区。这是一种新型地幔交代作用，能否从造山带橄榄岩中发现这种交代作用的岩石学和地球化学证据，是俯冲带交代作用面临的新挑战。

还有一种交代作用发生在俯冲带深部的地幔内部，是地幔来源的镁铁质熔体对地幔橄榄岩的交代(图 4-10)，属于地幔衍生物质对地幔岩石的交代作用，对应于传统的地幔交代作用(Kelemen et al., 1992, 1998; Zheng, 2012; O'Reilly and Griffin, 2013)。在汇聚板块边缘，这个过程一般发生在俯冲板片断离或者岩石圈地幔减薄的过程中，是俯冲带从挤压体制变成拉张体制过程中，软流圈地幔降压熔融形成的玄武质熔体交代岩石圈地幔，或者地幔交代岩部分熔融形成的镁铁质熔体交代周围地幔橄榄岩。

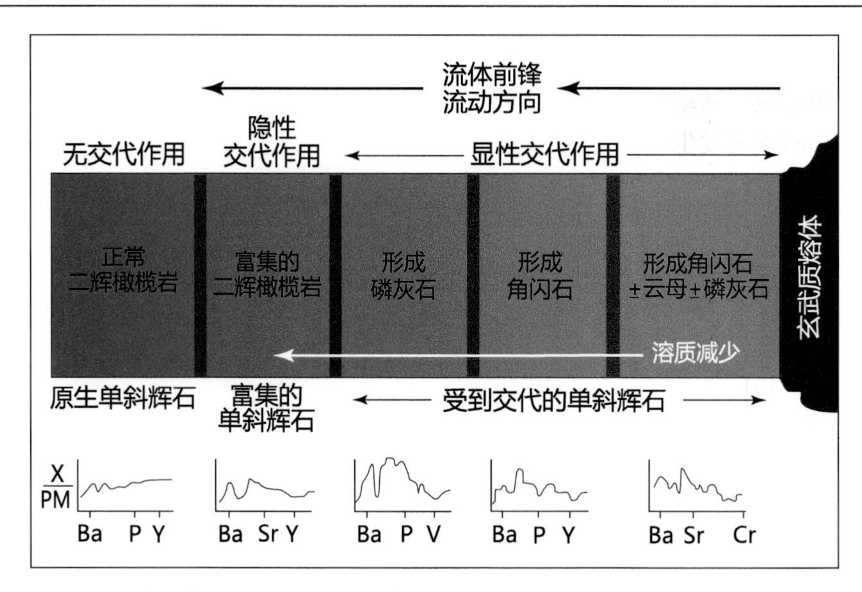

图 4-10　幔源玄武质熔体释放的流体交代邻近地幔橄榄岩形成不同类型矿物组合的连续分带示意图(修改自 O'Reilly and Griffin, 2013)

因此，在板块俯冲进行时有地壳-地幔体系的正向和反向交代作用，在板块俯冲结束之际或者之后有地幔体系内部的交代作用，这四种类型的交代作用都会极大地影响深俯冲板片岩石和所交代地幔橄榄岩的地球化学成分。对于地壳-地幔体系的交代作用，交代剂是富水溶液和长英质含水熔体，它们与地幔楔橄榄岩反应后，在地球化学上表现为相对富集流体活动性乃至熔体活动性不相容元素及其相关的同位素组成，在岩相学上常常表现为角闪岩乃至富硅辉石岩。目前，对地幔楔蛇纹岩流体反向交代俯冲地壳的地球化学研究越来越深入(Chen et al., 2016, 2017c, 2019; Xiong et al., 2021, 2022)，但是对正向交代地幔楔橄榄岩的认识还极为有限(e.g., Li et al., 2021b)。对于地幔体系内部的交代作用，由于交代剂为玄武质熔体，虽然与橄榄岩反应后使其朝着相对饱满的方向演化，并形成角闪石乃至金云母等含水矿物，在岩相学上表现为贫硅辉石岩，但是其对熔体活动性不相容元素及其相关同位素组成的富集程度则取决于熔融地幔的成分。无论如何，正确区分这四种类型的交代作用是认识汇聚板块边缘壳幔相互作用性质的关键。

根据交代产物中新生矿物的存在或者缺乏，可将地壳和地幔交代作用分成显性和隐性两种类型(Dawson, 1984; Roden and Murthy, 1985; Zheng, 2012; O'Reilly and Griffin, 2013; Medaris et al., 2015a, 2015b)。对于显性交代作用，流体与橄榄岩反应形成交代成因的含水矿物和副矿物(图 4-10)，同时伴有流体活动性元素的富集。对于隐性交代作用，虽然也是流体与橄榄岩发生化学反应，但橄榄岩中只是流体活动性元素得到相对富集，没有形成交代成因矿物。无论哪种情况，被交代橄榄岩中的流体活动性元素都得到了显著富集(图 4-11)，俯冲板片流体产生后都对地幔楔橄榄岩发生了溶解-运移-沉淀作用。

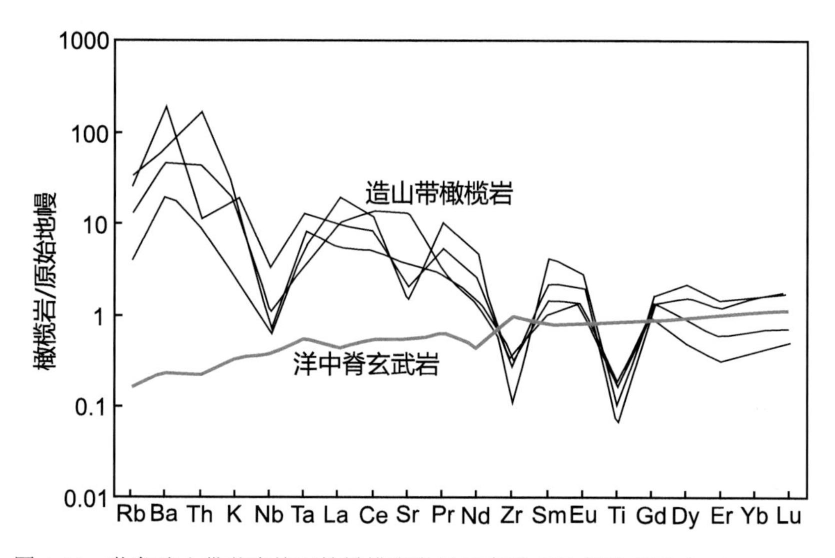

图 4-11　苏鲁造山带芝麻坊石榴橄榄岩微量元素组成示意图(修改自 Zheng, 2019)

对镁铁质弧岩浆岩和超镁铁质地幔交代岩的岩石学和地球化学研究表明，俯冲板片来源的流体携带大量溶质组分(如 SiO_2)、大离子亲石元素(LILE)和轻稀土元素(LREE) 进入了地幔楔(Plank and Langmuir, 1993; Ryan et al., 1995)。然而相当多的研究发现，俯冲板片中含水矿物(如硬柱石和蓝闪石)脱水分解释放的流体属于富水溶液，具有非常低的溶质组分含量。流体在运移过程中会与俯冲隧道内各类岩石通过溶解-沉淀机制进行物质交换，从而不断改变岩石和流体自身的化学组成。这表明，俯冲板片释放的低溶质组分富水溶液在迁移上升过程中与周围岩石发生了水-岩相互作用，导致大量组分从围岩进入流体，并伴随这些流体最终迁移进入岛弧岩浆的地幔源区(Bebout and Penniston-Dorland, 2016)。

高压-超高压变质岩中发育的高压变质脉体代表了俯冲带流体曾经的运移通道和最终结晶产物，而脉体与其寄主岩石之间的反应带则记录了成脉流体与岩石相互作用的直接信息(John et al., 2012; Guo et al., 2019; Li et al., 2020)。不同类型脉体及其相关寄主岩石的地球化学研究证实，俯冲洋壳释放的流体在主量元素上富 Si、Na 和 Ca；而微量元素组成复杂多样，以富集大离子亲石元素(如 Cs、Rb、K、Ba、Sr 和 Pb 等)、亏损高场强元素(高场强元素，如 Nb、Ta、Zr、Hf 和 Ti)为特征。

俯冲带壳幔相互作用主要体现为俯冲板块析出流体对上覆地幔楔的化学交代

作用，主要通过流体与地幔楔岩石发生化学反应来实现，是壳幔之间元素交换和物质循环的关键过程(Zheng and Hermann, 2014; Zheng, 2019)。在不同温压条件下的硅酸盐岩石-水体系中，俯冲带流体可划分为富水溶液、含水熔体和超临界流体(Hermann et al., 2006; Zheng et al., 2011)。此外，低密度 C-H-O 流体、碳酸盐流/熔体和硫化物熔体等其它成分的流体或熔体，也在俯冲带壳幔物质交换循环中扮演重要角色(Schmidt and Poli, 2014)。当俯冲隧道的温压条件达到俯冲板片内含水矿物的分解条件后，能够产生不同性质的流体。这些流体相对富硅，在化学上与地幔岩石不平衡，从而会与俯冲隧道内裹带的地幔楔岩石碎片，主要是橄榄岩块，发生不同方式和程度的相互作用(Zheng, 2012)。

俯冲板片在不同深度经历不同程度的变质脱水和部分熔融作用(Poli and Schmidt, 2002; Zheng et al., 2011; Bebout, 2014)，因此俯冲带交代作用在不同深度对地幔楔的改造效应也相应不同(图 4-12)。在现代板块构造体制下，俯冲带在弧前深度(<60km)以富水溶液交代为主，在弧下深度(80–160km)和后弧深度(>200km)以含水熔体交代为主。俯冲地壳在不同深度释放的流体成分差异极为显著(Bebout, 2014; Zheng, 2019)。不同的交代反应会导致地幔楔的化学性质在纵向和横向空间上高度不均一，进而致使不同大小地幔楔发生部分熔融，分别形成具有岛弧型和洋岛型地球化学特征的镁铁质岩浆岩(Pilet et al., 2008; Zheng, 2019; Zheng et al., 2020b)。此外，板块俯冲从初始到成熟阶段，俯冲带温压结构会发生明显变化，导致俯冲地壳对地幔楔的交代随时间而演变。

来自俯冲大洋板片的流体在弧前深度以富水溶液为主(Bebout and Penniston-Dorland, 2016; 郑永飞等, 2016)，主要沿着俯冲隧道内裂隙或剪切带等薄弱带交代上覆岩石圈地幔楔，形成在俯冲型蛇绿岩底部发育的含水矿物聚集脉体。在大洋俯冲带之上出露的橄榄岩中，可以发现交代剂是以软流圈地幔部分熔融形成的玄武质熔体为主，与岩石圈地幔反应形成纯橄岩、贫硅辉石岩、辉长-辉绿岩脉乃至铬铁矿岩等。在大陆俯冲带之上橄榄岩中，交代剂以来自俯冲陆壳的富水溶液、含水硅酸盐熔体和碳酸盐熔体为主，与大陆岩石圈地幔楔反应形成多种交代成因岩石或者矿物。根据大洋与大陆俯冲带在交代反应上的差异，可以部分解释豆荚状铬铁矿体仅在蛇绿岩内发育而极少存在于大陆岩石圈地幔楔的现象，即前者主控因素是软流圈来源的富 Cr 熔体，而后者是俯冲陆壳来源的小比例贫 Cr 熔体(郑建平等，2019)。

俯冲带壳幔相互作用机制也可以以物理方式进行 (郑永飞等, 2013; 郑建平等，2019)，主要表现为(图 4-9)：(1) 不同类型岩石通过机械混合形成混杂岩带，表现为几何结构上呈现为塑性变形的构造混杂岩；(2) 充填于地幔楔橄榄岩内因剪切而发育裂隙的各种脉岩，是不同岩性构造混杂过程中形成的流体活动通道的结晶产物，例如各种辉石-角闪岩脉体、金云母脉、蛇纹石-滑石脉等。在这些物理相互作用过程中，俯冲带岩石和矿物会出现以塑性为主的变形，如高度塑性揉皱、拉伸甚至局部互层化、片理化和矿物的形变、位错和滑移特征等，反映了俯冲隧道的物理化学条件、含水性和构造环境。此外，地幔楔橄榄岩的水化作用影响了岩石的密度、磁性、波速等物理性质，并对应造山带区域上的地球物理航磁、重力和波速异常现象。

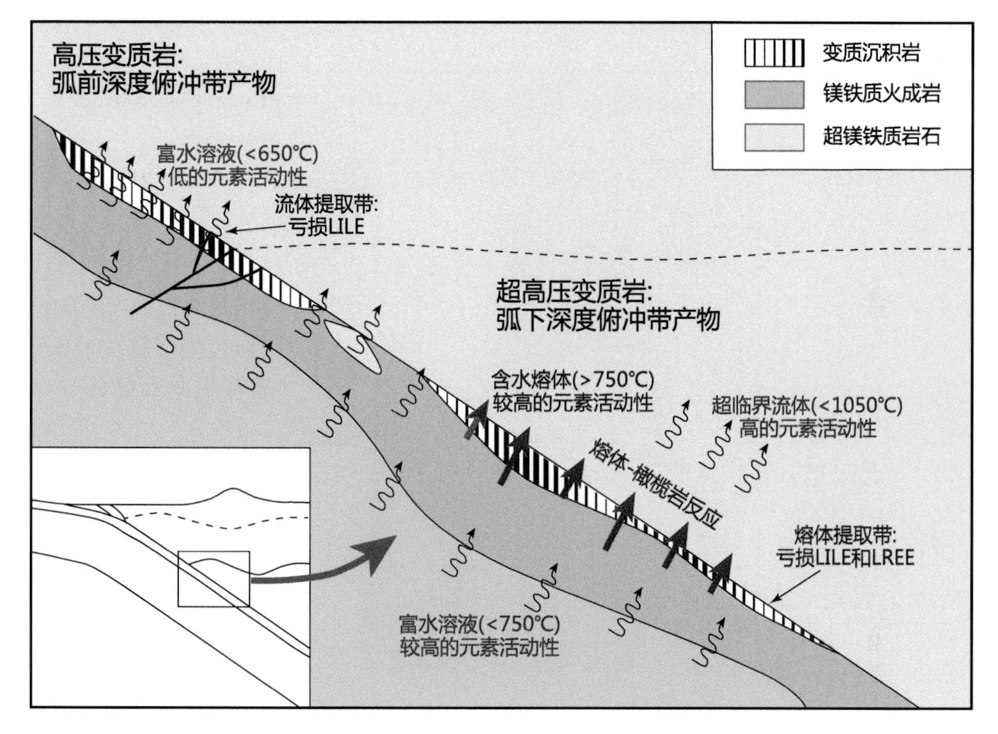

图 4-12　俯冲带流体交代地幔楔示意图(修改自 Zheng, 2019)

注：俯冲板片在弧前和弧下深度变质脱水和部分熔融，分别产生富水溶液和含水熔体，对上覆地幔楔橄榄岩进行化学交代作用。

第三节　流体性质与元素迁移

俯冲带流体活动是壳幔之间发生物质和能量交换的重要途径。流体本身也是俯冲过程中发生元素迁移、同位素分馏、矿物反应及对上覆地幔楔化学交代不可或缺的介质。一般来说，根据流体的状态和性质，俯冲带可能出现的流体可以分为富水溶液、含水熔体和超临界流体三种类型(图 4-13)。富水溶液来源于俯冲地壳岩石在固相线之下或者之上的脱水作用，成分上以水为主。含水熔体形成于俯冲地壳岩石在固相线及其之上的部分熔融，可以脱水熔融或者水化熔融，成分上以熔体为主。无论是富水溶液还是含水熔体，其产生及成分变化与俯冲岩石中含水矿物的稳定性密切相关(郑永飞等, 2016)，同时受俯冲带地热梯度的控制(图4-3)。就硅酸盐-水体系来说，超临界流体是一种不同于富水溶液和含水熔体的具有特殊物理化学性质的流体，其形成要求体系的温压条件接近或者超过体系的第二临界端点，这时候流体中的含水熔体与富水溶液之间呈现为连续完全互溶的状态(Hermann et al., 2006; Zheng et al., 2011; Ni et al., 2017)。

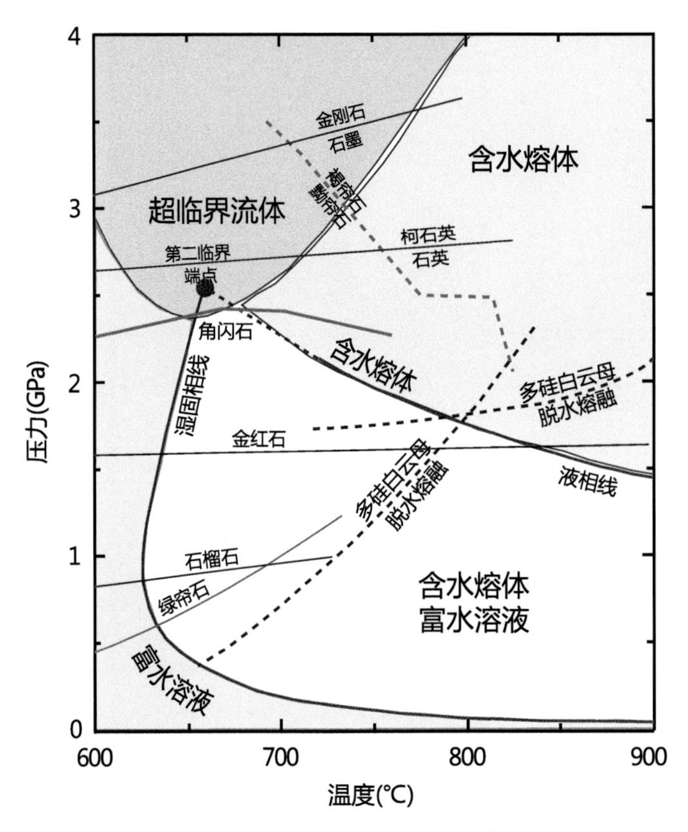

图 4-13　俯冲带三种类型流体形成域与花岗质地壳岩石脱水熔融温度压力关系示意图
(修改自 Xia et al., 2010)

一般来说，富水溶液含有<30%硅酸盐溶质，含水熔体溶解<30%的水，这样溶质和水含量介于二者之间的中间成分流体最有可能是超临界流体(Hermann et al., 2006; Zheng and Hermann, 2014; Ni et al., 2017)。但是，超临界流体在物理化学性质上的最关键之处就是溶质与溶剂之间达到完全混溶(Zheng et al., 2011)。因此，如果溶质与溶剂之间未达到完全混溶的话，即使在成分上介于二者之间，也还不是超临界流体(Zheng, 2019)。这涉及超临界流体形成在热力学和动力学上的双重

控制：在特定的温度压力下，只要溶质与溶剂之间达到完全混溶即成为超临界流体，与溶质和溶剂之间的相对含量无关；在进入超临界流体热力学稳定域之后，即使溶质和溶剂含量介于两个30%之间，但是只要溶质与溶剂之间未达到完全混溶就还不是超临界流体。

俯冲带从板片俯冲到地壳折返整个过程，至少涉及两方面的流体活动，以及与之相关的元素迁移(Zheng, 2019)。一方面，在俯冲过程中，地壳岩石由于脱水作用会在不同深度产生含有不同元素种类和含量的流体，这些流体的产生和迁移会导致俯冲地壳岩石本身的元素组成发生变化。另一方面，俯冲地壳产生的流体会交代上覆地幔楔，从而使上覆地幔楔岩石不仅发生地球化学成分的改变，而且地幔交代岩的固相线温度也相应降低。一旦这些地幔交代岩发生部分熔融，就可以在80–160km的弧下深度产生岛弧型岩浆作用，在>200km的后弧深度产生洋岛型岩浆作用(Zheng et al., 2020b)。对俯冲带流体地球化学传输的研究，是理解岛弧型和洋岛型镁铁质岩浆岩微量元素组成的关键(图4-14)。

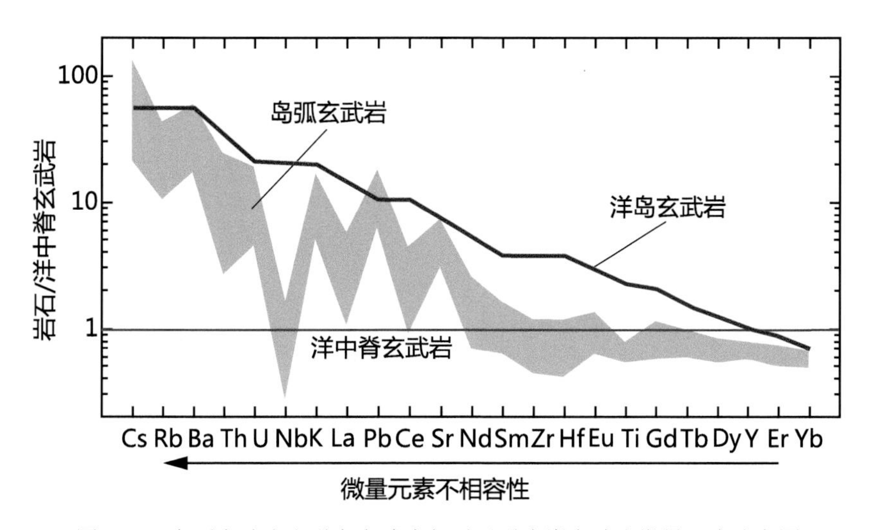

图4-14　岛弧玄武岩和洋岛玄武岩相对于洋中脊玄武岩微量元素分布图
(修改自 Zheng, 2019)

俯冲地壳中的相容元素依然保留在残留岩石中，但是流体活动性不相容元素由于变质脱水和部分熔融而发生活化(图 4-15)，由此被迁移进入地幔楔，嗣后地幔楔部分熔融将这个地壳地球化学信息传递到镁铁质弧岩浆(图 4-14)。镁铁质弧岩浆通过结晶分异形成长英质岩浆(Moyen et al., 2021; Zheng et al., 2021)，在其上升过程中发生岩浆热液流体的出溶，其中成矿元素得到进一步富集，最终在特定环境下高度富集成矿(Zheng et al., 2019b)。正是这些普遍存在的流体迁移、交代和出溶，以及岩浆矿物结晶分异，使得俯冲带成为元素迁移和再分配的大型工厂，也使得金属元素的迁移和局部富集成为可能，并最终形成俯冲带之上广泛发育的热液金属矿床。

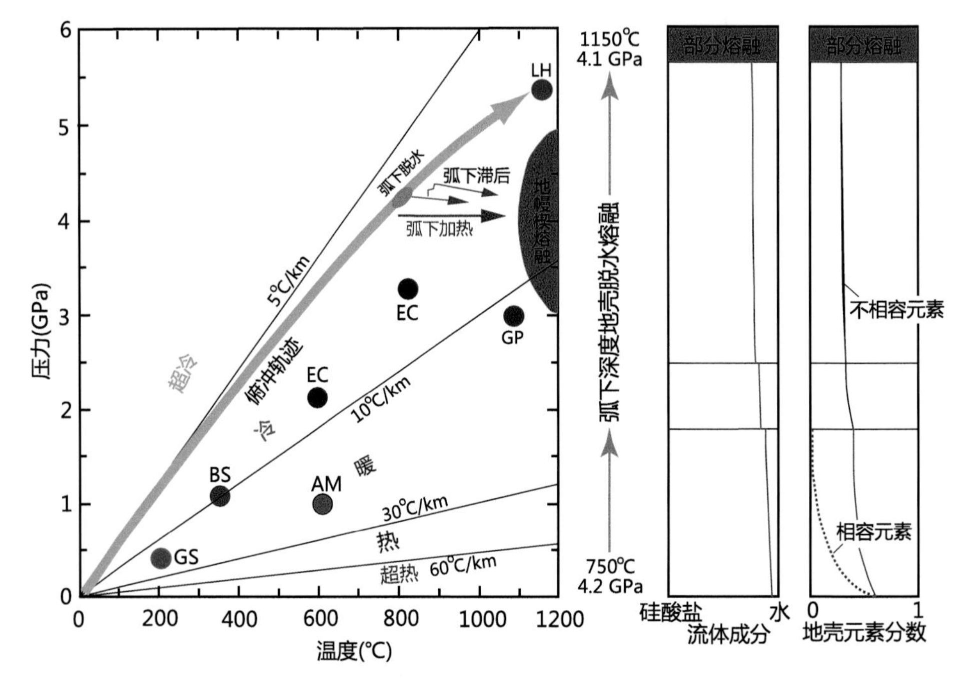

图 4-15　俯冲地壳在弧下深度脱水熔融过程中流体成分随温度变化示意图

(修改自 Manning, 2004)

注：图左地热梯度分别为 5、10、30 和 60°C/km，其中 5–10°C/km 为现代大洋俯冲带地热梯度(Syracuse et al., 2010)。GS. 绿片岩相; BS. 蓝片岩相; AM. 角闪岩相; EC. 榴辉岩相; GP. 石榴辉石岩; LH. 二辉橄榄岩。

在板块俯冲过程中，随着温度压力的升高，板片流体中硅酸盐的含量增大，其中壳源流体活动性不相容元素(例如大离子亲石元素和轻稀土元素)的含量也逐渐升高(图 4-16)，而固体相容元素(例如高场强元素和重稀土元素)的含量基本保持不变，使得流体活动性不相容元素与固体相容元素之间发生显著分异(Manning, 2004; Schmidt and Poli, 2014; Zheng, 2019)。

俯冲带元素的迁移能力主要受元素在流体与矿物相之间分配系数的直接控制(Schmidt and Poli, 2014; Zheng, 2019)，而分配系数大小是温度、压力、矿物和溶质组成、氧逸度等物理化学参数的函数，这些参数(特别是温度、压力)同时影响流体能够携带溶质迁移的距离。俯冲板片脱水形成残留矿物+流体共存体系，而流体的组成和微量元素含量受到残留矿物的缓冲。大部分微量元素没有自己的独立矿物，它们在流体中的含量受矿物与流体之间的分配系数控制；Ti 和 Zr 是例外，在榴辉岩中常形成独立副矿物金红石和锆石，高度富集高场强元素，因此高场强元素的迁移主要受金红石和锆石等在流体中的溶解度控制(Zheng et al., 2011; Zheng, 2019)。

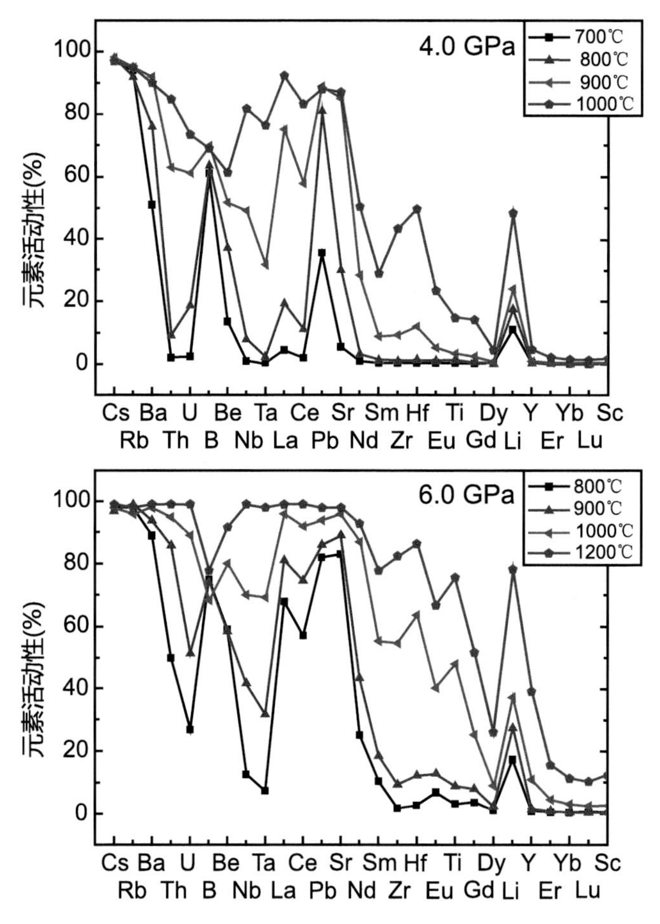

图 4-16 高温高压条件下相容与不相容微量元素在水岩反应体系中的活动性
(修改自 Zheng et al., 2011)

通过高温高压实验、折返的高压-超高压变质岩及其中脉体矿物组合(特别是其中包裹的流体或者晶体包裹体)的研究以及理论计算，目前对俯冲带变质脱水和部分熔融形成的流体对元素迁移的影响已建立起框架性认识(e.g., Schmidt and Poli, 2014; Zheng and Hermann, 2014; Frezotti and Ferrando, 2015; Zheng, 2019)。在俯冲带演化的早期阶段，俯冲板片释放出来的富水溶液属于低温低压流体，能够溶解的离子总量一般较少，并且其金属离子的溶解能力主要受控于水溶液中阴离子化学配体；即使在高温高压条件下富水溶液的溶解物质总量也<30wt%，一般在5–15wt%这个范围，并且主要溶解的是 Si、Al 以及碱金属元素；在微量元素上主

要富集水溶性元素(如大离子亲石元素)，相对亏损水不溶性稀土元素和高场强元素(Hermann and Spandler, 2008; Hermann and Rubatto, 2009; Hermann et al., 2013; Zheng and Hermann, 2014)。

根据实验地球化学传统结果(图 4-17)，富水溶液只能溶解和迁移水溶性元素(如大离子亲石元素)，而含水熔体才能溶解和迁移常规水不溶性元素(如轻稀土元素)。由于这个原因，在俯冲带地球化学传输的经典模型中，采用俯冲沉积物在弧下深度部分熔融的途径来解决水不溶性元素在弧岩浆中的富集问题(e.g., Turner and Foden, 2001; Elliott, 2003; Hermann et al., 2006; Behn et al., 2011; Skora et al., 2015)。但是，实验地球化学最新研究结果显示，对于不相容元素来说，高盐度富水溶液具有与含水熔体相似的分配系数(Rustioni et al., 2021)。因此，高盐度富水溶液和含水熔体在弧下深度是同等重要的俯冲带地球化学交代剂。

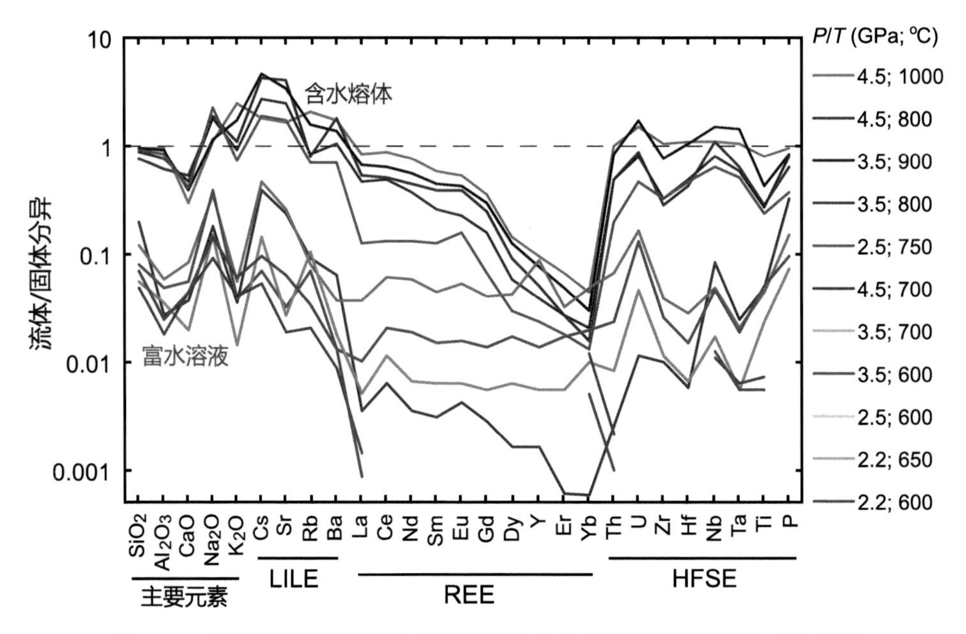

图 4-17 高温高压条件下流体相对于固体的主要和微量元素配分实验结果
(修改自 Zheng and Hermann, 2014)

俯冲带流体不仅可以溶解和迁移易溶于水的大离子亲石元素和轻稀土元素，也可以溶解和迁移重稀土元素、高场强元素及过渡族金属元素等(Zheng et al., 2011; Schmidt and Poli, 2014; Zheng, 2019; Rustioni et al., 2021)。此外，自然界高压-超高压变质脉体中可以含有碳酸盐矿物、硫化物、磷灰石、云母等矿物，说明变质流体中含有大量的 C、N、S 和卤族元素等挥发份。因此，俯冲带流体对挥发性元素的溶解和迁移在解释俯冲板片-地幔楔-弧岩浆体系的物质循环方面扮演着重要的角色(Zheng and Hermann, 2014; Ferrando et al., 2019; Li et al., 2020; Zhou et al., 2020)。实验岩石学表明，一些挥发性组分(如卤素 F 和 Cl、轻元素 B 以及 CO_2 等)的加入可能会明显提高重稀土元素、高场强元素和过渡族金属元素在流体中的溶解度和活动性(Guo et al., 2019; Rustioni et al., 2021)。

超临界流体具有溶解和迁移元素能力强的特点，使其成为俯冲带元素迁移的重要载体(Hermann et al., 2006; Zheng et al., 2011; Ni et al., 2017)。例如，超临界流体可以迁移流体不活动性元素，伴有锆石的溶解再沉淀(图 4-18)。然而，超临界流体一旦与其它介质反应或离开它稳定的温压条件，就会发生相分离或相转变，从而失去超临界流体的特性(Kawamoto et al., 2012)，导致其识别存在很大的困难。虽然天然样品观察揭示了俯冲带超临界流体作用产物的存在(e.g., Ferrando et al., 2005; Zhang et al., 2008; Xia et al., 2010)，但是能确切指示超临界地质流体存在的地球化学证据还很缺乏(Zheng, 2019)。对某些硅酸盐-水体系超临界流体的形成条件还存在很大争议，如对基性岩-水体系的第二临界端点，不同的高温高压实验得出的结果存在显著差异，对天然样品的研究也得出不一样的结果(e.g., Ni et al., 2017)。

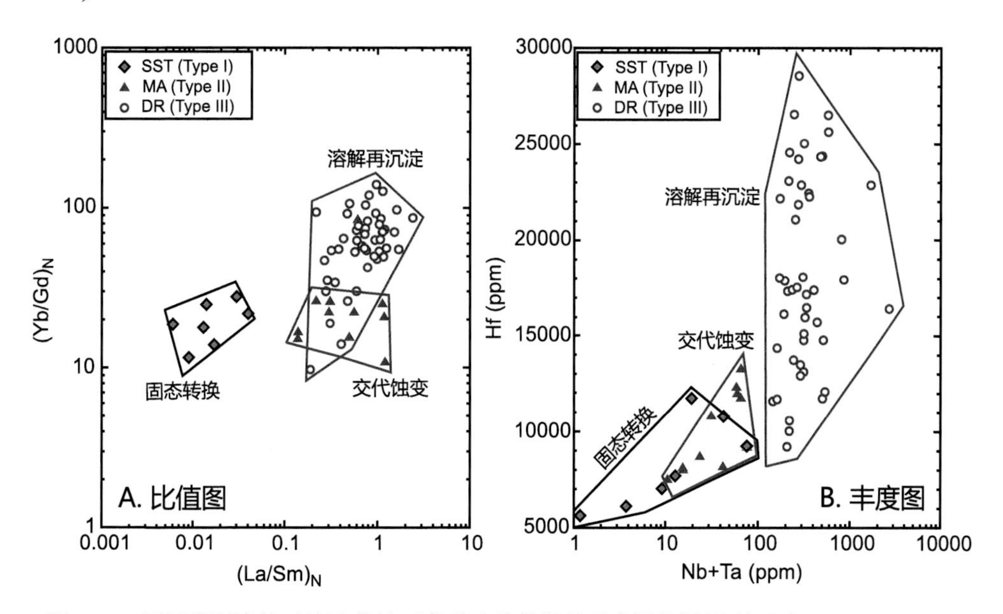

图 4-18　不同类型流体对俯冲带锆石变质改造的微量元素区分图解(修改自 Xia et al., 2010)

注：A. 元素比值$(Yb/Gd)_N$ vs. $(La/Sm)_N$，其中下标 N 代表球粒陨石标准化；B. 元素丰度 Hf vs. Nb+Ta。英文缩写：SST. 固态转换；MA. 交代蚀变；DR. 溶解再沉淀。

大多数实验地球化学研究主要关注富水溶液和含水熔体对元素溶解和迁移的影响(Manning, 2004; Zheng et al., 2011; Rustioni et al., 2021)，但是对于深俯冲地壳岩石在弧下深度的部分熔融及其元素活动性研究较少，只有少量研究关注深俯冲地壳折返过程中形成的淡色脉体和岩体，对它们的全岩和矿物成分进行了分析(e.g., Zheng and Hermann, 2014; Ferrando et al., 2019; Zhou et al., 2020)，将矿物成分与全岩成分分析结合起来的研究更少。虽然已经认识到原岩和新生矿物的溶解和保存会影响熔体的成分，但并不清楚不同成因矿物(变质矿物、转熔矿物、深熔矿物)对熔体组成的控制作用，它们在弧下深度深熔过程中的行为以及如何控制元素和同位素分异也有待深入研究。

第五章　汇聚边缘镁铁质浆作用

第一节　地幔楔部分熔融

地幔楔为俯冲板片之上、上覆板块地壳之下的楔形地幔区域(图 5-1)，在厚度上可以从≤200km(小地幔楔)到≤500km(大地幔楔)。如果假设上覆板块的平均厚度为 100km，那么小地幔楔的上部属于岩石圈地幔、下部属于软流圈地幔，大地幔楔的顶部属于岩石圈地幔、主体属于软流圈地幔。但是，大陆岩石圈的厚度可以从平均 100km 变化到古老克拉通的 300km，这时大地幔楔的上部也是岩石圈地幔、下部才是软流圈地幔。一般来说，岩石圈与软流圈之间的分界深度随俯冲带属性而变化，在洋-洋俯冲带为 80–100km，在洋-陆和陆-陆俯冲带之上可从 100km 变化到 300km。

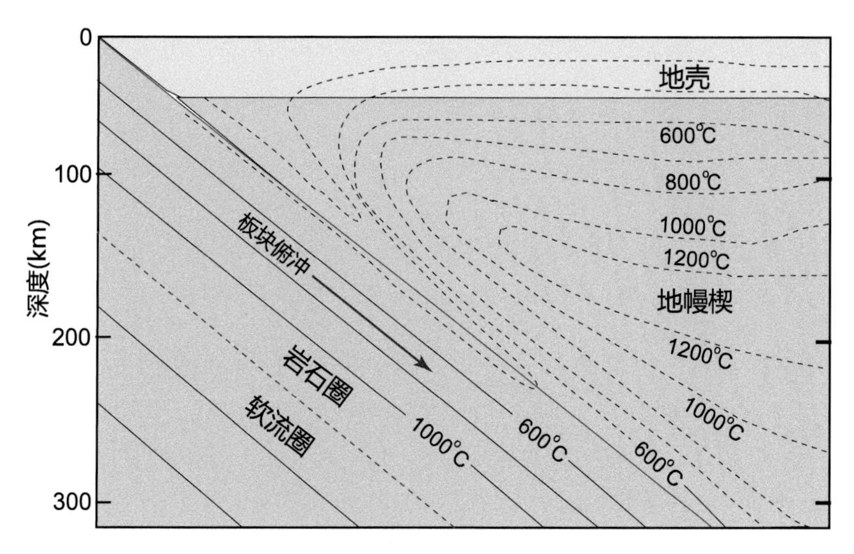

图 5-1　俯冲带早期阶段板片及其上覆小地幔楔温度分布示意图(修改自 Frisch et al., 2011)

注：在板块俯冲的早期阶段，板片与地幔楔之间处于耦合状态，板片与地幔楔之间界面的温度最低，对应的地热梯度也最低(<15°C/km)。

一般来说，引起地幔岩石发生部分熔融的机制有三种：降压、加热、加水(图 5-2)。降压熔融主要发生在离散板块边缘，大洋岩石圈在此成功张裂引起软流圈地幔降压熔融，形成洋中脊玄武岩；新生洋壳沿着洋中脊的持续生长导致海底扩张。如图 4-14 所示，在地球化学成分上，洋中脊玄武岩相对于岛弧玄武岩和洋岛玄武岩亏损大离子亲石元素和轻稀土元素。就岩石化学成分来说，洋中脊玄武岩为拉斑质，大洋弧和大陆弧玄武岩为钙碱性。除了洋中脊之外，由俯冲大洋板片回卷引起的成功张裂常常出现在弧后位置，引起软流圈地幔降压熔融形成的拉斑玄武岩常与钙碱性玄武岩一起出现在弧后盆地，但是在时间顺序上钙碱性玄武岩在前、拉斑质玄武岩在后。如果俯冲板片回卷引起的拉张出现在大洋弧岩石圈之下，那么弧岩石圈减薄张裂也会引起软流圈地幔降压熔融形成拉斑玄武岩，结果就是有些地方的大洋弧玄武岩兼具钙碱性和拉斑质，不过两者在时间顺序上也是钙碱性玄武岩较早、拉斑质玄武岩较晚。

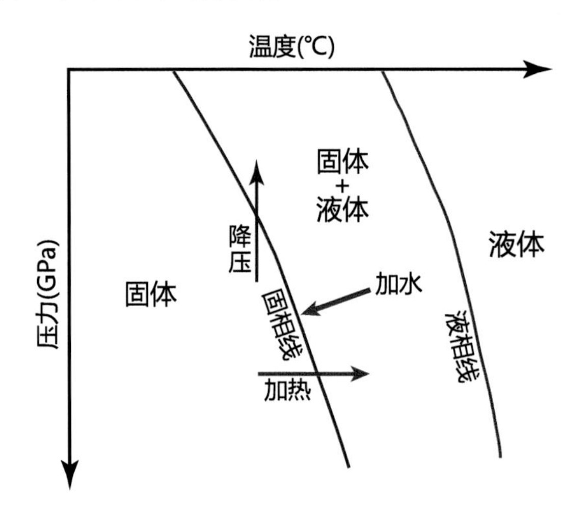

图 5-2　地幔超镁铁质岩石部分熔融机制示意图

注：地幔部分熔融的三种可能机制：(1) 降压：软流圈地幔在高温低压条件下降压熔融形成洋中脊玄武岩，对应于超高地热梯度(>60°C/km)；(2) 加热：地幔楔中的交代岩在高温高压条件下发生加热熔融形成岛弧玄武岩，对应于中等地热梯度(11–20°C/km)；(3) 水化：一般指板片流体在低温高压条件下交代地幔楔，对应于低的地热梯度(5–10°C/km)，这时地幔楔不可能立即发生部分熔融。

由于俯冲板片对小地幔楔的冷却作用，地幔楔下部已经从原来的高温韧性转变成低温刚性，这样地幔对流已经停滞，因此小地幔楔不可能发生降压熔融。不过，加热和加水熔融都可能发生在小地幔楔，具体取决于板片脱水温度与板片/地幔楔界面温度之间的差异。如果这个差异很小(<50°C)，那么板片脱水有可能立即引起地幔楔部分熔融；如果这个差异很大(>200°C)，那么板片脱水不可能立即引起地幔楔部分熔融。

弧下小地幔楔熔融机制有单阶段(加水后立即熔融)和两阶段(流体交代后再加热熔融)之分。单阶段机制只考虑俯冲板片温压结构与含水矿物稳定性之间的关系(e.g., Peacock, 1990)，假定小地幔楔受到水化后立即发生部分熔融(e.g., Tatsumi,

1989)，是岛弧玄武岩成因的经典模型(图 5-3)。这个机制只是考虑了俯冲板片脱水的温度压力条件(图 4-5)，只受板片温压结构控制。虽然板片流体交代地幔楔橄榄岩之后，其中交代岩的水饱和固相线得到显著降低，但是那时俯冲带等温线沿板片/地幔楔界面呈对称分布，在这个界面上温度最低(图 5-1)，因此加水熔融几乎不可能成为岛弧岩浆作用的启动机制(Zheng, 2019)。

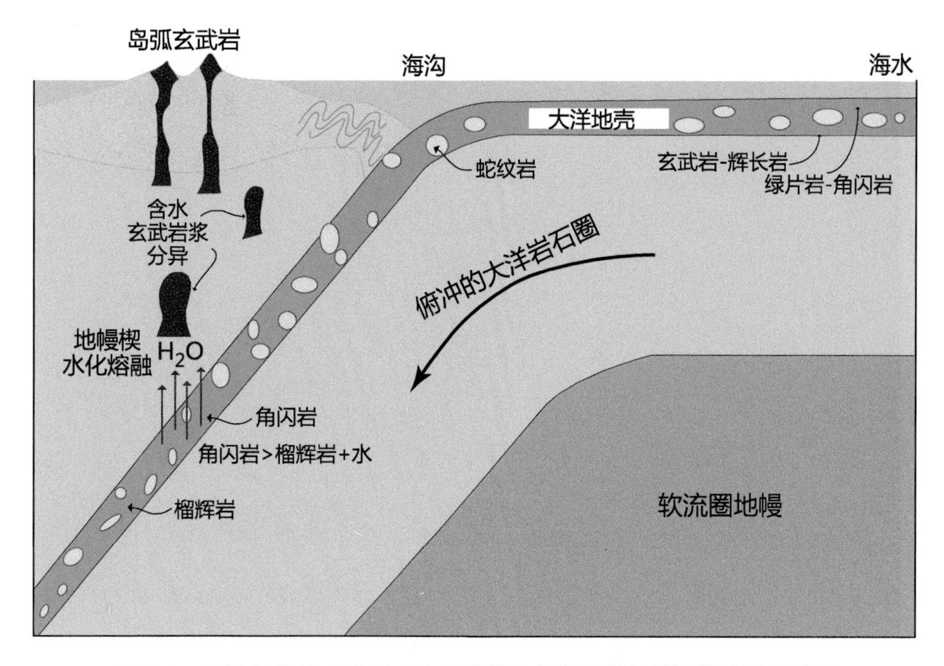

图 5-3 俯冲板片脱水引起小地幔楔熔融产生岛弧玄武岩浆的经典模型
(修改自 Ringwood, 1974)

注：这个模型假设，板片流体通过交代地幔楔橄榄岩使其固相线降低，从而引起所谓的加水熔融。但是，由于俯冲板片在弧下深度的脱水温度较低(650–850°C)，因此地幔楔橄榄岩在受到水化时不可能立即发生部分熔融。

计算地球动力学模拟的一般都是俯冲带早期阶段小地幔楔的温压结构(图 5-1)，忽视了俯冲板片回卷引起的俯冲带温压结构变化(Zheng and Chen, 2016)。换言之，俯冲板片和小地幔楔的温压结构在俯冲带演化的早期和晚期阶段具有不同的温度分布特征(Zheng, 2019)。在板块俯冲的晚期阶段，俯冲板片在弧下深度发生回卷，软流圈地幔发生侧向对流，将高的热流传导到小地幔楔底部和板片表面。这时，俯冲带温度沿板片/地幔楔界面也呈近似对称分布，但是在这个界面上被显著提高。由于这个原因，不仅小地幔楔中的交代岩可以通过加热熔融形成镁铁质弧岩浆，而且那些经历过变质脱水的板片地壳也会在后弧深度发生加热熔融产生长英质熔体交代新生的地幔楔，从而形成洋岛型玄武岩的地幔源区(Zheng, 2019)。因此，小地幔楔熔融经历了先受俯冲带流体交代而后发生加热熔融的两阶段过程

(e.g., Grove et al., 2009; Zheng, 2019)。

在不同温压条件下，不同性质和比例的板片流体会与地幔橄榄岩反应生成主量和微量元素以及岩石成分不同的地幔交代岩(Zheng, 2012, 2019)，例如含水橄榄岩(蛇纹石化、绿泥石化)、辉石岩、角闪石岩、石榴石岩等(图 5-4)。由于这些交代成因矿物形成的温度显著低于其湿固相线温度，因此在它们形成之时不可能立即发生部分熔融(郑永飞等, 2016)。

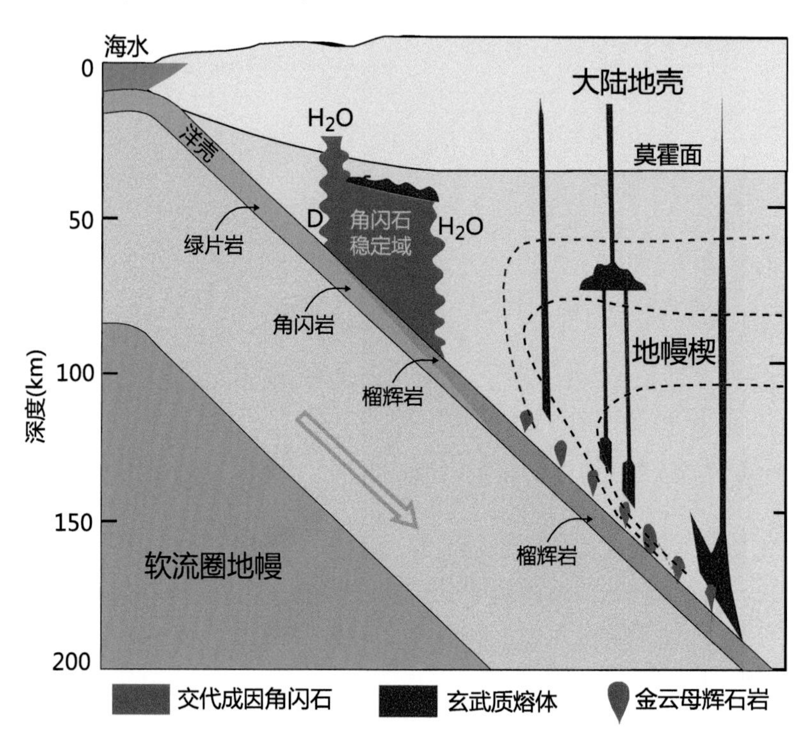

图 5-4　板片流体与小地幔楔橄榄岩反应形成交代成因矿物集合体示意图(修改自 Wyllie, 1988)

注：这个模型假设，板片流体交代地幔楔橄榄岩形成岩石化学上饱满的、地球化学上富集的交代岩，虽然其固相线较低，但是由于板片/地幔楔温度较低不会立即发生部分熔融。

在地幔楔形成过程中，俯冲板片在弧下深度存在脱水和熔融过程(Zheng and Chen, 2016)，板片流体进入小地幔楔(弧岩浆源区)成为俯冲带化学地球动力学的基本要素之一。虽然板片释放的流体会交代地幔楔橄榄岩(图 4-5)，但是不等于说加水就能够立即引发地幔楔熔融(Manning, 2004; Grove et al., 2009; 郑永飞等, 2016; Zheng, 2019)。不过，地幔楔橄榄岩部分熔融的温压条件受体系中水含量的控制。当水含量为 0.05–0.5wt%时，水主要储存在地幔韭闪石中(压力≤3.0GPa)，此时发生的是角闪石橄榄岩脱水熔融，固相线温度在 1.5–3.0GPa 压力条件下为 950–1100°C(Mandler and Grove, 2016)。当水含量超过地幔橄榄岩储水能力

(>~0.5wt%)时，即发生水饱和橄榄岩熔融，温度可以集中在1000°C附近(Kushiro et al., 1968; Green, 1973; Millhollen et al., 1974; Kawamoto and Holloway, 1997)。如果地幔楔橄榄岩水饱和熔融的压力在1.5–3.0GPa，那么弧岩浆起源深度对应的空间位置是50–100km深度的弧前锋岩浆作用。只有地幔楔橄榄岩部分熔融的压力在约为3–5GPa的情况下，弧岩浆起源深度100–160km对应的空间位置才是主体弧岩浆作用。

但是，目前实验岩石学对橄榄岩-水体系固相线位置的确定存在很大差别(图5-5)。在3–6GPa的压力范围内，温度有的低达810°C(Grove et al., 2006; Till et al., 2012)，有的集中在1000–1050°C(Kushiro et al., 1968; Green, 1973; Millhollen et al., 1974; Kawamoto and Holloway, 1997)，有的则从850–1000°C变化到1200–1350°C(Smith and Asimov, 2005; Green et al., 2010)。争议的焦点是：水饱和橄榄岩在较低温度下，首次出现的含水相到底是熔融形成的含水硅酸盐熔体，还是脱水形成的富水溶液(Till et al., 2012; Green et al., 2014)。

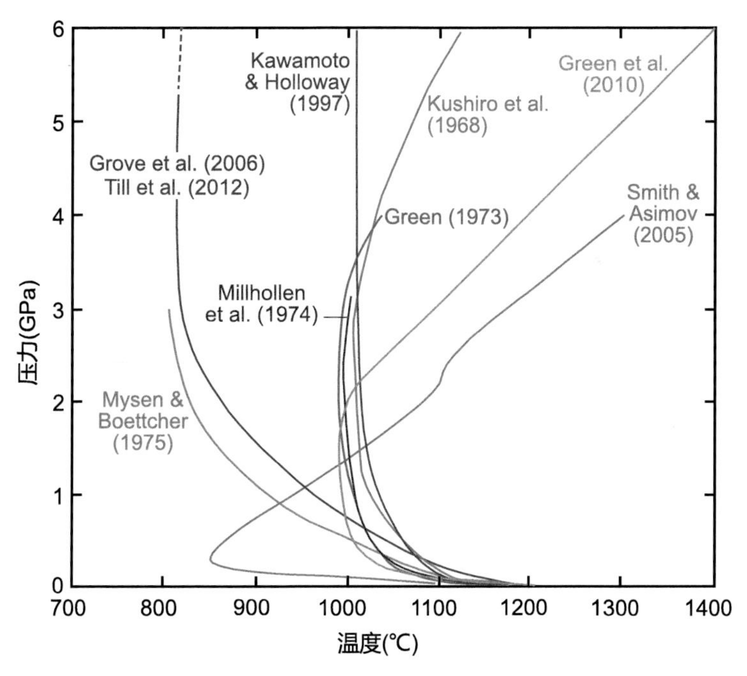

图5-5　实验岩石学确定的橄榄岩-水体系固相线差异图解(修改自Grove et al., 2012)

板片熔体交代地幔橄榄岩也会影响弧岩浆源区部分熔融的温压条件。在板片来源的含水长英质熔体与地幔橄榄岩反应的过程中，先形成富硅的石榴辉石岩，由于其固相线温度较低，因此在地幔楔中优先发生部分熔融(Straub et al., 2011; Zheng, 2019)，形成安山质熔体。但是，目前对富硅辉石岩部分熔融的实验岩石学研究相对不足，已有实验主要关注洋岛玄武岩和洋中脊玄武岩源区的贫硅辉石岩(Hirschmann et al., 2003; Kogiso et al., 2004; Sobolev et al., 2007)。不过，根据辉石岩与橄榄岩在矿物组成和化学成分上的差异，可以预计辉石岩的固相线温度主要与其全碱含量负相关、与其 $Mg^{\#}$正相关，整体比橄榄岩固相线要低大约 100–300°C。

一般认为，镁铁质弧岩浆的地幔源区深度主要为 80–160km，在洋-洋俯冲带或者大陆岩石圈相对薄的洋-陆俯冲带，对应深度主要是俯冲交代的软流圈成因小地幔楔，即俯冲板片来源的组分和小地幔楔成分共同决定了镁铁质弧岩浆的成分(Kelemen et al., 2014; Zheng, 2019)。在大陆岩石圈相对较厚的克拉通区域，该深度可能对应岩石圈地幔(Zheng and Chen, 2016; Chapman and Ducea, 2019)。无论在哪种情况下，板片流体交代小地幔楔都是弧岩浆岩地球化学成分变化的基本原因(Zheng, 2019)。但是，出现这个成分变化不等于说板片流体交代就立即引发小地幔楔部分熔融，因此正确区分单阶段过程与两阶段过程才是关键。

如果要澄清小地幔楔熔融的机制，就必须认识大洋俯冲带温压结构随时间的演化(郑永飞等, 2016; Zheng, 2019)。一般来说，俯冲早期阶段板块之间处于低角度耦合状态(图 5-6A)，板片-地幔楔界面温度最低(图 5-1)，板片表层地壳岩石在弧下深度的变质脱水处于低温高压条件，对应的地热梯度较低(Syracuse et al., 2010)，所形成的流体交代地幔楔橄榄岩，形成岩石化学上饱满的、地球化学上富集的地幔交代岩。在板块俯冲的晚期阶段，板片由于重力下沉而发生回卷，板片与地幔楔之间发生解耦(图 5-6B)，板片-地幔楔界面的温度显著升高，弧下深度俯冲带的地热梯度也随之升高，这样不仅引起板片表层地壳岩石脱水熔融，而且引起地幔楔下部的地幔交代岩发生脱水熔融。因此，俯冲带早期阶段的板片温压结构控制了弧下小地幔楔受到流体交代的时间和空间，而俯冲带晚期阶段的地幔楔温压结构控制了其中交代岩在弧下深度发生部分熔融的时间和空间(Zheng et al., 2020b)。

最后，随着大洋板片俯冲从弧下深度(80–160km)继续到后弧深度(>200km)，分别在弧下深度形成小地幔楔(图 1-3)，在后弧深度形成大地幔楔(图 5-7)。板片脱水熔融的深度差异不仅决定了俯冲带流体性质和成分，而且影响了板片之上地幔楔的热对流行为。因此，地幔楔大小对壳幔系统的演化具有重要影响(徐义刚等, 2018; 郑永飞等, 2018)。小地幔楔在岛弧型镁铁质岩浆岩的形成中发挥了关键作用，而大地幔楔在克拉通岩石圈地幔改造、洋岛型玄武质岩浆作用及全球物质循环等方面发挥了重要作用。需要指出的是，俯冲板片流体可能是在金红石稳定深度发生脱水熔融交代小地幔楔，而在更大的深度发生金红石分解，向大地幔楔释放流体(主要是含水熔体)。这个差别可以解释为什么同样受到板块俯冲影响，岛弧玄武岩和洋岛玄武岩却表现出截然不同的微量元素特征：例如，岛弧玄武岩表现 Nb 的负异常，而洋岛玄武岩表现 Nb 的正异常(Zheng, 2019)。

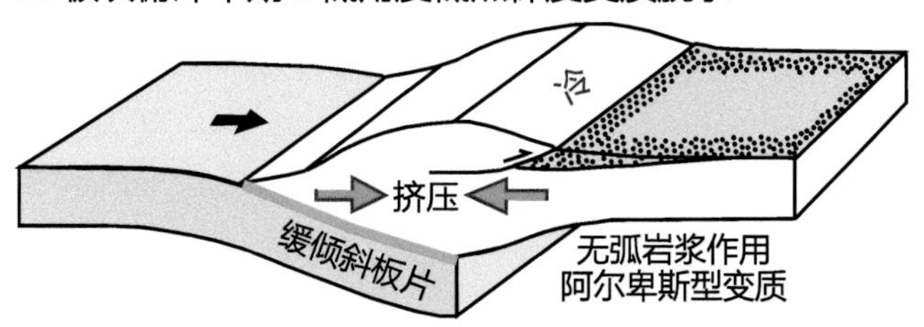

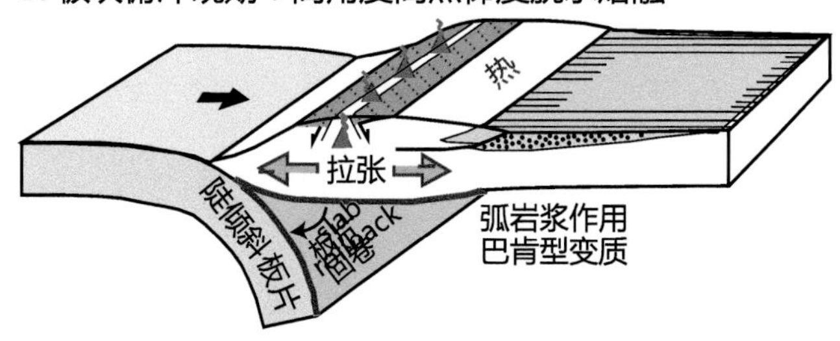

图 5-6　板块俯冲带早期和晚期阶段构造体制及其对应的热状态示意图

(引自 Zheng and Zhao, 2020)

注：A. 板块低角度俯冲，在上覆板块产生压缩体制，板块界面处于低的地热梯度，板片地壳在弧下深度出现超高压榴辉岩相变质脱水，水化地幔楔不会发生部分熔融，缺乏弧岩浆作用；B. 板块高角度俯冲，板片与小地幔楔之间在原来的岩石圈-软流圈界面深度发生解耦，俯冲带地热梯度升高，不仅板片地壳出现脱水熔融，而且地幔楔中的交代岩在弧下深度发生部分熔融。

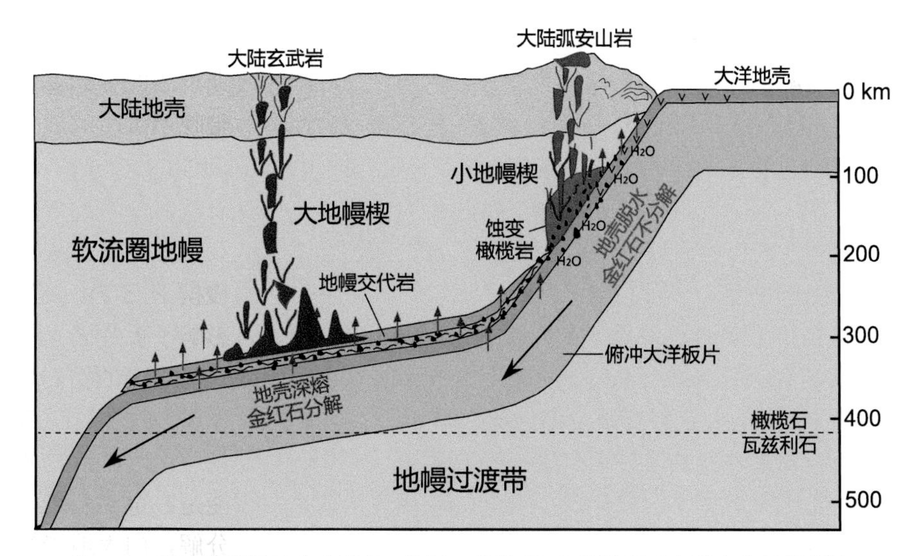

图 5-7　俯冲大洋板片在大陆岩石圈之下不同深度分别形成小的和大的地幔楔

(修改自 Zheng, 2019)

注：图中展示的俯冲带产物在形成时间上有先后关系，其中小地幔楔受到弧下深度俯冲带流体交代成为岛弧型岩浆岩的源区，大地幔楔受到后弧深度俯冲带流体交代成为洋岛型岩浆岩的源区。

第二节 镁铁质岩浆作用

俯冲带岩浆体系研究中最重要的岩石学问题之一就是镁铁质岩浆的起源。对这个问题的研究最早可追溯到十九世纪末期，在二十世纪早期已有科学家对日本大陆边缘弧进行了火山岩岩石学研究。自板块构造理论建立以来，岩石学研究的一个最重要进展就是揭示了玄武岩是地幔部分熔融的产物；此外，还揭示了水在地幔熔融中的重要作用：不仅可以降低地幔橄榄岩的固相线温度，而且可以改变玄武质熔体的成分(Kushiro et al., 1968; Tatsumi et al., 1983)。

经过半个多世纪的研究，一个基本的共识就是：俯冲带镁铁质岩浆岩的形成与俯冲板片来源流体(包括富水溶液、含水熔体乃至超临界流体)对地幔楔的交代作用及俯冲带温压结构变化密不可分(Grove et al., 2012; Kelemen et al., 2014; Mallik et al., 2016; Zheng, 2019)。作为俯冲带岩浆体系中最重要的岩石类型，镁铁质岩浆岩已经成为揭示俯冲带壳幔相互作用、地幔楔富集机制、地壳物质循环及深部动力学过程最重要的“岩石探针”之一(e.g., Pearce and Peate, 1995; Kelemen et al., 2014; Zheng et al., 2020b)。但是，有关流体性质与组成特征、镁铁质岩浆作用的形成机制、弧下地幔楔混杂岩形成与熔融过程等仍然存在较大的争论。

1. 大洋俯冲带镁铁质岩浆作用

已有研究表明，大洋俯冲带之上镁铁质岩浆岩的岩石化学成分以钙碱性为特征，可含有碱性或者拉斑质岩石乃至橄榄玄粗岩和低硅玄武岩(Kelemen et al., 2014; Schmidt and Jagoutz, 2017)。单个弧岩浆带可以在同一位置不同时间或不同位置不同时间发育不同类型的岩浆岩(Stern et al., 2003; Ducea et al., 2015a; Durkin et al., 2020)，指示镁铁质弧岩浆岩在时间、空间和成分上具有明显的不均一性。拉斑玄武岩的产出指示，大洋弧之下岩石圈可能已经演化成为弧下张裂，导致软流圈地幔降压熔融。

大洋弧与大陆弧在镁铁质岩浆岩组合和地球化学特征上存在一系列异同点(徐义刚等，2020; Zheng et al., 2020b)。大洋弧岩浆岩以钙碱性玄武岩为主，可以出现拉斑玄武岩，可以伴有极少量的橄榄玄粗质玄武岩和少量安山岩-英安岩，可以含有高镁安山岩类和埃达克岩(Kelemen et al., 2014)。与此相比，大陆弧岩浆作用以安山质岩石为主体，只存在少量玄武质和流纹质岩石(Ducea et al., 2015b)。

不过，大洋弧和大陆弧镁铁质岩浆岩都具有典型的岛弧型微量元素分布特征，其中大陆弧安山岩比大洋弧玄武岩更富集不相容元素(图 5-8)和放射成因同位素。板片流体性质决定了地幔交代岩的矿物组成，而地幔交代岩矿物组成决定了其部分熔融温度及其衍生的镁铁质熔体成分(Zheng, 2019; Zheng et al., 2020b)。一般来说，含水熔体和高盐度富水溶液比低盐度富水溶液能够携带溶解和迁移更多熔体活动性不相容元素(Zheng, 2019; Rustioni et al., 2021)。

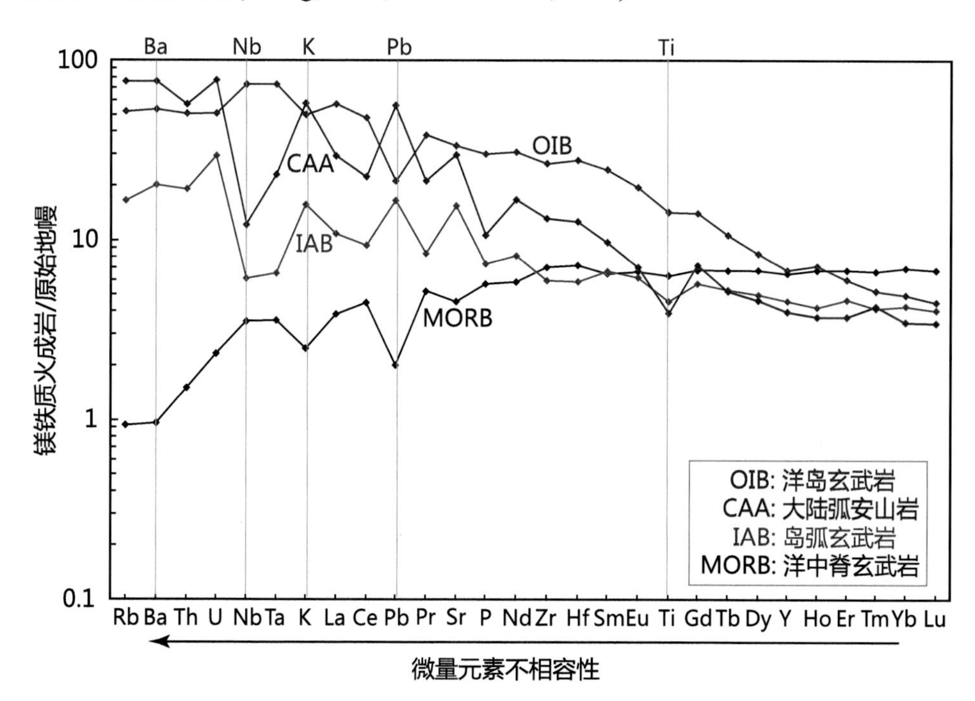

图 5-8　大洋俯冲带镁铁质火成岩微量元素组成相对于洋中脊玄武岩关系图解
(修改自 Zheng, 2019)

注：由于俯冲地壳析出流体的成分决定了地幔楔乃至其衍生熔体的微量元素组成，因此大洋弧玄武岩和大陆弧安山岩相对于洋中脊玄武岩高度富集流体活动性不相容微量元素。洋岛玄武岩看上去属于板内岩浆作用产物，但是其地幔源区含有俯冲的地壳物质，可以用俯冲板片在后弧深度部分熔融产生的熔体交代大地幔楔来解释(Zheng, 2019)。

经典的大洋弧岩浆岩成因模式认为，弧岩浆岩成分不均一性代表了其岩浆源区交代组分及部分熔融条件的差异(Grove et al., 2012; Turner et al., 2017; Zheng, 2019)。俯冲板片随着俯冲深度的增加，会不断地释放流体交代上覆小地幔楔橄榄岩，形成富集的地幔交代岩，成为弧玄武岩浆的源区(Mallik et al., 2016; Zheng, 2019)。

不过，对小地幔楔部分熔融形成大洋弧玄武岩浆的深度存在两种认识。一种是主要出现在 80±40km 的浅部，假设下部岩浆(80–120km 深度)的产生温度低达 800–900°C，而上部岩浆(40–80km 深度)的产生温度高达 1150–1250°C。Grove and Till (2019)甚至假设，在大洋地壳之下小地幔楔顶部的 25–50km 深度，地幔温度可高达 1250°C(图 5-9)。这个深度-温度关系对应的是弧后张裂而不是火山弧本身，与大洋俯冲带温压结构研究结果(Syracuse et al., 2010; van Keken et al., 2011; Wada and King, 2015)严重不符。另一种是主要出现在 120±40km 的深部，其中地幔楔下部(120–160km 深度)的部分熔融温度高达 1000–1350°C，而上部(80–120km 深度)在地幔楔熔融之前可低达 700–800°C，在熔融开始之后逐渐升高至 1000–1250°C(Zheng, 2019)。由于地幔熔融深度对玄武质熔体化学成分具有显著影响，因此解决这些认识上的分歧一直是火成岩岩石学研究的前沿和热点。虽然这个深度差别可以通过地球物理方法进行检验，但是需要对地幔楔中橄榄石含量的比例相对定量化。此外，还需要区分玄武质弧岩浆作用在火山弧前锋深度与主体弧深度之间的差异。虽然许多大洋弧和大陆弧岩浆前锋的深度可以浅达 60–80km，但是地幔楔中镁铁质弧岩浆产生的主体深度是在 80–160km(Schmidt and Poli, 2014)。

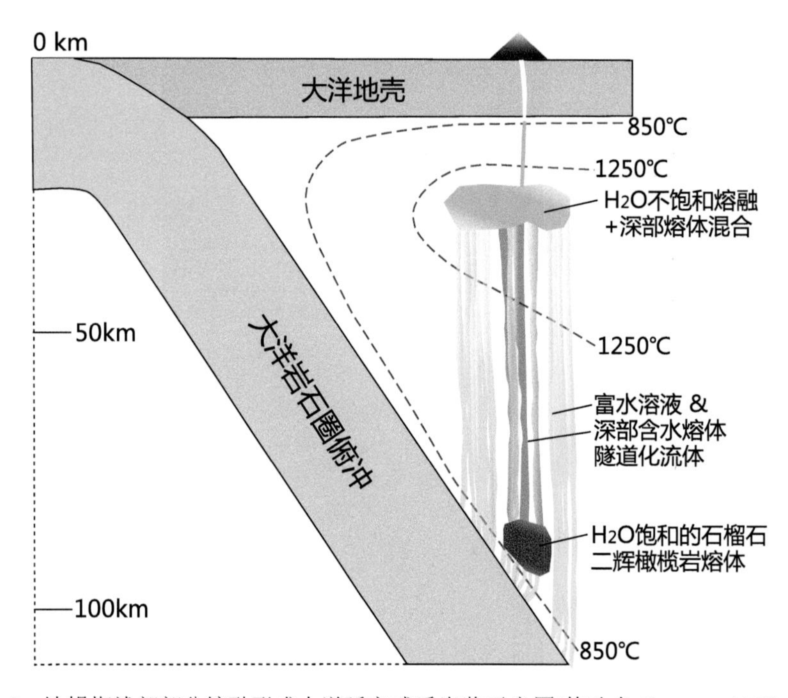

图 5-9　地幔楔浅部部分熔融形成大洋弧玄武质岩浆示意图(修改自 Grove and Till, 2019)

注：这个卡通图将俯冲大洋板片与地幔楔界面的温度降低到 800–850°C，但是在地幔楔上部 25–50km 深度的温度升高到 1250°C，这与大洋俯冲带温压结构(无论是早期阶段还是晚期阶段)是相矛盾的(Zheng, 2019)。

俯冲大洋板片脱水释放流体交代上覆地幔楔降低橄榄岩固相线，这个过程曾经被看作引起弧岩浆作用的经典机制(图 5-10)。板片流体的加入虽然可以降低地幔楔橄榄岩的固相线，但是立即引发地幔楔熔融的传统认识与大洋俯冲带温压结构的研究结果相矛盾(Manning, 2004; Grove et al., 2009; Syracuse et al., 2010; 郑永飞等, 2016)。换言之，地幔楔不会因为水的加入立刻发生部分熔融，只是形成了一些相对易熔的地幔交代岩；其固相线依旧显著高于板片脱水温度，因此需要后期软流圈地幔的对流加热才会发生熔融形成镁铁质熔体(Zheng, 2019)。

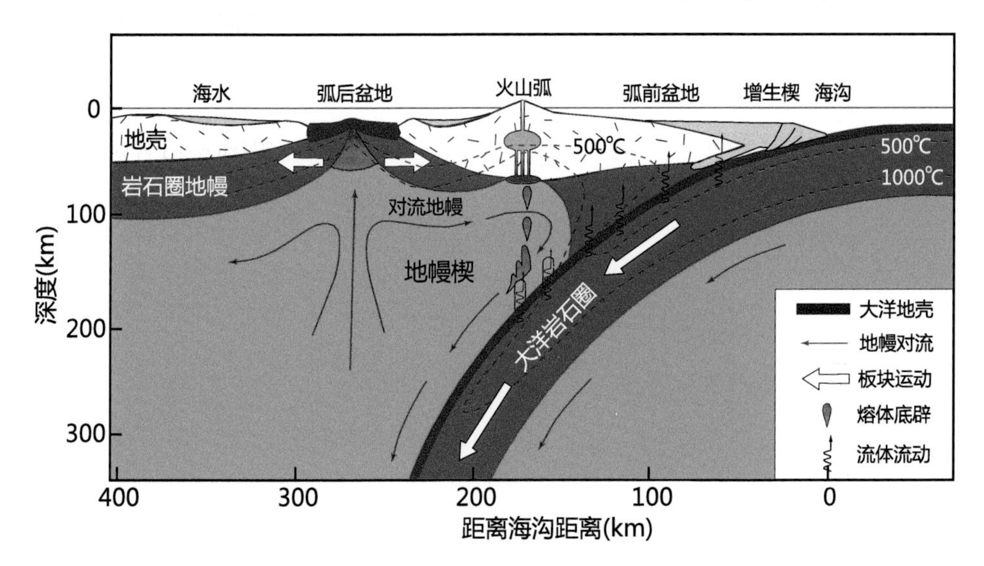

图 5-10　俯冲板片脱水引起地幔楔部分熔融产生玄武质岩浆的传统模型
(修改自 Stern et al., 2016)

注：这个模型一方面假设俯冲板片脱水温度压力条件与地幔楔水化橄榄岩熔融温度压力条件一致，另一方面假设俯冲板片回卷引起上覆板块拉张形成弧后张裂盆地。前者对应于板块俯冲早期阶段的挤压环境，而后者对应于板块俯冲成熟阶段的拉张环境。因此，这个模型是在一张图解中将板块俯冲两个阶段出现的不同动力体制和地热梯度合并到一起了，这在自然界是难以真实发生的(Zheng, 2019)。

根据现代大洋俯冲带温压结构随时间变化的性质，在地球动力学上可行的机制是两阶段模型：第一阶段是俯冲洋壳在弧下深度脱水交代地幔楔，第二阶段是俯冲板片回卷使地幔楔底部加热发生部分熔融(Zheng and Chen, 2016)。俯冲带几何结构从第一阶段的低角度变化到第二阶段的高角度，在俯冲带温压结构上也相应地从低地热梯度变化到高地热梯度(Zheng, 2019)。

虽然大洋俯冲带镁铁质岩浆岩成分可以应用俯冲地壳衍生流体交代地幔楔的机制得到圆满解释，但是这个流体能否在交代的同时直接诱发地幔楔部分熔融(交代熔融)，还是一个具有极大挑战的问题(e.g., Manning, 2004; Grove et al., 2009; 郑永飞等, 2016)。前人为了支持交代熔融这个假说，在实验岩石学中获得了低的橄榄岩水饱和固相线(Grove et al., 2006; Till et al., 2012)，并采用低的实验压力来满足这个假说(Grove and Till, 2019)。但是，仍然有一系列问题亟待解决。例如，这些实验室结果与自然界岩石之间的差距到底有多大？如果流体交代地幔楔后不会发生立即熔融，那么其中的地幔交代岩在什么条件下发生部分熔融产生镁铁质熔体？引起地幔交代岩部分熔融的地球动力学机制是俯冲板片后撤还是深源地幔柱？俯冲板片后撤加热这个机制在俯冲带演化的哪个阶段(俯冲晚期还是结束之际)最有效？如何区分深源地幔柱与浅源软流圈的贡献？

另外，在陆内地区还发现少量在地球化学成分上与洋岛玄武岩相似的玄武质岩浆岩(简称为洋岛型玄武岩)及富 Nb 玄武岩(Wang et al., 2007; 赵子福等, 2015; Xu and Zheng, 2017)。虽然这些岩石出现在远离现今板块俯冲带的位置，但是其地幔源区可能形成在古大洋俯冲带之上。越来越多的研究也发现，陆内地区洋岛型玄武岩和富 Nb 玄武岩的地幔源区含有洋壳衍生熔体的贡献(Sobolev et al., 2007; Wang et al., 2007; Xu and Zheng, 2017; 郑永飞等, 2018)。这种洋壳熔体是古大洋板块俯冲到金红石分解深度(>200km)产生的，所形成的长英质熔体不再亏损高场强元素(Zheng, 2019)。

2. 大陆弧安山质岩浆作用

就大陆弧安山岩成因机制来说，一般有玄武岩浆结晶分异与安山岩浆直接输出两个模型(Gómez-Tuena et al., 2014; Chen and Zhao, 2017)，对应的是地壳深度同化混染与地幔深度源区混合之争(Zheng et al., 2020b)。进入安山岩的地壳组分在地球化学成分上都是类似的，具有类似的效果，因此这两种机制都能解释部分安山岩的成分特征(Ducea et al., 2015b; Chen et al., 2021)。

但是，从安山岩形成与汇聚板块边缘岩浆作用的时空顺序来说，源区混合过程发生在前，而同化混染过程发生在后。如果发生在源区的地幔深部过程本身可以很好地重现安山岩的成分特征，那么地壳浅部过程就不是必需的(Chen et al., 2021)，除非存在排他性的证据证明地壳混染的存在，而这一证据在绝大多数情况下是不存在的(Zheng et al., 2020b)。因此，对于典型大陆弧地区安山岩成分进行全方位定量正演模拟，能够检验源区混合过程能否再现安山岩的主要地球化学特征，从而间接判断地壳混染存在的必要性(Chen et al., 2021)。

通常所说的源区混合是通过板片流体化学交代地幔楔来实现的(图 5-11A)。但是，计算地球动力学模拟研究指示，俯冲带超高压变质岩在弧下深度可从板片拆离进入地幔楔内部，在地幔楔中与橄榄岩一起发生部分熔融可以产生不同成分的大陆弧安山质岩浆(Behn et al., 2011; Marschall and Schumacher, 2012; Nielsen and Marschall, 2017)，由此提出了大陆弧安山岩成因的壳幔混杂岩熔融模型(图 5-11B)。这种物理混合作用不同于俯冲带流体交代的化学混合作用，所产生的安山质弧岩浆成分取决于混杂岩中不同岩石类型的相对比例。

为了检查壳幔混杂岩熔融模型在成分上的可行性，已有实验岩石学研究进行了高压(而非超高压)条件下的成分模拟(Castro et al., 2010; Codillo et al., 2018; Cruz-Uribe et al., 2018)。这些实验将地幔楔部分熔融的压力设计在 1.5–2.5GPa，对应的深度 50–80km 属于岩石圈地幔楔，而不是软流圈地幔楔的核部。这要求底辟的地壳岩石已经从板片-地幔楔界面弧下深度的 100–160km 上升到地幔楔顶部的岩石圈地幔深度 50–80km，要求地幔楔部分熔融的深度浅达 50–80km。如果是这样的话，岩石圈地幔楔必须受到减薄后的软流圈上涌加热才能发生部分熔融，并且镁铁质熔体提取后残留的方辉橄榄岩主要出现在弧下地幔 50–80km 的浅部而不是在 100–160km 的深部。这个深度差异可以采用地球物理方法予以检验。

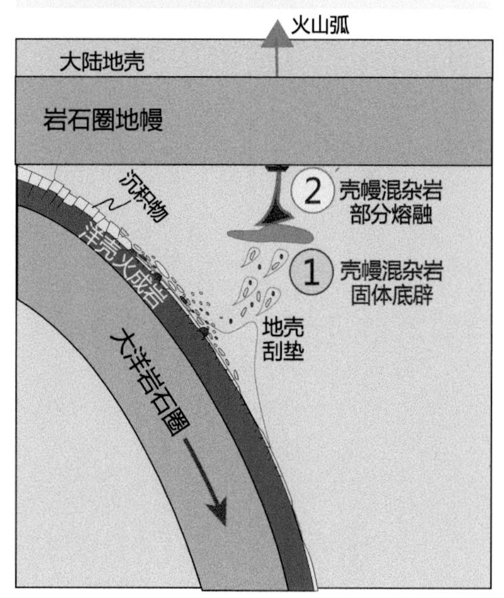

图 5-11　大洋俯冲带源区混合形成安山岩浆源区示意图(修改自 Nielsen and Marschall, 2017)

注：A. 俯冲洋壳在板片-地幔楔界面脱水熔融产生流体交代地幔楔橄榄岩，然后部分熔融形成镁铁质弧岩浆岩(Zheng et al., 2020b)；B. 俯冲板片地壳刮削底辟进入地幔楔与橄榄岩一起形成壳幔混杂岩，然后部分熔融形成大陆弧安山岩(Marschall and Schumacher, 2012)。图中数字①和②分别代表混合和熔融的时间顺序。

壳幔混杂岩熔融模型能否成立仍然有待验证，主要原因是还有以下三个方面的问题亟待解决。(1) 这个模型假设从俯冲板片刮削的固体地壳底辟体首先进入地幔楔内部，然后与橄榄岩一起部分熔融产生镁铁质岩浆上升到地壳层位，但是没有说明地幔楔在什么条件下可以发生张裂允许底辟体进入其内部。(2) 这个模型虽然从同位素地球化学成分上论证了二元混合的可行性，但是既没有对源区混合是通过地幔楔下部化学交代(图 5-11A)还是地幔楔上部物理混杂(图 5-11B)提出区分指标，也没有从地球动力学上论证地幔楔底部如何在超高压变质岩未发生部分熔融的情况下就产生裂隙允许固态物质进入地幔楔。(3) 与地幔交代岩部分熔融模型强调俯冲带化学地球动力学行为相比，壳幔混杂岩熔融模型虽然试图解释弧岩浆岩的地球化学成分变化，但是对于主要元素和微量元素及稳定和放射成因同位素在两个混合端元之间的比例并没有进行功能整合性的谐和性检验，而这个检验对于化学混合模型非常关键(Zheng et al., 2020b; Chen et al., 2021; Li et al., 2022)。

地幔交代岩部分熔融模型强调，地幔楔加热产生弧岩浆受俯冲大洋板片的回卷控制(Zheng, 2019)。这涉及一个问题的两个方面：一是板片-地幔楔界面受到侧向流入的软流圈地幔加热发生部分熔融；二是回卷板片上方产生拉张环境引起上覆板块拉张。此外，在大洋俯冲带演化的成熟阶段，俯冲板片回卷也是引起上覆大洋板块拉张减薄形成弧后张裂盆地的根本原因(e.g., Tamaki and Honza, 1991; Honza, 1993; Clark et al., 2008)。但是，壳幔混杂岩熔融模型没有说明在俯冲板片回卷之时那些超高压混杂岩所处的深度，以及是否还能保持固体状态。

3. 大陆俯冲带镁铁质岩浆作用

大陆俯冲带之上普遍缺乏同俯冲弧岩浆作用(Zheng, 2012; McCarthy et al., 2018)。过去认为，这是由于陆壳相对较干、缺乏俯冲脱水作用(Rumble et al., 2003; Zheng et al., 2003)。然而，俯冲陆壳也含有相当数量的含水矿物，如角闪石、多硅白云母和硬柱石，因此另一种解释是陆壳流体交代地幔后，大陆俯冲带的低地热梯度不能使小地幔楔部分熔融形成弧岩浆作用(Zheng and Chen, 2016)。这与岩石学和同位素年代学研究结果一致：大陆俯冲带镁铁质岩浆作用时间显著晚于大陆碰撞/俯冲引起阿尔卑斯型高压-超高压变质作用时间。

大陆俯冲带另一特点是发育碰撞后镁铁质岩浆岩，其中绝大多数具有岛弧型微量元素分布型式和富集的放射成因同位素组成，可能记录了俯冲/折返过程中陆壳衍生熔体对小地幔楔的交代作用(Zhao et al., 2013; 赵子福等, 2015; 许文良等, 2020)。岛弧型微量元素分布型式指示，镁铁质岩浆源区小地幔楔在弧下深度受到俯冲带流体交代。不过，流体来源既可以是先前俯冲的洋壳，也可以是后来俯冲/折返的陆壳。通过检查镁铁质岩浆岩的放射成因同位素组成，可以区分交代剂来源的地壳属性。一般来说，俯冲的大陆地壳相对于大洋地壳显著富集放射成因同位素组成，因此其交代产物表现为富集放射成因同位素组成，而亏损放射成因同位素组成的镁铁质岩浆岩可能是源区受到俯冲洋壳流体的交代。在大陆俯冲带，镁铁质岩浆作用总体上发生在大陆碰撞之后，而不是碰撞进行过程中。虽然大洋俯冲带镁铁质岩浆作用的时间也晚于阿尔卑斯型高压变质作用的时间，但是这个镁铁质岩浆作用总体上发生在大洋俯冲过程的晚期阶段。

对于大陆俯冲带上覆地幔楔，它可能先经历了之前俯冲古洋壳来源流体的交代，然后又受到俯冲陆壳来源流体的叠加交代(赵子福等, 2015)。如果这两种类型的交代作用出现在不同深度形成了不同矿物组合的地幔交代岩，那么它们部分熔融所产生的镁铁质岩浆岩就可能会表现出岛弧型和洋岛型两种不同的地球化学特征，其中小地幔楔在弧下深度受到俯冲洋壳和陆壳流体的复合交代形成岛弧型岩浆的源区，而大地幔楔在后弧深度受到俯冲洋壳流体的交代形成洋岛型岩浆的源区(Zheng et al., 2020b)。目前，已经在汇聚板块边缘发现少量玄武质岩石具有洋岛型微量元素分布型式和亏损的放射成因同位素组成，记录了先前俯冲古洋壳衍生熔体在后弧深度对大地幔楔的交代作用(赵子福等, 2015; Zheng, 2019)。在复合的洋-陆俯冲带寻找这两种地球化学类型的玄武质岩石，可以为认识从大洋俯冲到大陆俯冲的构造转换提供岩石学证据(Dai et al., 2015)。

第六章　汇聚边缘长英质岩浆作用

长英质岩浆岩是指主要由石英、长石等浅色矿物组成的中酸性侵入岩及其对应的火山岩。长英质岩石构成了大陆上地壳的主体，是造成大陆地壳平均成分为安山质到英安质的主要原因(e.g., Rudnick, 1995; Wedepohl, 1995; Huang et al., 2013; Hacker et al., 2015; Keller et al., 2015)。因此，长英质岩石成因与大陆地壳成分之间的关系一直是国际学术界长期关注的重大科学问题(e.g., Lee et al., 2007; Kelemen and Behn, 2016; Zheng et al., 2021)。

第一节　长英质岩浆作用

虽然很多长英质岩浆岩看上去出现在大陆内部、远离现今板块俯冲带，但是其源岩却形成于过去板块俯冲带，因此表现出岛弧型微量元素地球化学成分。长英质岩浆岩看上去出现在各种不同的构造背景，实际上只有汇聚板块边缘才是长英质岩浆作用最为主要的场所(e.g., Jagoutz and Klein, 2018; Moyen et al., 2021; Zheng and Gao, 2021)。总体来说，长英质岩浆岩基本上都出现在大洋俯冲带上盘的大洋弧和大陆弧以及大陆碰撞带的上盘和下盘(图 6-1)，只是板块汇聚的时间不同程度地早于长英质岩浆作用时间。

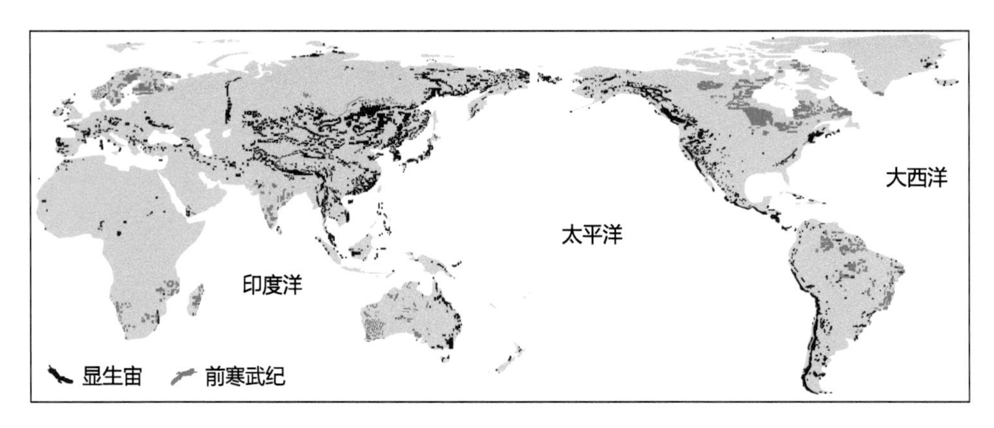

图 6-1　地球上大陆长英质岩浆岩分布示意图(修改自 Jagoutz and Klein, 2018)

就汇聚板块边缘来说，尽管许多长英质岩浆岩出现在环太平洋俯冲带上盘(图 6-1)，但是长英质岩浆作用时间显著晚于镁铁质岩浆作用时间；在陆内古缝合带出露的长英质岩浆岩在形成年龄上则更是显著晚于古大洋板块俯冲引起的镁铁质弧岩浆作用时间(Barbarin, 1999; Brown et al., 2011; Moyen et al., 2017; Zheng and Gao, 2021)。对这个时间差别的确定，是认识岩浆作用地球动力学机制的关键。

长英质岩浆岩形成的构造背景和物理化学机制一直是岩石学研究的热点和前沿。根据对全球岩浆岩数据的综合分析以及实验岩石学研究成果积累，可以将长英质岩浆岩形成的物理化学机制概括成两种(Moyen et al., 2021; Zheng et al., 2021)：一是大洋俯冲带之上幔源镁铁质岩浆的结晶分异(图 6-2A)；二是大陆碰撞带内部地壳岩石的部分熔融(图 6-2B)。

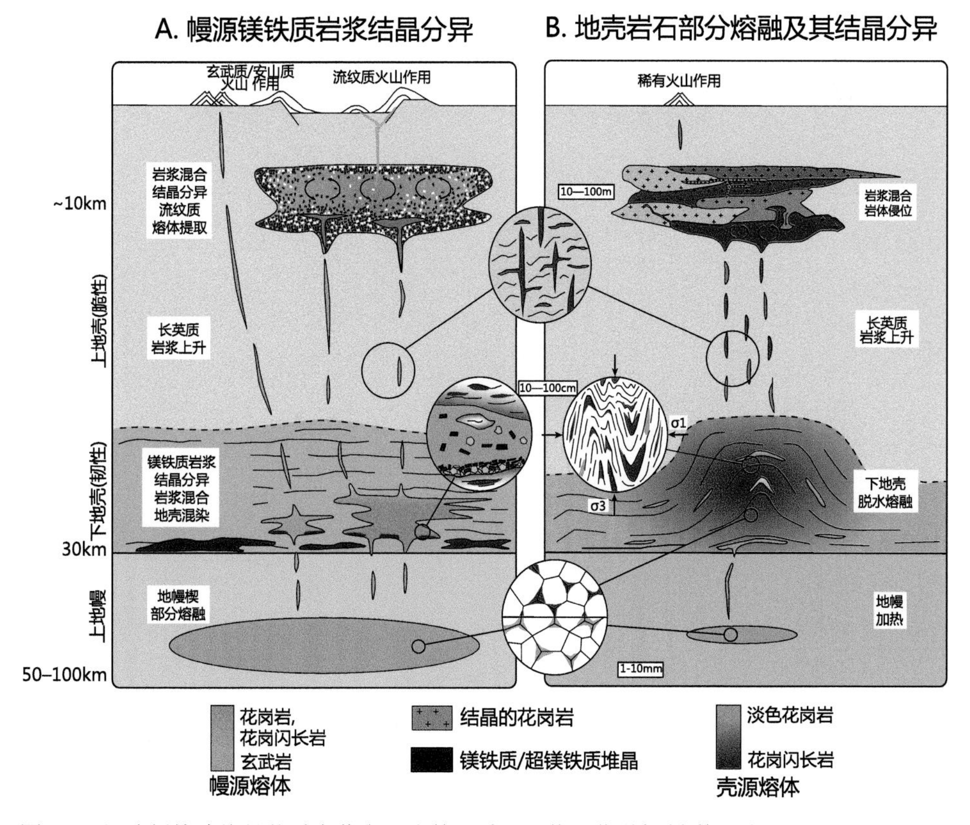

图 6-2　汇聚板块边缘长英质岩浆岩形成的两种主要物理化学机制(修改自 Moyen et al., 2021)

在大洋俯冲带之上，镁铁质弧岩浆从地幔楔垂向上升进入地壳形成增生造山带，其中镁铁质弧岩浆的结晶分异是形成长英质岩浆岩的主要机制(Moyen et al., 2021; Zheng et al., 2021)。不过，长英质岩浆岩在大洋弧(图 6-3A)的体积要比在大陆弧(图 6-3B)小得多。此外，大洋弧可以通过弧陆碰撞拼贴到主动大陆边缘(Brown et al., 2011)，大陆弧可以转化为陆内造山带(Murphy and Nance, 2013)。因此，确定镁铁质和长英质岩浆作用在时间上的差别，是认识长英质岩浆作用地球动力学机制的关键。

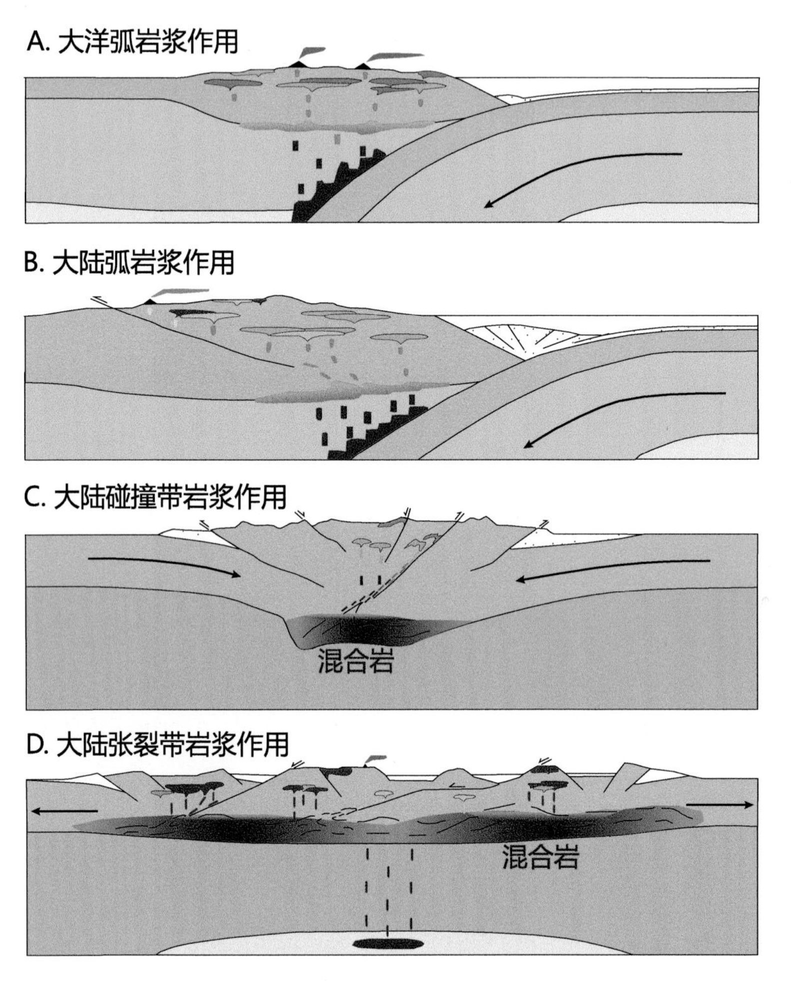

图 6-3　汇聚板块边缘在不同演化阶段出现不同类型岩浆作用示意图(修改自 Zheng, 2021b)

对于大陆碰撞带(图 6-3C)，由于在碰撞挤压阶段俯冲带地热梯度太低，因此地壳在板块界面基本上不可能发生部分熔融。但是，大陆碰撞带上盘的主动大陆边缘会在大陆碰撞过程中部分处于拉张构造环境，这样可以发生部分熔融(Zheng, 2021b)，形成与大陆碰撞同期的岩浆岩。在大陆碰撞结束之际，板块边界构造体制由挤压转变成拉张，在深俯冲地壳沿俯冲隧道以岩片形式逆冲折返过程中可以发生降压熔融，形成少量碱性岩浆岩(Zhao et al., 2012, 2017a)。

无论是增生还是碰撞造山带，汇聚板块边缘在挤压构造作用下发生加厚，在物理上处于亚稳定状态(Zheng, 2021b)。一旦这个加厚的岩石圈发生减薄就会引起大陆主动张裂作用形成张裂造山带(图 6-3D)，其中古老和新生地壳的部分熔融是长英质岩浆形成的主要机制(Zheng and Gao, 2021)。因此，确定板块俯冲和碰撞造山事件的年龄、挤压与拉张构造体制转换的年龄、镁铁质和长英质岩浆作用在年龄上的差别，是认识汇聚板块边缘长英质岩浆作用地球动力学机制的关键。

第二节　大洋俯冲带长英质岩浆岩

虽然大洋弧主要由玄武质岩石组成，但是在一些古大洋弧和现代成熟大洋弧也出露有长英质岩浆岩(图 6-3A)，如英云闪长岩、花岗闪长岩、花岗岩等。这些长英质岩浆岩一般具有岛弧型微量元素分布特征和亏损的放射成因同位素组成，因此被解释为是幔源弧玄武质岩浆结晶分异的产物(Jagoutz and Kelemen, 2015; Kay et al., 2019)。但对伊豆-小笠原-马里亚纳(IBM)岛弧 Tanzawa 英云闪长岩的锆石氧同位素研究表明，其岩浆源自古老辉长质洋壳的部分熔融(Suzuki et al., 2015)。

长英质岩浆岩是大陆弧重要的岩石类型，如北美科迪勒拉和中国冈底斯造山带大量分布的中生代花岗质岩基(Ducea et al., 2015a, 2015b; Zhu et al., 2019; Castro, 2020)，其厚度可达 20 余公里。这些长英质岩浆岩通常具有岛弧型微量元素分布特征和相对亏损或相对富集的放射成因同位素组成。

对大陆弧长英质岩浆岩的成因解释主要有两种机制：一是幔源弧玄武质岩浆结晶分异(Lee and Bachmann, 2014)；二是玄武质岩浆结晶分异和地壳同化混染，由此提出了熔融-同化-储存-均一(MASH)模型(Hildreth and Moorbath, 1988)和地壳热带(crustal hot zone)概念(Annen et al., 2006)。无论采用哪种解释，大陆弧长英质岩浆岩多是镁铁质岩浆结晶分异的产物，其形成会导致大陆地壳的显著生长。也有研究表明，一些大陆弧花岗质岩浆岩是新生镁铁质下地壳部分熔融的产物(Petford and Atherton, 1996; Tang et al., 2020)，因此代表了大陆地壳的成分分异。

在大洋弧拼贴到大陆边缘所形成的弧陆碰撞造山带中常常发育增生杂岩(Brown et al., 2011)，其中含有俯冲带沉积物部分熔融所形成的同碰撞 S 型花岗岩(Collins and Richards, 2008)。一旦这类大陆边缘弧转变成大陆内部的造山带(Murphy and Nance, 2013)，其中的火成岩和沉积岩都会在深部地壳发生部分熔融(Zheng and Gao, 2021)，所形成的 S 型花岗岩可以具有富集的或亏损的放射成因同位素组成(Wu et al., 2006; Zheng et al., 2007)。但是，如何区分弧陆碰撞时间与花岗质岩浆作用时间的先后，已经成为认识汇聚板块边缘同碰撞 S 型花岗岩成因的关键。

第三节　大陆碰撞带长英质岩浆岩

大陆碰撞带包括大陆俯冲带下盘和上盘两个岩石构造单元(Zheng, 2021b)，其中下盘代表被动大陆边缘，上盘代表主动大陆边缘。被动大陆边缘地壳俯冲到不同的岩石圈深度后发生折返，形成以变质岩为主体的碰撞造山带(如大别-苏鲁造山带和喜马拉雅造山带)，在这个过程中只形成少量同折返岩浆岩(图 6-3C)。主动大陆边缘(例如华北克拉通南缘和冈底斯造山带)在大陆俯冲/碰撞过程中受到改造，可产生少量同碰撞长英质岩浆岩。无论是下盘还是上盘，这两个造山带系列在碰撞后阶段都会受到构造拉张发生部分熔融，可以形成大量的长英质岩浆岩(图 6-3D)。

大陆碰撞过程中形成的长英质岩浆岩，其源区是年轻或古老的大陆地壳(Zheng et al., 2021)。例如，中国中东部苏鲁造山带晚三叠世同折返花岗岩是俯冲华南陆壳物质部分熔融的产物(Zhao et al., 2012, 2017a)。但是，藏南冈底斯造山带新生代早期花岗岩普遍具有相对亏损的放射成因同位素组成(Chung et al., 2005; Zhu et al., 2011)，其源区是中生代冈底斯大陆弧新生地壳。对于主动大陆边缘同碰撞长英质岩浆岩，所形成的地球动力学机制则有不同假设：俯冲板片回卷、俯冲板片断离、岩石圈拆沉、俯冲陆壳近降压折返等。不论是俯冲板片回卷或者断离还是岩石圈拆沉，这些发生在软流圈顶部的构造过程都会在汇聚板块边缘的岩石圈深度引起主动张裂 (Zheng and Gao, 2021)，否则下伏软流圈地幔难以将高的热流从深部传输到浅部引起地壳熔融。

碰撞后构造过程是相对于同碰撞构造来定义的，它与先前的增生或者碰撞造山带构造具有继承和发展的关系。虽然碰撞后构造过程与先存造山带过程隶属不同的地球动力学体制，但是它在空间上继承了先存造山带的位置，是在先存造山带构造的基础上发展起来的(郑永飞等, 2015; Zheng et al., 2019a)。一些碰撞后花岗岩具有埃达克质地球化学特征(Chung et al., 2003; Hou et al., 2004; He et al., 2011)，可能是碰撞加厚地壳部分熔融的产物。

汇聚板块边缘岩石圈地幔的拆沉和减薄会引起造山带大陆张裂作用(Rey, 2001; Zheng and Chen, 2017; Peron-Pinvidic and Osmundsen, 2020)，这个过程是板块汇聚后岩浆作用发生的主要地球动力学机制(Zheng and Zhao, 2017; Zheng and Gao, 2021)。增生和碰撞造山带在汇聚后阶段的大陆张裂作用可以引起地壳部分熔融形成大量的长英质岩浆岩(图 6-4)，伴有混合岩化和变质核杂岩的侵位(Zheng and Chen, 2017, 2021; Zheng and Gao, 2021)，这在加里东造山带、海西造山带、喜马拉雅造山带、大别-苏鲁造山带都较为常见(Chung et al., 2005; Zhao et al., 2017b; Castro, 2020; Moyen et al., 2021; Zheng et al., 2021)。

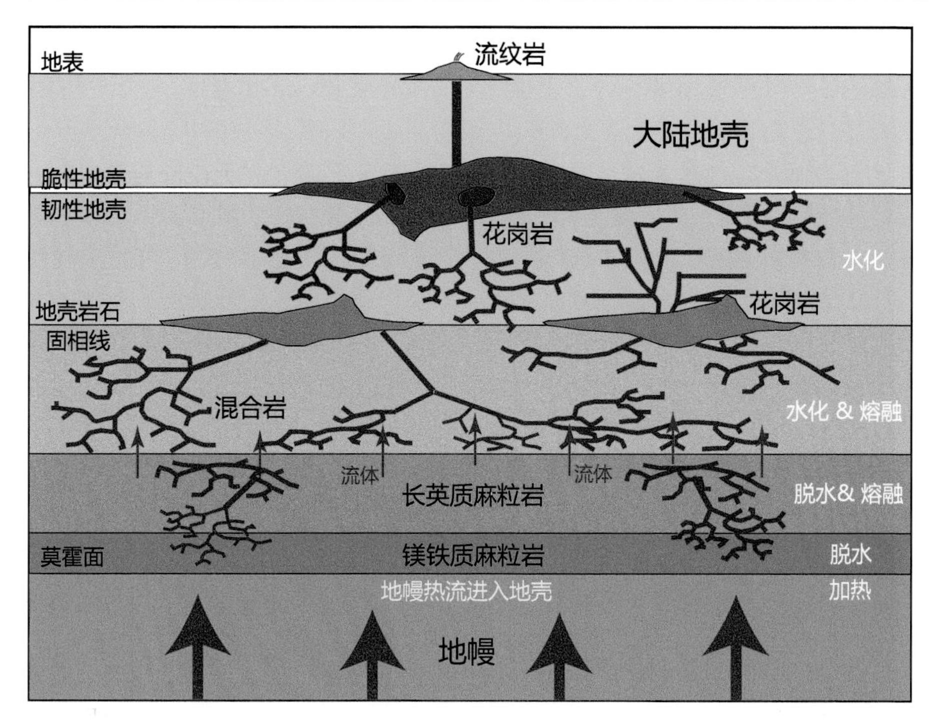

图 6-4　碰撞造山带地壳脱水和水化熔融模式图(修改自 Zheng and Chen, 2017)

注：在大陆主动张裂作用条件下，脱水熔融发生的外部热能来源于因造山带去根作用所引起的软流圈地幔上涌，而水化熔融是由下伏地壳受热脱水产生的外来流体所诱发(Zheng and Gao, 2021)。

碰撞后长英质岩浆岩既有 S 型花岗岩也有 I 型花岗岩(Moyen et al., 2017; Zhao et al., 2017b; Wu et al., 2020)，通常具有岛弧型微量元素特征和富集的放射成因同位素组成，因此是古老地壳物质再造的产物(Zheng and Gao, 2021)。大别-苏鲁造山带早白垩世碰撞后花岗岩普遍含有新元古代和三叠纪 U-Pb 年龄的残留锆石，部分锆石亏损 ^{18}O，表明它们是俯冲华南陆壳再造的产物(Zhao et al., 2017b)。

第四节　造山带长英质岩浆岩的成分控制

造山带长英质岩浆岩岩石类型多样，对应的源区物质来源也多种多样，既有古老/新生地壳物质，还可能有幔源物质加入。造山带地幔楔超基性岩石部分熔融产生的是镁铁质熔体(Wyllie, 1984)，需要通过结晶分异、地壳混染、岩浆混合等岩浆演化过程才能形成长英质岩浆岩(Moyen et al., 2021; Zheng et al., 2021)。虽然通过这个过程所产生的长英质地壳体积不大，但是也导致了地壳生长(Couzinie et al., 2016)。Moyen 等(2017)认为，海西造山带的一些高钾钙碱性花岗岩是幔源玄武质岩浆结晶分异/地壳同化混染的产物，因此代表了大陆地壳生长。

大陆地壳岩石部分熔融直接产生长英质熔体(Clemens et al., 2019; Zheng and Gao, 2021)，可能是造山带长英质岩浆作用的主导机制(Moyen et al., 2021; Zheng et al., 2021)。造山带长英质岩浆岩既可以由俯冲板片岩浆岩、俯冲带沉积物和上覆板块地壳等部分熔融形成，也可以由地幔楔来源镁铁质岩浆结晶分异形成。前者对应于碰撞造山带，后者对应于增生造山带(Zheng, 2021b)。就地壳部分熔融来说，有脱水熔融和水化熔融两种物理化学机制(Zheng and Chen, 2017)。在汇聚板块边缘的深部地壳缺乏自由水，因此白云母、黑云母或者角闪石等含水矿物的分解是产生长英质熔体的基本机制(图 6-5)。一般来说，含水矿物在湿固相线之上发生分解，所释放的水会与邻近的名义上无水矿物发生化学反应，由此引起转熔反应形成长英质深熔熔体和转熔矿物(Zheng and Gao, 2021)。

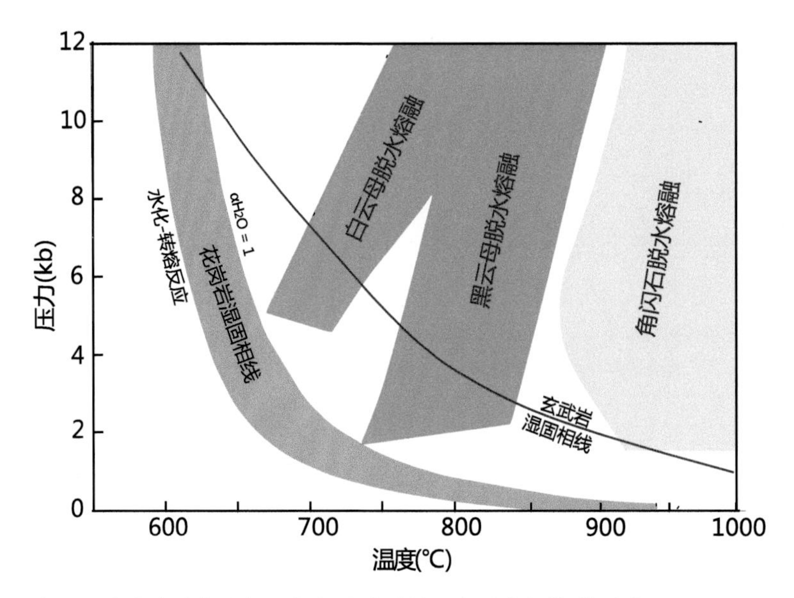

图 6-5　地壳岩石中含水矿物分解引起部分熔融的温度压力条件(修改自 Zheng and Chen, 2017)

造山带长英质岩浆岩的岩石类型和地球化学成分取决于诸多因素，包括源岩的矿物组成和化学成分、部分熔融的物理化学条件(包括温度、压力和挥发份)、岩浆演化途径和体系的封闭与开放。针对这些影响因素和过程，已经提出了许多机制来解释长英质岩浆岩的成分变化，如源区不均一性、不一致熔融、结晶分异、同化混染、岩浆混合、残留体不混合、转熔矿物携带等(Clemens and Stevens, 2012; Bonin et al., 2020; Zheng and Gao, 2021)。但究竟是哪种机制起主导作用？哪些因素起主要作用、哪些因素起次要作用？不同机制、不同因素对不同种类成分的影响程度有多大？如何识别和区分这些机制、因素和过程？这些都是有待解决的科学问题。

第五节　长英质岩浆作用与造山带过程

长英质岩浆岩广泛出露于造山带，但关于它们的成因机制及其与大陆地壳生长和演化之间的关系还存在较大争议(Moyen et al., 2021; Zheng et al., 2021)：幔源镁铁质岩浆结晶(和/或同化混染)分异(图 6-2A)，代表显著的大陆地壳生长；新生/古老地壳再造(图 6-2B)，代表大陆地壳成分分异。但是，有些文献中对造山带长英质岩浆岩地球化学数据及其成因的解释还存在误区，例如把亏损的放射成因同位素组成和与正常地幔类似的氧同位素组成解释为地幔物质的贡献，实际上新生地壳物质也可以具有这些特点(Zheng and Gao, 2021)。

很早就有学者将长英质岩石(尤其是花岗岩类)与造山带过程联系起来，并根据已知不同构造背景花岗岩的微量元素特征区分为火山弧、同碰撞、板内、碰撞后等不同类型(Pearce et al., 1984; Harris et al., 1986)。但是，关于大陆俯冲带同碰撞和碰撞后长英质岩浆岩形成的地球动力学背景和热能来源则存在较大争议，如碰撞加厚岩石圈根部拆沉(Bird, 1979)、加厚岩石圈地幔底部对流移除(Houseman et al., 1981)、加厚地壳放射成因热积累(England and Thompson, 1984)、板片断离(von Blanckenburg and Davies, 1995)、板片回卷(Gvirtzman and Nur, 1999)及大陆张裂(Zheng et al., 2008)等。这些构造过程都发生在岩石圈之下的软流圈上部乃至顶部，而长英质岩浆的源区主要还是位于岩石圈上部的地壳之中，具体涉及深部地幔过程对浅部地壳的影响。

在碰撞大陆边缘，随着大陆碰撞过程的进行和停止，牵引大陆俯冲的大洋板片可以发生回卷、断离和拆沉(图 6-6)，由此产生不同的地球动力学机制。大洋板片回卷发生在大陆碰撞期间(图 6-6A)，在上覆主动大陆边缘产生拉张构造环境乃至大陆张裂，导致相对饱满(fertile)的岩石部分熔融形成同碰撞岩浆作用(Chung et al., 2005)。板片断离发生在大陆碰撞结束之际(图 6-6B)，不仅引起断离岩石圈边缘发生部分熔融，而且引起缝合带岩石圈发生部分熔融(Garzanti et al., 2018; Hildebrand et al., 2018)。加厚岩石圈地幔拆沉发生在大陆碰撞之后(图 6-6C)，将热的软流圈上涌到减薄的岩石圈底部，导致大陆张裂引起巴肯型变质作用和长英质岩浆作用(Zheng and Chen, 2021; Zheng and Gao, 2021)。

造山带长英质岩浆岩的形成是不同造山阶段壳幔岩石部分熔融和岩浆演化的自然结果，与大洋板块俯冲作用晚期阶段的增生造山作用、大陆板块俯冲/折返过程中的碰撞造山作用及大陆碰撞后阶段的张裂造山作用密切相关(郑永飞等, 2015; Zheng and Zhao, 2017; Zheng, 2021b)。就张裂造山带岩浆岩的成分来说，一般在成功的显性张裂带是以玄武岩为特征，而在夭折的隐性张裂带则是以花岗岩为主体。

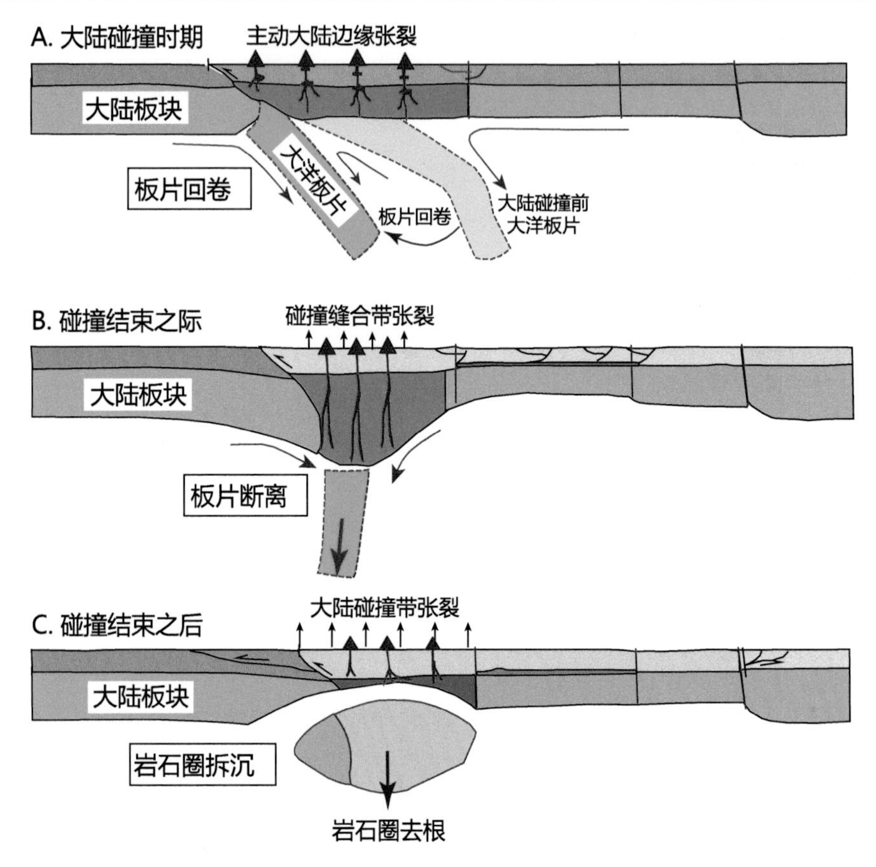

图 6-6　碰撞大陆边缘俯冲大洋板片回卷和断离以及岩石圈拆沉所引起的大陆张裂岩浆作用(修改自 Chung et al., 2005)

注：岩石圈之下的软流圈深部过程引起岩石圈浅部物质再活化，产生两类大陆张裂：一是俯冲相关的(图 6-6A 和 B)，二是俯冲无关的(图 6-6C)。

Zheng 和 Gao (2021)提出了岩石圈厚度效应模型来解释汇聚板块边缘地壳深熔与花岗质岩浆作用之间的关系，具体可以分成三个阶段(图 6-7)。通过大陆碰撞作用，岩石圈厚度(对应于岩石圈地幔-软流圈地幔界面)可被加厚至 150–200km (图 6-7A)。在这种情况下，由于厚的岩石圈地幔能够有效阻碍软流圈地幔的热能传递到地壳，因此加厚地壳发生部分熔融的可能性十分罕见。但是，厚的岩石圈地幔经过一段时间之后会因重力不稳定或软流圈地幔对流侵蚀而发生拆沉减薄，使得岩石圈厚度从 150–200km 减薄至 80–100km，这时会发生软流圈地幔的上涌甚至降压熔融，从而为减薄的岩石圈带来大量的外来热能，导致仍处于较厚状态的地壳发生部分熔融(图 6-7B)，产生大量的花岗质岩浆，并伴随有混合岩和麻粒岩的形成。随后，通过地表剥蚀作用使加厚地壳减薄至正常状态(图 6-7C)，从而形成稳定的大陆岩石圈结构。

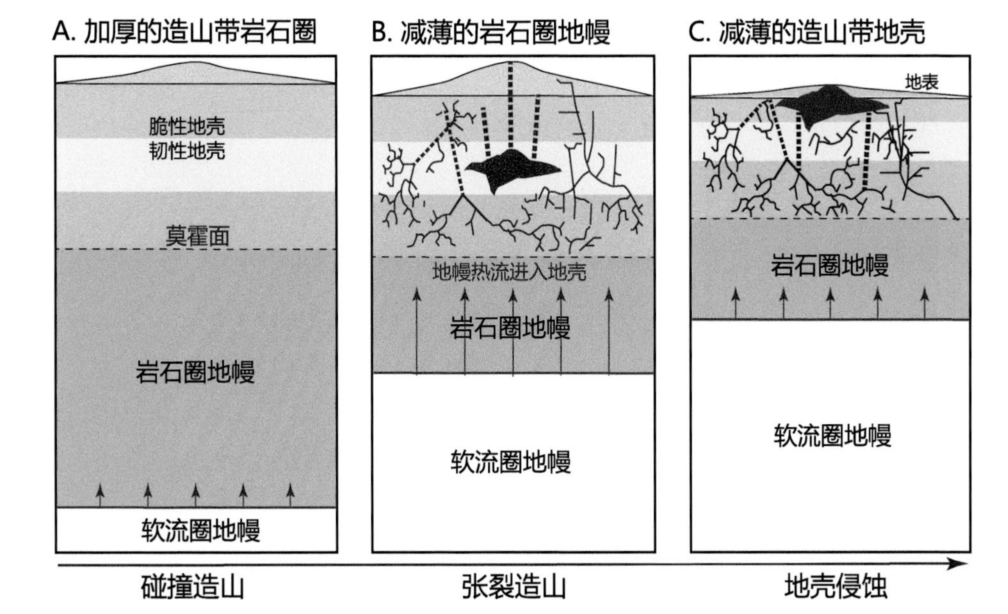

图 6-7 岩石圈厚度对变质脱水和地壳深熔影响的三阶段模型(修改自 Zheng and Gao, 2021)

注：A. 碰撞造山作用导致造山带岩石圈加厚；B. 造山带岩石圈地幔减薄，软流圈地幔上涌，导致主动张裂作用，引起加厚地壳发生大规模部分熔融，形成花岗岩-混合岩-麻粒岩组合；C. 加厚地壳经剥蚀作用而减薄，恢复至正常厚度，大陆岩石圈进入稳定阶段。

长英质岩石的地球化学成分主要取决于源岩的矿物组成、化学成分和熔融时的物理化学条件(包括温度、压力和水含量)及随后的岩浆过程(如结晶分异、岩浆混合和同化混染)，在多数情况下与大陆碰撞过程的关系不大。如何界定地质历史上板片回卷、板片断离和岩石圈拆沉以及大陆张裂引起的岩浆作用产物以及这些过程与同碰撞和碰撞后等造山作用之间的关系，一直是学术界研究的热点和前沿。因此，研究长英质岩浆作用与造山带过程之间在时间和空间上的联系，已经成为汇聚板块边缘构造演化研究的焦点。这既涉及对不同类型造山带的鉴定，也涉及对不同类型变质岩和岩浆岩组合的鉴定。

第六节 大陆地壳成分长英质化机制

早期研究认为，大陆地壳主要形成于大洋弧和随后的弧陆碰撞及大陆弧岩浆作用，弧岩浆过程对大陆地壳的形成发挥了关键作用(Taylor and McLennan, 1995)。但是，大洋弧地壳在化学成分上是玄武质的，明显不同于安山质到英安质的平均大陆地壳成分。对于大陆弧来说，玄武质岩浆结晶分异作用是长英质岩石产生的主要机制(e.g., Grove et al., 2003; Jagoutz, 2010; Ulmer et al., 2018)。对于碰撞造山带来说，加厚地壳在主动张裂作用下部分熔融则是大陆地壳成分长英质化的主要机制(Zheng and Gao, 2021)。

拆沉模型认为，在大陆弧下地壳底部，幔源玄武质岩浆发生结晶分异形成镁铁质堆晶岩(图 6-2A)，因其密度大，拆沉再循环进入地幔(图 6-8)，导致大陆弧从镁铁质地壳转换为长英质大陆地壳(Kay and Kay, 1991; Ducea et al., 2015b)。作为地壳分异残余物的镁铁质堆晶岩，在成分上与被抽取熔体是互补的，通过结晶分异和随后镁铁质堆晶岩的丢失(拆沉)产生安山质地壳是可能的(Keller et al., 2015)。因此，大陆弧根部高密度下地壳(及其下伏岩石圈地幔)的拆沉作用，一直是解释大陆地壳从镁铁质演化到长英质平均成分的重要模型。在碰撞造山带也会出现拆沉作用，但是拆沉的只是岩石圈地幔，不包括镁铁质下地壳，而这个拆沉作用往往是大陆张裂作用的前奏(Zheng and Chen, 2017, 2021; Zheng and Gao, 2021)。

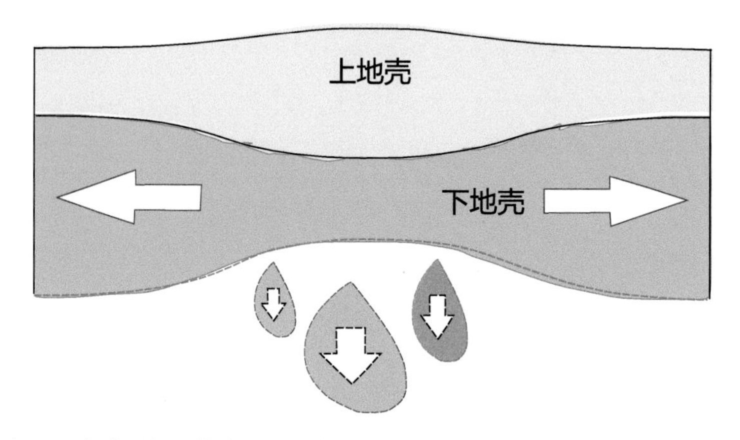

图 6-8　大陆弧根部镁铁质下地壳拆沉示意图(修改自 Zheng and Chen, 2017)

注：理论上，镁铁质下地壳及其之下的岩石圈地幔都会由于重力不稳定性而发生拆沉，但是在文献中经常只出现下地壳拆沉这样的表述(Kay and Kay, 1991; Ducea et al., 2015b; Keller et al., 2015)，是否隐含下伏岩石圈地幔拆沉并不明确。

近年来一些研究发现，即使发生了下地壳拆沉作用，相同深度大陆弧地壳的微量元素含量仍然明显不同于大陆内部地壳。为了解决这个差异，Hacker et al. (2011)提出了俯冲地壳刮垫动力学模型(图 6-9)。刮垫模型强调，在大洋俯冲和大陆俯冲过程中，由沉积物盖层和基底地壳组成的表壳长英质岩石都可以受到刮削，在弧下深度转化为片麻岩底垫到大陆地壳底部(Hacker et al., 2011)。通过这种刮垫作用，大陆地壳成分在整体上变得相对长英质，而镁铁质地壳转变成超高压榴辉岩沉入地幔，结果就是镁铁质地壳转换为长英质地壳(Kelemen and Behn, 2016)。

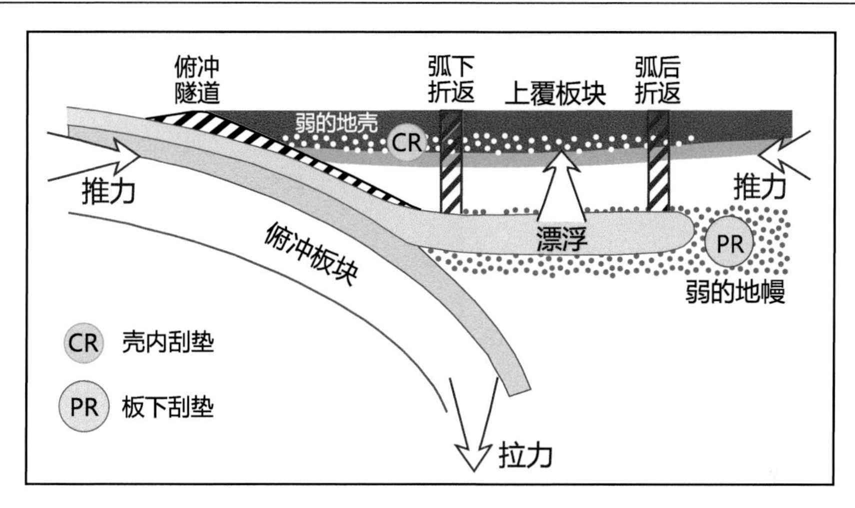

图 6-9　俯冲板块地壳刮垫动力学模型示意图(修改自 Maierova et al., 2018)

镁铁质下地壳岩石的拆沉作用(图 6-8)和长英质上地壳岩石的刮垫作用(图 6-9)都可以解释部分观察现象，都会改变大陆弧下地壳的成分和结构。此外，大陆张裂带镁铁质地壳部分熔融也可以使大陆地壳成分朝长英质方向变化(图 6-2B)。因此，查明汇聚板块边缘大陆地壳岩性剖面的结构和成分特征(尤其是下地壳岩性和物质组成)，发现区分拆沉、刮垫和张裂这三种机制的地质学证据，论证这三种机制的效率和发生条件，可能是这一主题未来需要关注的重要研究方向。

第七章　汇聚边缘热液成矿作用

在大洋俯冲带和大陆碰撞带这两大类汇聚板块边缘，普遍发育与中酸性岩浆作用有关的 Cu、Fe、Au、Mo、Ag、Pb、Zn、W、Sn、Sb、Be 等热液矿床，其中最主要的矿床类型是斑岩型矿床和火山块状硫化物矿床(Richards, 2015; 张洪瑞和侯增谦, 2018; 陈华勇和吴超, 2020; 王瑞等, 2020)。与大洋俯冲带成矿相关的岩浆岩主要是钙碱性系列玄武岩-安山岩-流纹岩，经历了不同程度的结晶分异作用。与大陆碰撞带成矿相关的岩浆岩虽然也是钙碱性系列，但是在岩石化学成分上以长英质为主(Zheng et al., 2019b)。

环太平洋俯冲带是许多热液矿床的立典地区(Sawkins, 1990)，其中斑岩型矿床主要出现在东太平洋俯冲带大陆弧，块状硫化物矿床主要分布在西太平洋俯冲带大洋弧和弧后盆地；在弧后盆地关闭过程中，还可能形成以铁-铜-金复合成矿为特征的铁氧化物铜金(即 IOCG 型)矿床(陈华勇和吴超, 2020)。此外，这些热液矿床在大陆内部的古板块汇聚边缘也有产出，特别是在特提斯俯冲带上盘(张洪瑞和侯增谦, 2018; 王瑞等, 2020)，但是成矿时间往往不同程度地晚于大洋弧岩浆作用时间(Zheng et al., 2019b)。在大陆碰撞带则需要区分上盘主动大陆边缘成矿与下盘被动大陆边缘成矿(张洪瑞和侯增谦, 2018; Zheng et al., 2019b; 王瑞等, 2020; 王汝成等, 2021)。

第一节　大洋俯冲带热液成矿

全球大型斑岩型矿床普遍集中于大洋俯冲带之上的主动大陆边缘，例如全球三大成矿域中的环太平洋成矿域是在大洋板块俯冲的背景下形成的，古亚洲洋成矿域和特提斯成矿域也都是在古大洋板块俯冲的背景下活化再富集形成的(Richards, 2015; Zheng et al., 2019b; 陈华勇和吴超，2020; 王瑞等, 2020)。大洋俯冲阶段的斑岩成矿作用主要发生在大陆弧，那里的地幔楔衍生岩浆不仅较为富水而且具有高的氧逸度(Kelley and Cottrell, 2009)，易于金属在岩浆热液作用下迁移富集成矿(Sillitoe, 2010; Richards, 2011)。如果岩浆产生于低氧逸度环境，那么倾向于将有关成矿金属元素及其络合元素(例如 S 和 Cl)储存在大陆下地壳(陈华勇和吴超，2020)。

陈华勇和吴超(2020)通过综合对比认为，在斑岩型矿床形成过程中存在一种连续预富集过程：在俯冲带之上大陆边缘 MASH 区域从下地壳底部延伸到上地壳的空间，岩浆处于一种类似“晶粥”的状态(Magee et al., 2018)，不断发生着矿物的结晶和岩浆滞留与上升，而在岩浆滞留过程中可能伴随硫化物的连续预富集。这种极端的预富集模型可用来解释大型斑岩铜矿成矿事件往往是岩浆弧演化晚期产物的地质事实，即晚期岩浆弧内积累了丰富的堆晶硫化物，因而更具成矿潜力。

板块俯冲促进了热液流体活动和壳幔相互作用，活化了地壳和地幔矿物中赋存的微量金属元素，为各类热液矿床的形成创造了有利的物理化学条件。大洋俯冲带热液成矿作用一般经历了洋壳玄武岩和海底沉积物的俯冲脱水脱硫，在地幔楔形成不相容元素相对富集的区域，然后部分熔融形成安山质大陆弧岩浆，进一步通过结晶分异形成长英质岩浆，并在浅部发生热液流体出溶而成矿(图 7-1)。

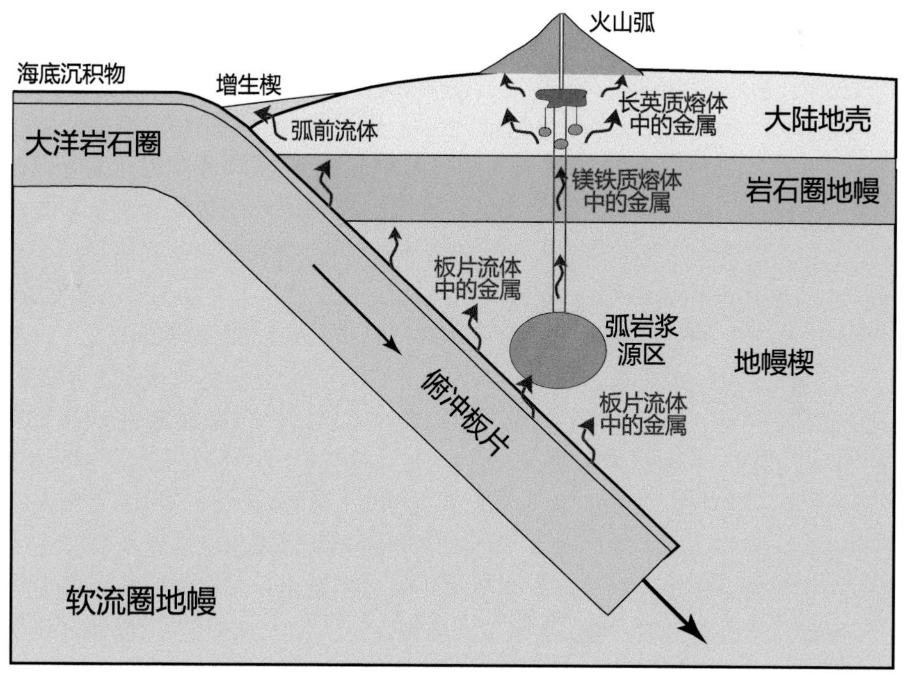

图 7-1　大洋俯冲带斑岩型矿床形成过程示意图(修改自 Zheng et al., 2019b)

一般来说，大洋俯冲带斑岩成矿作用主要涉及以下四个关键步骤(Zheng et al., 2019b;陈华勇和吴超, 2020)：(1) 俯冲板片的脱水熔融，所产生的流体交代小地幔楔；(2) 小地幔楔中的超镁铁质-镁铁质交代岩(例如石榴辉石岩)发生部分熔融，或者直接形成安山质岩浆，或者先形成玄武质岩浆上升至下地壳底部并经历 MASH 过程后再形成安山质岩浆；(3) 安山质岩浆自下地壳底部上升至上地壳，在这个过程中发生结晶分异和挥发份出溶，形成成矿热液流体；(4) 成矿流体汇集和金属沉淀等众多关键地质过程，导致矿床的最终形成。

第二节 大陆碰撞带热液成矿

对于大陆碰撞带岩浆热液矿床，由于原来的大洋俯冲带已经消失，成矿作用虽然发生在汇聚板块边缘，但是属于碰撞过程本身成矿还是大陆弧岩石圈在碰撞后阶段再活化成矿，是个值得研究的问题(Zheng et al., 2019b)。大洋俯冲带成矿的一个重要机制是大洋板片俯冲和脱水造就了富水、高硫和高氧逸度环境，使得弧下深度金属以硫酸盐相迁移而带入到浅部成矿系统(Richards, 2003; Cooke et al., 2014)。

由于大陆碰撞时期没有洋壳俯冲、沉积物脱水交代地幔楔等一系列深部过程，传统的、基于大洋俯冲带的斑岩型矿床理论不能合理解释大陆碰撞带斑岩型矿床的形成机制。为此，已有研究提出了陆陆碰撞环境下斑岩铜矿的成因模型(侯增谦等, 2004; 陈衍景和李诺, 2009; 侯增谦, 2010; 陈衍景, 2013)。这个模型的核心内容包含以下三点：(1) 大陆碰撞导致上盘岩石圈下地壳部分熔融；(2) 埃达克质岩浆上升聚集形成大的岩浆房；(3) 岩浆房流体出溶形成斑岩铜矿。这个上盘岩石圈就是主动大陆边缘，其中的地壳既可以是新生大陆弧(例如藏南冈底斯造山带)，也可以是古老大陆弧(例如华北南缘小秦岭造山带)，它们在大陆俯冲/碰撞过程中受到叠加改造乃至部分熔融，在碰撞后伸展背景下又发生部分熔融。

对于大型斑岩铜矿的形成来说，需要大量的岩浆水、金属、S 和 Cl 等成矿元素，因此早期俯冲洋壳阶段的成矿元素积累对于后期大陆碰撞带成矿至关重要(Wang et al., 2018; 张洪瑞和侯增谦, 2018; Zheng et al., 2019b; Luo et al., 2022)。在大陆碰撞之前总是存在洋壳俯冲作用，这为主动大陆边缘成矿提供了先决条件。在大陆碰撞阶段，主动大陆边缘之下的岩石圈地幔发生再活化，地幔楔在弧下深度的饱满和富集组分发生部分熔融再活化，使成矿元素和水在镁铁质熔体中得到进一步富集乃至成矿；在碰撞后阶段，大陆弧新生下地壳发生广泛重熔，从而活化了下地壳深度镁铁质侵入岩中的这些成矿元素，引起大规模斑岩型岩浆热液成矿作用(Zheng et al., 2019b)。

张洪瑞和侯增谦(2018)根据欧亚大陆南缘新生代热液矿床的时空分布及其形成条件，提出古大洋俯冲带上盘主动大陆边缘岩石圈属性不同，在大陆碰撞后拉张再活化形成的热液矿床类型也不同；大陆弧再活化形成同碰撞和碰撞后斑岩 Cu-Mo 矿床，非大陆弧再活化则形成热液 Pb-Zn 和 Au 矿床。无论如何，上盘主动大陆边缘岩石圈受到拉张活化产生长英质岩浆岩，伴有金属元素的超常富集成矿(Hou et al., 2015; Wang et al., 2017; 张洪瑞和侯增谦, 2018; 王瑞等, 2020)。导致主动大陆边缘岩石圈再活化的构造机制可以是板片回卷、板片断离、板片撕裂、岩石圈地幔减薄、造山带垮塌等作用(Hou et al., 2017; Wang et al., 2017, 2018,

2021; 王瑞等, 2020)。岩石圈地幔减薄和造山带垮塌是陆内岩浆作用机制的经典模型(Dewey, 1988)。虽然板片回卷、板片断离和板片撕裂的直接效应是在地幔深部，但是其间接效应是在岩石圈浅部。所有这些深部过程的浅部效应都是大陆主动张裂，其中软流圈地幔上涌所引起的热异常是汇聚板块边缘岩石圈再活化的最重要能量(Zheng and Chen, 2017, 2021)。

在青藏高原南部冈底斯造山带以南的喜马拉雅造山带，虽然其物质组成是俯冲的印度大陆北缘地壳(属于大陆碰撞带的下盘)，但是这个被动大陆边缘地壳是在受到上盘大陆弧岩石圈底部刮削变质后，首先折返到莫霍面附近的下地壳，然后在碰撞造山带岩石圈地幔减薄后的大陆张裂背景下发生部分熔融，由此形成碰撞后长英质岩浆岩及其同时期变质核杂岩(Zheng and Gao, 2021)，伴有热液稀有金属成矿(王汝成等, 2021)。

就华北陆块与华南陆块之间的苏鲁-大别-红安造山带来说，两个大陆之间的碰撞时间为三叠纪，在大陆碰撞之前是古特提斯大洋板片俯冲析出流体交代上覆华北陆块之下的地幔楔(Zheng et al., 2019a)。在东北部的苏鲁造山带，受到流体交代的上盘为古老克拉通岩石圈地幔楔，在早白垩世再活化形成克拉通型 Au 矿；在西南部的红安造山带，受到流体交代的上盘为新生大陆弧地幔楔，在早白垩世再活化形成斑岩型 Mo 矿(Zheng et al., 2019b)。无论如何，主动大陆边缘岩石圈再活化是形成碰撞后热液矿床的物理化学机制(图 7-2)。

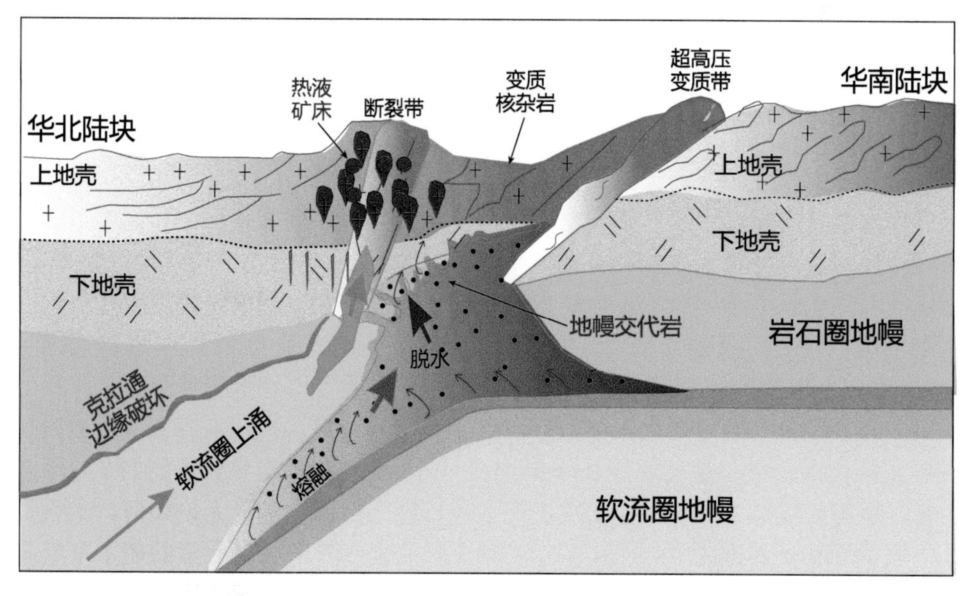

图 7-2　苏鲁-大别-红安造山带上盘早白垩世热液金属矿床成矿作用示意图
(修改自 Zheng et al., 2019b)

第三节　成矿元素富集机制

一般认为，高水含量和高氧逸度是斑岩型矿床形成的先决条件(Sillitoe, 2010; Richards, 2011)。高水含量和高氧逸度也是大陆弧岩浆岩的常见特征，但是斑岩型矿床一般赋存在大陆弧侵入岩中，而在大陆弧火山岩中却非常罕见。显然，除了水含量和氧逸度这两个因素之外，斑岩型矿床的形成还受其它因素控制。一系列研究表明，斑岩成矿岩浆与普通大陆弧岩浆的演化路径一致，且两者成矿物质含量并无显著差异(Richards, 2003, 2015; Zhang and Audétat, 2017; Du and Audétat, 2020)，指示影响斑岩能否成矿的关键因素还有岩浆流体出溶和萃取熔体内成矿物质的效率。目前对斑岩型铜矿成因的最大争议主要有三个方面：(1) 斑岩型铜矿中的铜从哪里来的？(2) 成矿寄主岩石的源区是否已经存在铜的预富集？(3) 缺乏铜预先富集的岩浆能否通过高度分异作用成矿？

Park 等(2019)通过系统的铂族元素成分研究得到，成矿岩石相对不成矿岩石在流体出溶之前具有更高的铜含量，因此成矿岩石更为富集成矿元素。Guo 等(2020)通过高温实验地球化学研究得到，热液流体从岩浆中出溶时会携带重的铜同位素进入流体相，从而使得晚期从流体中沉淀的浅部矿体和矿石矿物具有相对较重的铜同位素组成。如果这些富集铜元素和重铜同位素的热液流体在斑岩中相对聚集，就会引起含矿与不含矿岩体之间在铜的含量和同位素组成之间的显著差异。因此，除了地幔源区富集以外，部分熔融和分异结晶过程中铜元素的分异也是成矿斑岩富集铜的一个重要因素(Zheng et al., 2019b)。

与大洋俯冲带之上同类型矿床相比，碰撞后斑岩型和浅层低温热液型矿床存在一个显著差异，即它们往往更为富集 Au 和 Te。Holwell 等(2019)利用 Te 和其它亲铜元素对碰撞后岩浆作用和热液作用中成矿元素的行为进行地球化学示踪，发现碰撞后斑岩型矿床具有高度富集 Te (Au)的特征，从而可应用 Te/Ni 和 Te/Cu 值及其它铂族元素特征来示踪成矿元素的迁移过程。Holwell 等(2019)认为，岩石圈不同层位岩石的亲铜元素成分的相似性(富集 Au-Cu-Te)及其随深度的连续变化，反映了贯穿地壳的岩浆-热液体系演化过程，表明不同层位壳源岩石的亲铜元素组成特征是岩石圈地幔来源熔体不同程度演化的结果，由此证明岩石圈地幔是成矿元素和流体的主要来源。Holwell 等(2019)指出，在特定地区，例如冈底斯造山带，碰撞后成矿岩石和对应的成矿元素也可能来自新生地壳。

张洪瑞和侯增谦(2018)对欧亚大陆南缘新生代热液矿床时空分布特点及其形成条件进行了比较研究，发现大陆碰撞带上盘主动大陆边缘的构造属性决定了能否发生热液成矿作用。Zheng 等(2019b)在此基础上研究特提斯俯冲带热液成矿机制，将大陆碰撞带金属成矿元素的迁移富集概括为三个阶段：(1) 地幔楔预富集阶段(图 7-3A)：在大洋板块俯冲过程中，洋壳玄武岩和沉积物在弧下深度脱水交代上覆地幔楔，在高氧逸度情况下使成矿金属从硫化物中释放出来进入地幔楔得到初步富集。(2) 镁铁质岩浆再富集阶段(图 7-3B)：地幔楔中饱满、富集的交代岩发生部分熔融，成矿金属在镁铁质熔体中得到再次富集。这个过程既可以发生在大洋板块俯冲的晚期阶段，也可以发生在大陆碰撞阶段。在大洋俯冲的情况下，形成的就是南美大陆西缘的典型热液矿床。在大陆俯冲/碰撞情况下，上盘会发生构造拉张，地幔楔中的交代岩在弧下深度可以发生部分熔融形成镁铁质熔体，其中水和成矿元素得到进一步富集，然后上升侵位到地壳不同深度，其中上升到浅部地壳的就形成同碰撞热液矿床。(3) 碰撞后成矿阶段(图 7-3C)：位于大陆碰撞带上盘下地壳层位的镁铁质岩石在拉张背景下发生部分熔融产生长英质熔体，在高氧逸度下经过充分的结晶分异使水和成矿金属元素进入高分异的长英质岩浆，从而在花岗斑岩中发生成矿作用。

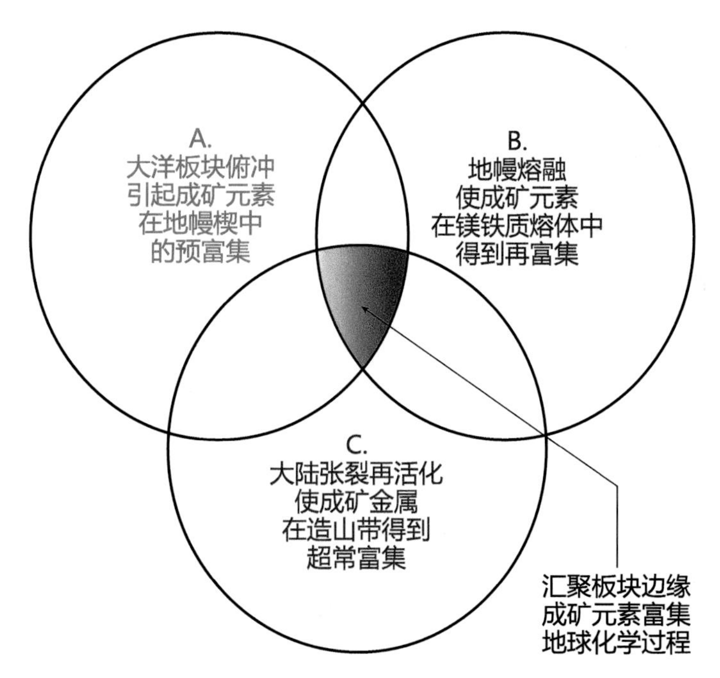

图 7-3 汇聚板块边缘热液金属元素迁移富集成矿之三阶段模型

(修改自 Zheng et al., 2019b)

然而，下列关键问题需在今后的研究中进一步厘清：(1) 普通大陆弧岩浆与成矿岩浆在原始物质组成上有无差别；(2) 预富集过程对 Au 和 Cu 分异的影响；(3) 成矿物质在地壳内富集过程的识别与评估；(4) 预富集硫化物的“活化”机制和精细过程等。Chen 等(2020)综合对比了大陆弧和大洋弧堆晶的 Cu-Ag 含量，发现地壳厚度对于弧岩浆硫化物饱和早晚有显著的控制。在加厚的大陆弧，硫化物饱和较早，弧堆晶具有高的 Cu 含量和 Cu/Ag 比；而在相对薄的大洋弧，硫化物饱和较晚，演化的弧岩浆相对富 Cu。硫化物饱和早晚会影响弧堆晶中金属元素的组成，这对于后碰撞环境下斑岩型矿床的形成具有重要影响。

第四节　成矿作用的构造机制

在汇聚板块边缘产有大量热液矿床，不仅种类多而且储量大品位高，它们的成因一直是学术界关注的焦点。目前研究程度较高的是与大洋俯冲相关的斑岩型铜矿床，已经基本确立了大洋俯冲和大陆碰撞两种不同构造背景的成矿体系，揭示了不同构造环境下斑岩铜矿的成因机制(Sillitoe, 2010; 侯增谦等, 2012; Zheng et al., 2019b)。

南美安第斯斑岩成矿带是全球最为瞩目的巨型成矿带，构造背景为东太平洋俯冲带之上的大陆弧(Sawkins, 1990)。该成矿带内的斑岩型矿床主要分为两期，早期为古新世到始新世，主要是一些小型的斑岩型矿床；晚期为始新世到渐新世，产出巨型的斑岩 Cu-Mo 矿床，被认为与法拉隆板片的平俯冲有密切关系(Cooke et al., 2005)。北智利古新世-渐新世和美国西南白垩纪-古新世的斑岩 Cu-Mo 矿床可能有着类似的大洋俯冲带之上的构造背景。

在西南太平洋俯冲带之上的大陆内部也发育大量的巨型斑岩 Cu-Au 和浅成低温热液金矿床，它们的成因一直是个争议的问题(陈华勇和吴超，2020)。有研究提出，这些陆内热液矿床的形成与无地震的洋脊、海山链和洋底高原的俯冲有关(Cooke et al., 2005)。但是，这种构造转换是否能够引发大洋板片平俯冲、地壳加厚抬升和剥蚀出露，还存在疑问。就大洋俯冲带之上增生造山带的形成和演化来说，大陆弧岩浆作用的产生可能经历了大洋板块从低角度俯冲到高角度俯冲的变化(图 2-5)，而在南美安第斯大陆弧之下现今呈低角度俯冲的大洋板片可能是大陆弧岩浆作用之后的产状(Zheng, 2021b)。

已有的研究表明，斑岩型矿床常形成于构造机制转换阶段(Solomon, 1990; Sillitoe, 1997; Kerrich et al., 2000; Richards, 2003; Cooke et al., 2005)，如挤压向伸展转换(Richards, 2003)、俯冲角度变化(James and Sacks, 1999)等过程，都非常有利于斑岩型矿床的形成。在板块俯冲的晚期阶段(图 2-4B 和图 2-5B)，板片俯冲的角度在重力作用下变陡(即板片回卷)，其上覆板块演化为拉张背景，弧后地区的岩石圈发生减薄，先前形成的大陆弧安山岩会发生重熔形成花岗质岩浆，或者安山岩浆直接结晶分异产生花岗质岩浆(Zheng et al., 2021)，由此形成的岩浆热液流体最终能够形成斑岩型矿床(Zheng et al., 2019b)。

传统观点认为，斑岩型矿床形成于增生造山带，忽视了碰撞造山带的成矿潜力(张洪瑞和侯增谦, 2018)。出现这种认识偏差的原因主要在于，前人对碰撞造山带与增生造山带之间在结构和成分的继承和叠加关系缺乏分辨(Zheng et al., 2019b)，对大陆碰撞带下盘与上盘在板块汇聚过程中的地位缺乏认识。例如，在印度-亚洲大陆碰撞带，下盘是喜马拉雅碰撞造山带，上盘是冈底斯增生造山带，两者在新特提斯洋关闭过程中处于不同的构造背景，成矿元素在其中的迁移富集具有不同路径和机制。因此，确定大陆碰撞与成矿作用在时间上是否处于相同点，是认识造山带成矿作用的关键；认识不同类型造山作用与成矿作用之间在时间和空间上的关系，是解决矿床成因问题的关键。

为了澄清汇聚板块边缘造山作用与成矿作用之间的时空关系，Zheng 等(2019b)通过解析成矿元素在板块俯冲带发生富集直至成矿的三阶段机制(图 7-3)，强调了以下四点：(1) 大陆碰撞带可以成矿甚至形成大矿富矿；(2) 大陆碰撞之前的增生造山作用可以成矿，碰撞之后的张裂造山作用也可以成矿，但是碰撞过程本身对成矿的贡献值得研究；(3) 在碰撞作用期间有矿形成，成矿作用出现在上盘主动大陆边缘岩石圈中成矿元素再富集区受到构造拉张改造的部位(不是在受到构造挤压改造的部位)；(4) 如果碰撞大陆边缘岩石圈中成矿元素再富集区在拉张构造作用下发生活化，就能在大陆碰撞带上盘形成热液矿床。

根据板块构造演化规律(Zheng, 2021a, 2021b)，在大陆碰撞之前总是有古大洋板块俯冲(图 7-4)。无论大洋板块俯冲到大陆边缘之下 (图 7-4A)还是大洋板块俯冲将大洋弧拼贴到大陆边缘(图 7-4B)，俯冲板片在弧下深度都会发生脱水熔融交代地幔楔进而引起大陆弧岩浆作用，其中都含有不同程度的斑岩型矿化。在大洋板块俯冲结束之后的大陆碰撞背景下，先前由大陆弧构成的增生造山带变成大陆碰撞带上盘，这个上盘在大陆碰撞过程中可以处于伸展构造体制，先前侵位在增生造山带下地壳层位的大陆弧镁铁质火成岩可以部分熔融产生长英质岩浆并进一步分异成为斑岩和矿床(图 7-4C)。如果大陆板块发生俯冲，俯冲大陆板片流体交代地幔楔的深度多在<200km 的弧前和弧下深度，而古大洋板片流体交代地幔楔的深度可达 200km 以上的后弧深度。在大陆碰撞后阶段，大陆碰撞带岩石圈地幔可以由于重力不稳定发生拆沉减薄引发大陆张裂作用(图 7-4D)，先前侵位在上盘下地壳层位的大陆弧镁铁质侵入岩可以部分熔融产生长英质岩浆并进一步分异成为斑岩和矿床。显然，大陆弧镁铁质岩浆在增生造山带的形成和演化是斑岩型矿床形成的基本机制。

此外，汇聚板块边缘热液成矿作用时间大多晚于板块俯冲过程中的低地热梯度变质作用和镁铁质弧岩浆作用时间。就大洋俯冲带之上大陆弧岩浆作用与斑岩型矿床形成的时间间隔来说，对不同构造背景下演化的增生造山带存在显著差别。在现代大洋俯冲带，大陆弧镁铁质岩浆结晶分异形成长英质岩浆并进一步分异成为斑岩和矿床，增生造山与斑岩成矿之间的时间间隔较短，例如在东太平洋的安第斯造山带为 100 百万年之内。当大陆弧演化成为大陆碰撞带上盘，在主动大陆边缘下地壳侵位的大陆弧镁铁质火成岩部分熔融产生长英质岩浆，并进一步分异形成斑岩和矿床，增生造山与斑岩成矿之间的时间间隔长短不一，其中同碰撞成矿的间隔一般相对较短，而碰撞后成矿的间隔相对较长。对于藏南冈底斯造山带，大陆弧岩浆作用时间为白垩纪，斑岩成矿作用时间为新生代，由于同碰撞与碰撞后岩浆作用的时间间隔不长，因此增生造山与斑岩成矿之间的时间间隔也不长，基本上集中在 100 百万年以内。对于华南的江南造山带，增生造山作用发生在新元古代早期，斑岩成矿作用发生在侏罗纪，两者之间的时间间隔可长达 700–800 百万年。因此，在研究两个汇聚大陆之间的增生造山带再活化成矿时，要注意检查侵位在增生造山带下地壳的大陆弧镁铁质火成岩于什么时间在什么构造背景下发生部分熔融产生长英质岩浆并进一步分异成为斑岩和矿床，不能简单地以增生造山与斑岩成矿之间的时间间隔来判断矿床成因。

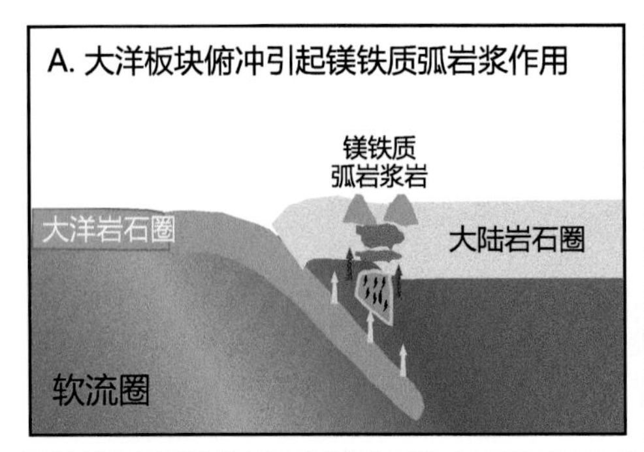

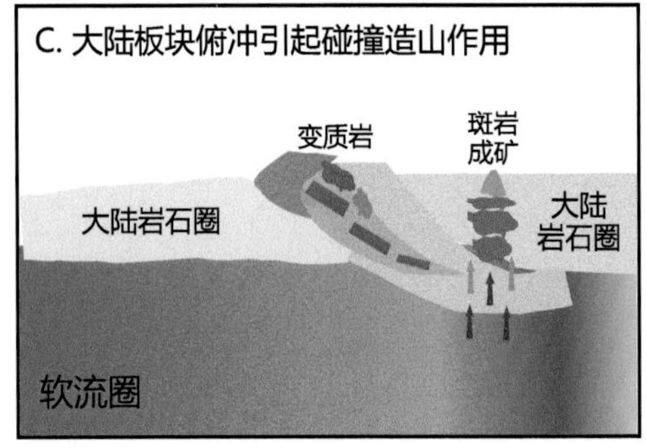

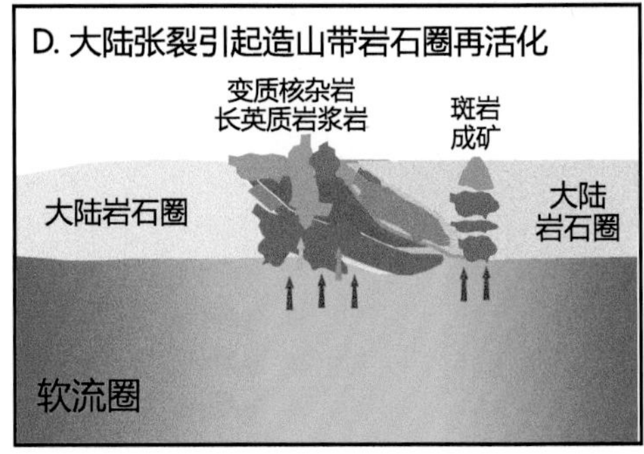

图 7-4　汇聚板块边缘构造演化从大洋俯冲到大陆碰撞过程中斑岩形成与成矿作用示意图
(修改自 Zheng et al., 2019b)

第八章　汇聚边缘物质再循环

第一节　俯冲带地壳再循环

俯冲带地壳组分可以宏观岩石或者微观元素的形式发生再循环(图 8-1)。折返到地表的阿尔卑斯型高压-超高压变质岩是大洋/大陆板块俯冲地壳以固体物质形式的宏观岩石再循环，大洋俯冲带之上镁铁质弧岩浆岩是大洋板块俯冲物质以液态物质形式的微观元素再循环，大陆碰撞带同折返或碰撞后岩浆岩也是大洋/大陆板块俯冲物质以液态物质形式的微观元素再循环。

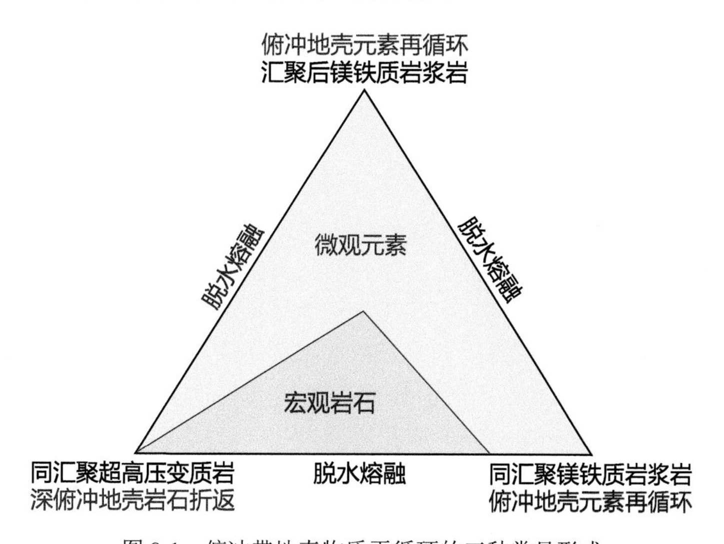

图 8-1　俯冲带地壳物质再循环的三种常见形式

折返到地表的阿尔卑斯型高压-超高压变质岩是大洋/大陆板块俯冲物质再循环的第一种表现形式(Chopin, 2003; Liou et al., 2014)。虽然大陆俯冲带具有低的地热梯度，但是在大陆地壳俯冲/折返过程中也存在显著的流体活动(Zheng, 2009; Zheng and Hermann, 2014)。在这类“冷”的大陆俯冲带，俯冲地壳岩石在弧前深度发生过变质脱水，伴有阿尔卑斯型高压蓝片岩相-榴辉岩相变质作用；到弧下深度发生更为显著的变质脱水形成超高压变质岩，但是由于上覆大陆岩石圈地幔较冷而未能引发同俯冲弧岩浆作用(郑永飞等, 2016)。不过，在深俯冲大陆地壳折返过程中，超高压变质岩会发生降压脱水乃至部分熔融，所产生的流体不仅交代上覆小地幔楔橄榄岩，而且形成内部流体引起角闪岩相退变质和各种成分的脉体(Zheng, 2009; Zheng and Hermann, 2014)。因此，大陆深俯冲不仅能够引起超高压变质作用，而且会在大陆俯冲隧道内发生强烈的壳幔相互作用(Chen et al., 2016, 2017b, 2019; Li et al., 2018)。虽然超高压变质岩在弧下深度受到俯冲带温度压力变化的影响最大，但是在成分上受到小地幔楔物质影响的程度较小。

大洋俯冲带之上镁铁质弧岩浆岩是大洋-大洋和大洋-大陆汇聚边缘俯冲物质再循环的第二种表现形式(Zheng et al., 2020b)。这些岩石样品记录了俯冲板片流体进入小地幔楔再到地表的过程，为认识地幔浅部物质循环提供了理想的天然样品。自从板块构造理论建立以来，国际上对大洋俯冲带弧下深度壳幔相互作用的研究相对较多，对大洋弧玄武岩和大陆弧安山岩成因中小地幔楔受到地壳物质再循环影响获得了相对成熟的认识(Kelemen et al., 2014; 郑永飞等, 2016)。与此相比，国际上对大洋俯冲带后弧深度壳幔相互作用的研究相对薄弱(Zheng, 2019)。在汇聚板块边缘出露的火成岩不仅包括大洋弧玄武岩和大陆弧安山岩，而且包括洋岛型镁铁质火成岩(Zheng et al., 2020b)。无论是岛弧型还是洋岛型镁铁质火成岩，它们在微量元素分布型式上都表现出相对于洋中脊玄武岩富集大离子亲石元素和轻稀土元素的特征，但是在高场强元素和 Pb 的分布上出现显著差别，其中岛弧型岩石以亏损高场强元素、富集 Pb 为特征，而洋岛型岩石以富集高场强元素、亏损 Pb 为特征。这个差别指示，两者在地幔源区成分上存在显著差异(赵子福等, 2015; Zheng, 2019)，可能与俯冲陆壳、俯冲洋壳及上覆沉积物在不同深度脱水熔融产生熔体交代不同大小地幔楔有关，因此其化学地球动力学过程有待进一步澄清。

大陆碰撞带同折返或碰撞后岩浆岩是汇聚板块边缘俯冲地壳物质再循环的第三种表现形式(Zhao et al., 2017a, 2017b)。在超高压变质岩折返阶段，深俯冲大陆地壳可以发生大规模部分熔融，形成花岗质岩体。这些花岗质岩浆岩具有岛弧型微量元素和富集的放射成因同位素组成特征，可以作为俯冲带深部壳幔相互作用的长英质熔体来源(Zheng and Hermann, 2014)。这些岩石中还保存有俯冲地壳的特征矿物(如残留锆石核)以及元素和同位素记录(Zhao et al., 2017a, 2017b)。与此相比，碰撞后镁铁质火成岩基本上是以岛弧型微量元素分布为特征(Zhao et al., 2013; 赵子福等, 2015)，指示其小地幔楔岩浆源区受到俯冲陆壳、俯冲洋壳及上覆沉积物在弧下深度的化学交代作用。

第二节　俯冲地壳再循环形式

俯冲带是地壳物质在板片-地幔界面发生物质交换的核心场所(Stern, 2002; Zheng and Chen, 2016)。再循环地壳物质，包括洋壳和陆壳及其俯冲侵蚀和风化剥蚀产物等，都可以进入俯冲带(e.g., Bebout, 2014; Zheng and Chen, 2016)。板块俯冲所伴随的物理化学条件改变导致地壳在俯冲带不同深度释放出富水溶液、含水熔体甚至超临界流体等多种类型的液体(Hermann et al., 2006; Zheng et al., 2011; Schmidt and Poli, 2014; Ni et al., 2017)。

俯冲地壳物质的再循环是引起地幔成分不均一性、C-H-N-S 等挥发性元素从地球内部进入外部循环、内生金属矿产资源形成的重要因素(Stern, 2002; Bebout et al., 2018; Zheng, 2019)。自岛弧玄武岩地球化学成分与俯冲大洋地壳变质脱水和部分熔融联系起来以后(Ringwood, 1974)，一般认为俯冲地壳再循环的形式是液体(图 8-2)。虽然洋岛玄武岩地球化学成分中也含有地壳信息，但是对进入洋岛玄武岩地幔源区的地壳组分是以流体还是固体的形式未加区分。

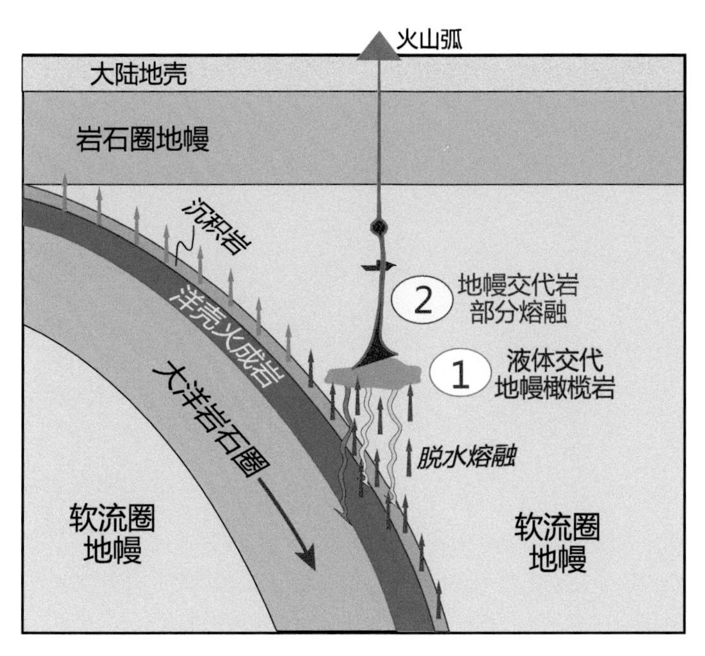

图 8-2 俯冲带地壳物质液体再循环模型(修改自 Nielsen and Marschall, 2017)

注：在这个模型中，第一步是产生俯冲带流体交代地幔楔橄榄岩，第二步是地幔交代岩部分熔融产生镁铁质岩浆。

1. 俯冲带固相物质再循环

计算地球动力学模拟研究提出，在俯冲板片与地幔楔之间的接触界面会发生蚀变洋壳、沉积物、蛇纹石化橄榄岩与地幔楔橄榄岩之间的物理混合，从而形成超高压壳幔混杂岩(Behn et al., 2011; Marschall and Schumacher, 2012)。这种壳幔混杂岩在浮力作用下会作为“冷柱”底辟上升进入地幔楔内部(而不是沿俯冲隧道折返到地壳深度)，在地幔楔核部受到加热并且与周围橄榄岩一起发生部分熔融，可以形成大陆弧安山质岩浆(图 8-3)。这个模拟结果意味着，俯冲地壳再循环形式是固体而不是液体。

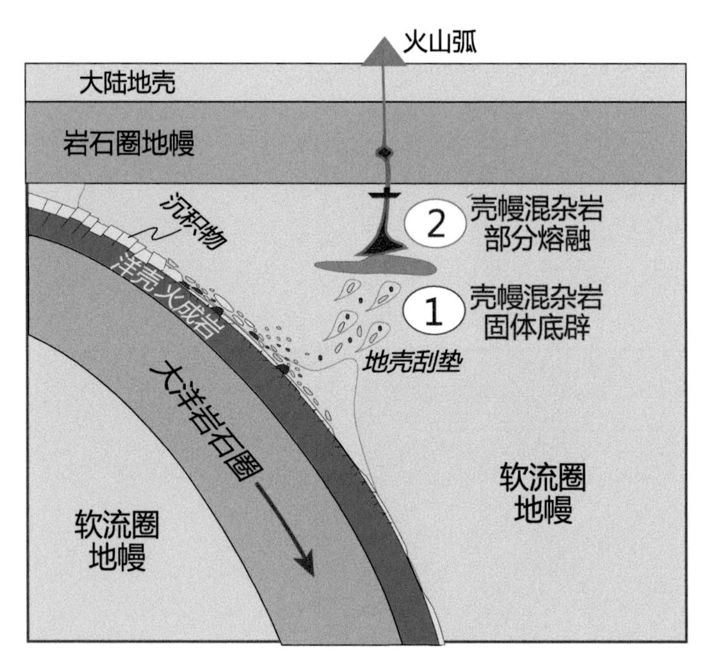

图 8-3　俯冲带地壳物质固体再循环模型(修改自 Nielsen and Marschall, 2017)

注：在这个模型中，第一步是产生俯冲带壳幔混杂岩，第二步是壳幔混杂岩部分熔融产生镁铁质岩浆。

地球化学模拟结果显示，这种混杂岩加橄榄岩部分熔融形成的镁铁质熔体具有与实际观测的大陆弧安山岩相似的地球化学组成(Nielsen and Marschall, 2017; Codillo et al., 2018; Cruz-Uribe et al., 2018)，可以圆满解释部分大陆弧安山岩所表现的富集大离子亲石元素、亏损 Sr 同位素的地球化学特点。这类模拟计算涉及不同元素和同位素之间的地球化学混合，在原理和方法上与 Chen 等(2021)进行的俯冲带熔体-橄榄岩反应模拟一致，其中在微量元素及其相关的同位素上类似于俯冲沉积物衍生熔体，在主要元素上也是高比例熔体交代地幔楔橄榄岩。

虽然这个壳幔混杂岩模型可以用来解释大陆弧安山岩的成因，但是在解释大洋弧玄武岩的成因时遇到困难(Li et al., 2022)。此外，这个模型还存在如下问题需要考虑：在俯冲带地热梯度上，冷地幔楔上部如何获得 1000°C 左右的高温？在俯冲带构造体制上，受到挤压的地幔楔如何产生裂隙允许从俯冲板片刮削的地壳岩石底辟进入地幔楔内部？在板片-地幔楔耦合关系上，板片-地幔楔接触界面如何从挤压转换到拉张？由于壳幔混杂岩熔融过程中主量元素与微量元素在配分系数上存在显著差异，这些不同成分岩石如何在混合和熔融的过程中同时满足质量平衡？

由于俯冲带流体可溶解大量不相容元素而只溶解少量硅酸盐物质(Zheng, 2019)，它与地幔楔橄榄岩反应后形成的蛇纹石化和绿泥石化橄榄岩以及辉石岩和角闪石岩依然具有超镁铁质成分，因此其部分熔融产物可以具有镁铁质岩石的化学成分(Zheng et al., 2020b)。对于固体而言，其本身以长英质地壳物质为主，在与橄榄岩混合后发生部分熔融的产物虽然也包含大量硅酸盐物质(其中也富集不相容元素)，但是与地幔楔橄榄岩反应的产物可能不再具有超镁铁质成分(Chen et al., 2021)，在微量元素组成上与岛弧玄武岩之间也存在差别(Li et al., 2022)。

在弧前和弧下深度经历脱水熔融的残余地壳会继续俯冲进入深部地幔(e.g., Spandler and Pirard, 2013; Pirard and Hermann, 2015)。这些地壳物质是以液体还是固体的形式发生再循环？如何区分这两种物质在不同地幔深度的表现形式？是否两者之一在不同深度发挥不同的主导作用？俯冲地壳物质在迁移过程中与俯冲板片本身和地幔楔之间在不同深度发生过什么样的相互作用？这些都是将来俯冲带化学地球动力学研究中值得关注的问题。

2. 俯冲带液相物质再循环

俯冲地壳在地幔不同深度发生脱水熔融，所形成的液体可以是富水溶液或者含水熔体乃至超临界流体 (图 8-4)。由于脱水熔融在温度压力条件上的差别，所形成的液体不仅在主量元素成分上表现出一定的差别，而且在微量元素成分上也表现出一定的差别(Zheng, 2019; Rustoni et al., 2021; Li et al., 2022)，具体取决于造岩矿物和副矿物的稳定性(Zheng et al., 2011; 郑永飞等, 2016)。一般来说，弧下深度衍生液体具有岛弧型微量元素组成，后弧深度衍生液体具有洋岛型微量元素组成(Zheng, 2019)。岛弧型玄武岩中熔体活动性元素及其相关放射成因同位素的富集，可以归因于弧下深度小地幔楔受到俯冲地壳来源液体的交代(Zheng, 2019)。对于洋岛型和富 Nb 玄武岩的形成，则可以归因为后弧深度大地幔楔受到俯冲洋壳来源液体的交代。不同之处在于，后弧深度交代剂的产生与金红石分解同步(Ringwood, 1990; Zheng, 2012, 2019)。部分洋岛型玄武岩表现出低的 Mg 和 Ca 同位素组成以及低 Ti/Eu、高 Ca/Al 和 Zr/Hf 值，指示其来自含碳熔体交代的碳酸盐化地幔源区(Dai et al., 2017; Zheng, 2019)。

对地幔楔橄榄岩的研究可以识别出俯冲地壳来源的不同性质流体的交代作用(Chen et al., 2017b; Li et al., 2018; 郑建平等, 2019)。高温高压实验和理论模拟研究也显示，不同性质流体-橄榄岩反应会形成不同类型的地幔交代岩，进一步发生部分熔融能够解释在汇聚板块边缘观察到的各种镁铁质岩浆岩组成(Zheng et al., 2020b)。俯冲地壳释放的流体在来源、成分及物理化学性质上存在较大差异，会导致流体交代形成的地幔源区具有岩石学和地球化学不均一性，并最终传递到俯

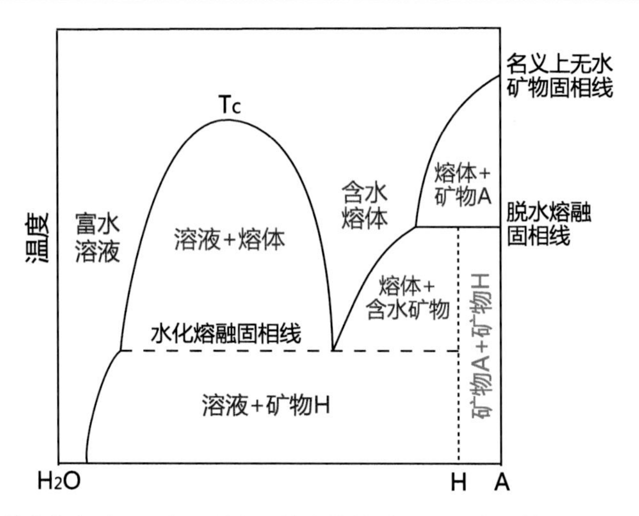

图 8-4　俯冲带流体在不同温度下所表现的液体性质和成分差异(修改自 Zheng et al., 2011)

注：H. 含水矿物；A. 名义上无水矿物；Tc. 富水溶液与含水熔体之间完全混溶形成超临界流体的第二临界端点温度。

冲带镁铁质岩浆岩。尽管对地幔楔橄榄岩和超高压变质岩的研究为俯冲地壳流体-橄榄岩相互作用提供了直接制约，但是仍然不清楚现今观察到的地幔交代岩和折返变质岩在多大程度上能够指示弧下深度板片-地幔楔界面所发生的物理化学相互作用。如何有效识别不同地壳循环组分在俯冲带镁铁质岩浆岩地幔源区中的存在，特别是估算俯冲带物质通量是当前研究的一个难点。

3. 大陆俯冲带地壳再循环

大陆俯冲带普遍缺乏同俯冲弧岩浆作用，一般认为是由于陆壳相对较干、缺乏同俯冲脱水作用(Rumble et al., 2003; Zheng et al., 2003)。然而，超高压条件下稳定的含水矿物的发现、名义上无水矿物中微量水的存在、超高压变质岩中高压-超高压脉体以及流体包裹体的发现，指示大陆俯冲带同样存在显著的流体活动(Zheng, 2009; Hermann and Rubatto, 2014)。根据陆壳和洋壳中含水矿物的比较，推测在弧下深度，大陆俯冲带存在与大洋俯冲带类似的流体活动(郑永飞等, 2016)。对大陆俯冲带出露的地幔型造山带橄榄岩的研究也证实，大陆俯冲带与大洋俯冲带一样存在板片来源流体对地幔楔的交代作用(Malaspina et al., 2006; Chen et al., 2017b; 郑建平等, 2019)。因此，大陆俯冲带之上缺乏弧岩浆作用的基本原因就是：俯冲陆壳流体在 80–160km 的弧下深度交代小地幔楔后，虽然同样发生了俯冲地壳物质的再循环，但是由于大陆俯冲带的地热梯度较低，地幔楔中的交代岩没有发生部分熔融产生同俯冲弧岩浆作用(Zheng and Chen, 2016)。

但是，大陆俯冲带广泛发育碰撞后岩浆岩，其中岛弧型镁铁质岩浆岩记录了俯冲/折返陆壳来源流体在弧下深度对小地幔楔的交代作用(Zhao et al., 2013; 许文良等, 2020)，因此记录了俯冲陆壳物质的再循环。此外，在大陆俯冲带还发现有少量洋岛型镁铁质岩浆岩，虽然岩浆作用时间显著晚于古大洋板块俯冲时间，但是同样记录了先前俯冲古洋壳来源液体在>200km 的后弧深度对大地幔楔的交代作用(赵子福等, 2015; Zheng, 2019)。由此可见，大陆俯冲带小地幔楔经历了从俯冲古洋壳来源到大陆地壳来源的不同性质流体的叠加交代，但是大地幔楔只受到深俯冲古洋壳来源流体的交代，因此所形成的地幔交代岩部分熔融产生的镁铁质岩浆岩会表现出不同的地球化学特点(Zheng et al., 2020b)。

4. 俯冲地壳深部再循环与板内玄武岩成因

由于洋岛玄武岩和大陆溢流玄武岩远离现代大洋俯冲带，一般将其看作板内岩浆活动产物(Zindler and Hart, 1986; Hofmann, 1997; Kelemen et al., 2014)。在这一成因模型支配下，洋岛玄武岩中大离子亲石元素和轻稀土元素的富集就被解释为来自核幔边界的地幔柱所取样的下地幔，而放射成因 Sr-Nd 同位素的富集则被归因于俯冲地壳再循环(Hofmann and White, 1982; Allègre and Turcotte, 1986)。再循环的地壳组分被认为来自蚀变洋壳及上覆沉积物、大陆上地壳、大陆下地壳、交代大洋岩石圈地幔或交代大陆岩石圈地幔等(Zindler and Hart, 1986; Hofmann, 1997; Workman et al., 2004)，在物质组成上与岛弧型玄武岩记录的地球化学信息没有本质差别。

一些研究认为，洋岛玄武岩的地幔源区存在俯冲的榴辉岩(Sobolev et al., 2005)。然而对主量和微量元素的质量平衡计算指示，俯冲地壳物质并不直接以固态形式进入玄武岩浆的地幔源区(e.g., Xu and Zheng, 2017; Zheng et al., 2020b)。相反，对地壳岩石熔融过程中元素分异作用的研究发现，深俯冲洋壳在>200km 的后弧深度、金红石不稳定条件下部分熔融产生熔体交代地幔楔，所形成的地幔交代岩部分熔融就可以产生洋岛型玄武岩所具有的微量元素组成(Ringwood, 1990; Zheng, 2019)。造山带橄榄岩的研究也表明，俯冲带交代作用在后弧深度可以发生(Scambelluri et al., 2008)。由此可见，板内玄武岩的地幔源区可能形成于俯冲带在后弧深度的熔体交代作用(图 5-7 和图 8-5)。

但是，目前对洋岛玄武岩地幔源区深度的确定仍然存在很大困难。虽然许多研究猜想熔体交代作用的深度在地幔过渡带之上的 200–400km，但很少有研究尝试定量确定这一壳幔相互作用发生的具体深度(郑永飞等, 2018)。如果洋岛玄武岩的地幔源区确实是通过俯冲板片在后弧深度熔体交代大地幔楔形成，那么就要求板片俯冲从弧前深度经由弧下深度到后弧深度(图 5-7)，最终在地幔过渡带之上形成大地幔楔。

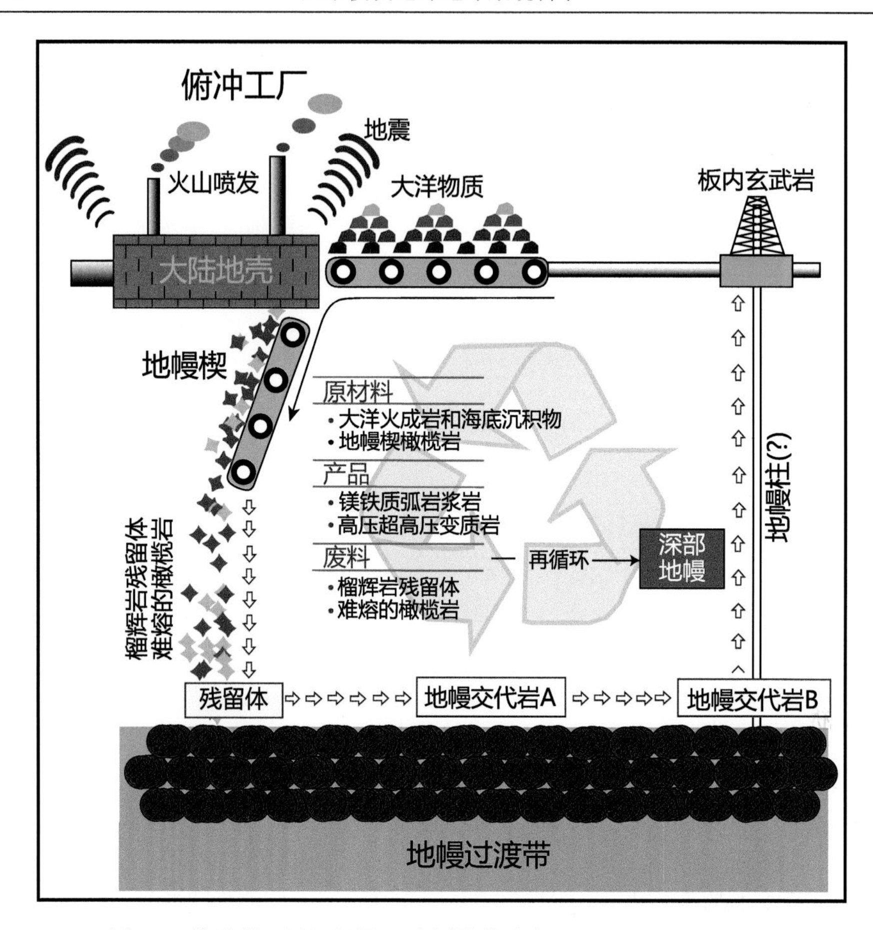

图 8-5　俯冲带工厂运行原理示意图(修改自 Zheng and Zhao, 2017)

注：俯冲地壳在不同深度受到加工，形成液态产品和固态废品，分别上升和下沉与地幔发生相互作用，由此形成不同类型玄武岩的地幔源区。弧下深度小地幔楔在金红石稳定域受到俯冲带液体交代成为岛弧型玄武岩的源区，后弧深度大地幔楔在金红石分解域受到俯冲带液体交代成为洋岛型玄武岩的源区(Zheng, 2019)。

俯冲洋壳进入深部地幔产生的石榴辉石岩被认为是具有同位素富集特征的玄武岩地幔源区中饱满组分的主要来源(Allègre and Turcotte, 1986)，但是已有研究对它们在大洋俯冲隧道中板片-地幔界面的溶解过程并没有说明。由此引出的问题是：这些超高压辉石岩是否可能由俯冲洋壳来源长英质熔体与地幔楔橄榄岩在弧下深度乃至后弧深度的交代反应形成？地幔中的富集组分是否是从正在俯冲的大洋岩石圈而不是古老的俯冲大洋岩石圈溶解形成？

第三节　俯冲板片再循环机制

板片断离(slab breakoff)又称板片拆离(slab detachment)，一般出现在俯冲的大洋岩石圈与大陆岩石圈之间的过渡地带。断离模型是从计算地球动力学模拟研究结果引入到地质学界的，最初是被用来解释大陆碰撞带高压-超高压变质岩的折返机制和同碰撞岩浆作用的启动机制(Davies and von Blanckenburg, 1995; von Blanckenburg and Davies, 1995)，由此成为大陆俯冲带研究领域流行的一种构造机制(Duretz and Gerya, 2013; Garzanti et al., 2018; Hildebrand et al., 2018)。如果板片断离的确发生的话，断离的大洋板片就会进入软流圈地幔，引起地幔在物理和化学上的不均一性。

岩石圈拆沉(lithospheric delamination)是指汇聚板块边缘加厚岩石圈根部发生去根作用而引起岩石圈减薄的一种构造机制。拆沉模型也是从计算地球动力学模拟研究结果引入到地质学界的(Bird, 1978, 1979)，最初被用来解释大陆弧岩浆岩成分从镁铁质向长英质的变化(Kay and Kay, 1993)，后来扩大到克拉通岩石圈减薄乃至碰撞造山带岩石圈减薄(Rudnick and Fountain, 1995; Gao et al., 2004)，已经成为大陆碰撞带研究领域流行的一种构造机制。如果拆沉作用的确发生的话，造山带岩石圈地幔就会部分或者整体(连同上覆榴辉岩化下地壳)进入软流圈地幔，从而引起地幔在物理和化学上的不均一性。

1. 板片断离模型

在有被动大陆边缘卷入的洋-陆俯冲带，随着大洋板块俯冲作用的进行，大陆板块就被下沉的大洋板片牵引而俯冲到不同深度(Carry et al., 2009; 郑永飞等, 2015)，形成大陆俯冲带。与大洋岩石圈相比，大陆岩石圈的浮力较大，当其俯冲到弧下深度发生超高压榴辉岩相变质时，高密度大洋板片下沉与低密度大陆板块上浮之间达到动态平衡。这时俯冲阻力达到最大，在大洋板片与大陆板片之间的过渡带发生拉张减薄，最终会在软流圈/岩石圈界面附近两类板片的过渡地带发生断离(图 8-6)。

在软流圈和岩石圈层次，俯冲带震源分布的不连续性促使了板片断离概念的提出(Isacks and Molnar, 1969)，这种断离也被认为是大陆-大陆碰撞后低密度大陆岩石圈难以俯冲造成的(McKenzie, 1969)。板片断离这一概念真正引起地质学界的广泛关注，是在应用其解释西阿尔卑斯造山带高压-超高压变质岩的折返现象(Davies and von Blanckenburg, 1995)和与大陆碰撞同时期(始新世)的大规模岩浆作用(von Blanckenburg and Davies, 1995)之后。大洋板片断离后，大陆板片不再俯冲，而大洋板片在重力牵引下继续俯冲进入软流圈地幔深部(Davies and von Blanckenburg, 1995; von Blanckenburg and Davies, 1995; Duretz and Gerya, 2013)。在这个情况下，软流圈物质会沿着断离后的板片窗上涌，降压熔融形成玄武质熔体，同时也加热正在断离的大陆岩石圈底部(图 8-6)。

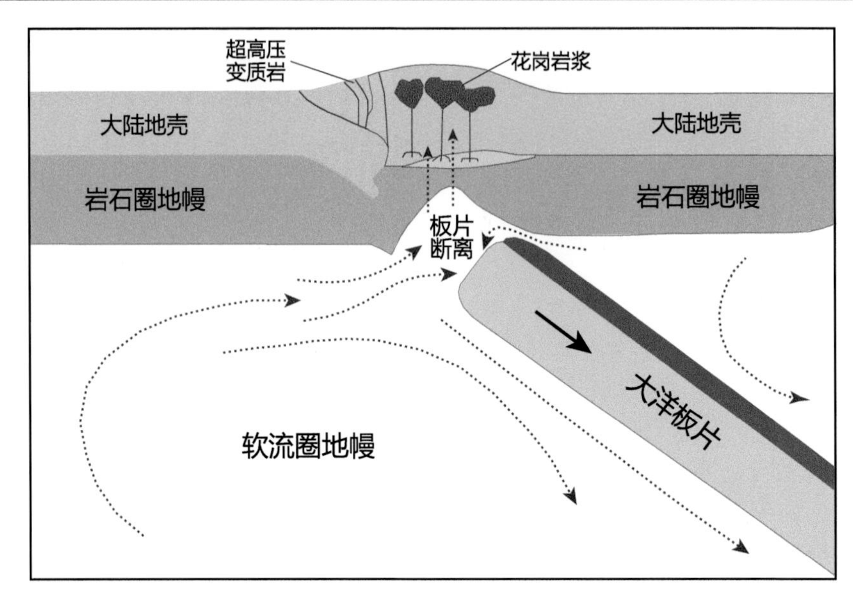

图 8-6　俯冲板块在大洋-大陆过渡带发生板片断离示意图
(修改自 Davies and von Blanckenburg, 1995)

一般假定，板片断离能够产生成分多样的同期岩浆(Freeburn et al., 2017; Garzanti et al., 2018; Hildebrand et al., 2018)，包括软流圈地幔来源的玄武质岩浆(Ferrari, 2004)、岩石圈地幔来源的镁铁质和超钾质岩浆(van de Zedde and Wortel, 2001)以及壳源长英质岩浆(van de Zedde and Wortel, 2001; Zhu et al., 2015)。在无被动大陆边缘卷入的大洋-大陆俯冲带，虽然大洋板片的断离会导致弧陆增生带因没有经历明显的大陆深俯冲而缺乏超高压变质岩，但是可发生持续时间较长且具相对亏损地幔同位素特点的大规模岩浆活动(Zhu et al., 2016; Chapman and Ducea, 2019)。

板片断离模型为解释大陆碰撞带高压-超高压变质岩的折返和不同类型岩浆岩的产出提供了一种可能的构造机制(Davies and von Blanckenburg, 1995; von Blanckenburg and Davies, 1995; Duretz and Gerya, 2013; Garzanti et al., 2018; Hildebrand et al., 2018)。然而，这个过程是否在某些大陆碰撞带的确发生过，还有待检验。尽管超高压变质岩在西阿尔卑斯造山带的发现催化了板片断离模型的产生和应用，但是近年来通过地球物理观测发现板片断离并未发生(Zhao et al., 2016)。高精度地震层析研究结果显示，西阿尔卑斯造山带深部俯冲板片保留了从新特提斯洋俯冲到陆内汇聚阶段俯冲消减的大洋和大陆岩石圈，具有很好的连续性，表明西阿尔卑斯造山带可能至今仍未发生板片断离(Zhao et al., 2016)。这使得一些研究者对板片断离模型提出了质疑(Niu, 2017; Zheng et al., 2019a)。

在青藏高原南部的印度–亚洲大陆碰撞带，存在俯冲印度大陆板片与新特提斯大洋板片之间是连续的或不连续的等不同看法(Replumaz et al., 2010; Liang et al., 2016)，导致新特提斯大洋板片未发生断离(Niu, 2017)和已发生断离(Zhu et al., 2019)两种截然不同的解释。因此，要回答古老的俯冲板片以何种机制再循环进入地幔面临的挑战是，能否利用高精度地球物理观测数据准确识别俯冲的大陆板片和大洋板片，确定这两种俯冲板片之间是否具有连续性。理论上，大洋岩石圈顶部的大洋地壳厚度只有 5–10km，而大陆岩石圈上部的大陆地壳厚度达 30–40km，采用地震层析成像方法是能够区分俯冲板片属性的。

Zhang 等(2021)通过近震双差层析成像方法，反演获得了缅甸中部地壳和上地幔顶部高分辨率的三维 V_P、V_S 和 V_P/V_S 波速比模型。这个地震层析成像结果揭示，喜马拉雅造山带东部印缅山脉和中央盆地下方 100km 深度范围内存在印度大陆板片，该板片以 25°倾角东倾俯冲，在北纬 22 度的大陆地壳厚度约为 30km，向北逐渐增厚，指示缅甸下方印度陆块地壳在两个大陆碰撞过程中发生了加厚作用。即使超高压变质岩并未折返到地表，地震探测也可为大陆深俯冲提供证据。

2. 岩石圈拆沉模型

随着板块汇聚过程的持续进行，如果俯冲盘和仰冲盘地壳厚度高达 30–40km，那么汇聚板块边缘将可能由于构造缩短而导致造山带岩石圈加厚(Zheng, 2021b)。在特定的物理化学条件下，加厚造山带根部的岩石圈就会发生拆沉作用(图 8-7)，使得岩石圈地幔部分或者整体(还包括榴辉岩化镁铁质下地壳)进入软流圈地幔(Bird, 1979; Arndt and Goldstein, 1989; Jull and Kelemen, 2001; DeCelles et al., 2009)。虽然加厚岩石圈的减薄(去根)都与重力不稳定有关，但是具体又分成两种：一是重力主导的垂向拆沉(Bird, 1979)；二是地幔对流主导的侧向侵蚀(Houseman et al., 1981)。

拆沉过程既可以发生在俯冲，还在进行的汇聚板块边缘(大陆弧造山带)，也可以发生在俯冲不再进行的汇聚板块边缘(大陆碰撞带)。无论是在哪里，一旦造山带发生去根作用，汇聚板块边缘的岩石圈就会减薄，软流圈就会上涌，引起主动大陆张裂(Rey, 2001; Zheng and Chen, 2017, 2021; Peron-Pinvidic and Osmundsen, 2020; Wang R et al., 2022)。软流圈发生上涌的结果有二：一是降压熔融形成玄武质熔体；二是加热减薄的岩石圈地幔使上覆大陆地壳发生高温–超高温变质作用(Zheng and Chen, 2017, 2021)，使其发生脱水熔融乃至水化熔融(Zheng and Gao, 2021)。无论哪种过程，减薄的造山带岩石圈都会发生不同程度的部分熔融，从而产生成分多样的同期岩浆(Kay and Kay, 1993; Lustrino, 2005)，也会引起超高温变质作用叠加在超高压变质岩之上(Zheng and Chen, 2017, 2021)。

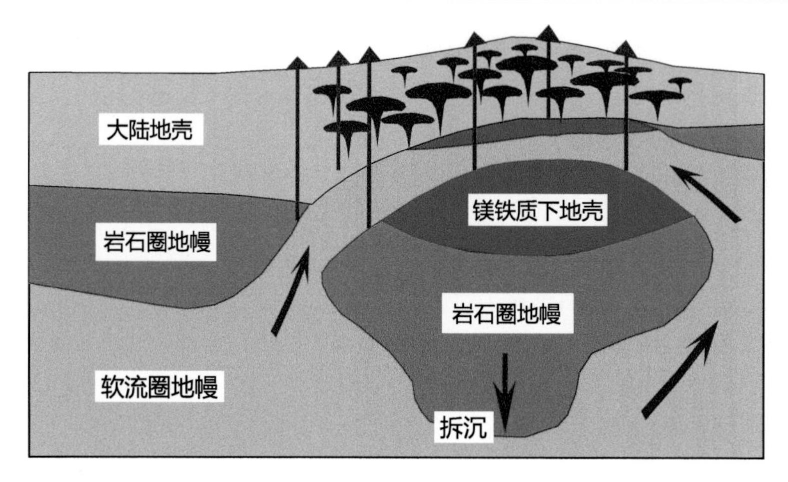

图 8-7 大陆碰撞带加厚岩石圈拆沉示意图(修改自吴福元等, 2003)

如果拆沉的结果是使岩石圈厚度不断减薄直至达到重力再均衡，那么这时拆沉将会终止：因为此时岩石圈的密度已经不再高于下伏软流圈密度，浮力增加，所以无法继续拆沉。随着岩石圈地幔的拆沉，上覆地壳在软流圈加热下发生部分熔融；一旦软流圈停止热的供给，地壳熔融作用即行终止。如果地壳之下岩石圈地幔的温度降低，热的、韧性的软流圈地幔转变为冷的、刚性的岩石圈地幔，汇聚板块边缘进入非造山阶段(Zheng, 2021b)。

岩石圈拆沉模型为解释大陆地壳成分演化和克拉通岩石圈减薄提供了一种可能的构造机制(Bird, 1979; Kay and Kay, 1991; Rudnick and Fountain, 1995; 吴福元等, 2003; Gao et al., 2004; Lee et al., 2006)。汇聚板块边缘加厚岩石圈在经受拆沉减薄之后，软流圈地幔就会对流上涌到浅部，发生降压熔融。降压熔融的程度受降压速率控制，岩浆成分也随之发生改变。例如，有研究将位于北美板块南侧的墨西哥火山岩带中规模相对较小的拉斑质玄武岩解释为岩石圈拆沉作用的产物(Mori et al., 2009)。此外，计算地球动力学模拟研究显示，汇聚板块边缘岩石圈拆沉引发的软流圈上涌，可导致地表发生大约 2km 的抬升(Gogus and Pysklywec, 2008)。这个模型也可用来解释青藏高原的隆升，但是在拆沉时间上属于大陆碰撞之后而不是碰撞过程中(Zheng and Wu, 2018)。

3. 断离与拆沉之间的关系和区别

无论是板片断离还是岩石圈拆沉，其提出的初衷都是用来解释出露在造山带地表的某些地质现象(图 6-6 和图 8-6)。后来这两种机制被拓展到俯冲带地壳物质再循环，成为两种相互竞争乃至排斥的模型(Magni et al., 2013)。在汇聚大陆边缘，板片断离可能发生在大陆碰撞的晚期阶段，而造山带岩石圈拆沉可能发生在碰撞后阶段。这两种机制其实可以在汇聚大陆边缘先后发生，并不相互排斥。

根据板块构造理论，汇聚板块边缘先后经历了大洋岩石圈俯冲和大陆地壳碰撞(Carry et al., 2009; 郑永飞等, 2015)。由于受到来自俯冲带大洋岩石圈板片下沉拖曳力的牵引(Forsyth and Uyeda, 1975; Lithgow-Bertelloni C and Richards, 1995)，俯冲带演化先后涉及大洋岩石圈俯冲(White et al., 1970; Molnar et al., 1979)、大陆岩石圈俯冲(Chopin, 1984; Smith, 1984)和大洋板片断离(Davies and von Blanckenburg, 1995)以及俯冲后岩石圈拆沉(Bird, 1978, 1979; Jull and Kelemen, 2001)等不同阶段的过程，岩石圈物质可以整体或者以碎片形式再循环进入软流圈地幔。

根据板块构造理论，汇聚板块边缘既可以是单一的大洋板块俯冲(例如环太平洋俯冲带)，也可以是从大洋俯冲转变成大陆碰撞(例如特提斯俯冲带)。在大洋俯冲带之上的大陆弧根部可以发生拆沉作用，在大陆碰撞带之下的岩石圈/软流圈边界既可以发生板片断离作用，也可以发生岩石圈拆沉作用(图 8-8)。对于在地质历史时期的古俯冲带，究竟以断离还是拆沉来实现岩石圈板片的再循环(Magni et al., 2013; Magni, 2017)，已经成为汇聚板块边缘研究的重大科学挑战之一。

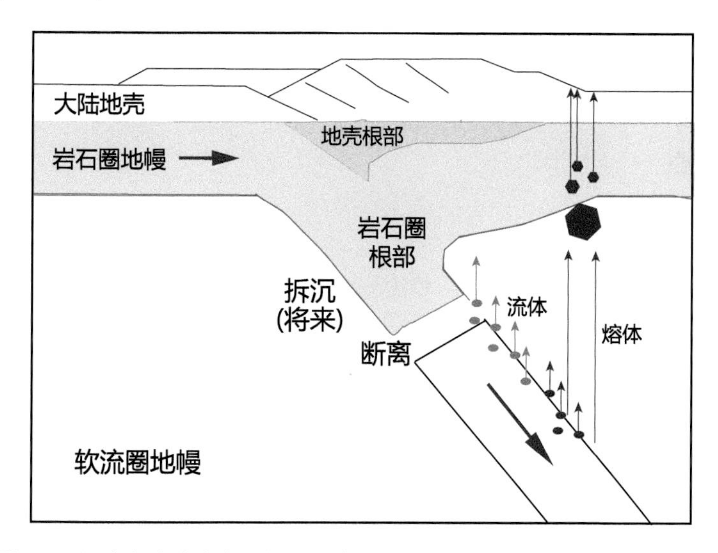

图 8-8　汇聚大陆边缘大洋板片断离与残留大陆板片将来拆沉关系示意图
(修改自 Schott and Schmeling, 1998)

就板片断离与岩石圈拆沉之间的区别而言，断离进入软流圈的是整个大洋岩石圈，其中既有洋壳变质火成岩和变质沉积岩，也有岩石圈地幔橄榄岩。不过，在俯冲到弧下深度榴辉岩化过程中，洋壳发生过脱水熔融而丢失了部分流体和熔体活动性不相容元素。与此相比，拆沉进入软流圈的一般为陆下岩石圈地幔和榴辉岩化的镁铁质下地壳，其中岩石圈地幔可能经历了镁铁质熔体的提取而变得相对亏损熔体活动性不相容元素，而镁铁质下地壳在榴辉岩化过程中经历了变质脱水而相对亏损流体活动性不相容元素。

就板片断离与岩石圈拆沉发生的时间来说，板片断离一般出现在大陆碰撞过程的晚期阶段，其发生标志着两个大陆从汇聚挤压到停止汇聚乃至出现拉张。与此相比，岩石圈拆沉可以出现在下列两类背景：(1) 大洋板块俯冲带的成熟阶段，那时加厚的大陆弧根部由于重力不稳定发生拆沉；(2) 板块汇聚之后的某个时间，是汇聚加厚的岩石圈由于重力不稳定发生拆沉。无论在哪种背景，加厚岩石圈拆沉后发生减薄都会引起大陆主动张裂，在汇聚板块边缘形成拉张环境。因此，拆沉拉张构造显著晚于断离拉张构造(图 6-6)。

在大陆碰撞的晚期阶段，板片断离使大洋岩石圈整体进入软流圈地幔(图 8-8)，在大陆碰撞带形成加厚的岩石圈(图 8-9A)。造山带根部在碰撞后阶段发生拆沉，去根的部分可以只是岩石圈地幔的下部(图 8-9B)或者岩石圈地幔及其上覆

A. 板块俯冲/碰撞导致造山带岩石圈加厚

造山带地壳

岩石圈地幔

软流圈地幔

B. 碰撞造山带去根作用导致岩石圈减薄

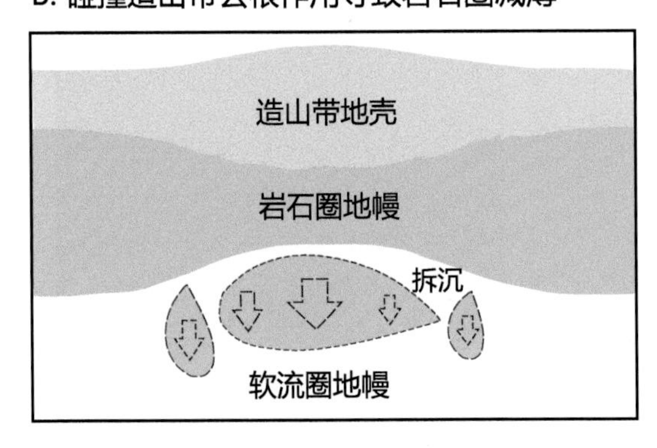

图 8-9　汇聚板块边缘从造山带岩石圈加厚到岩石圈地幔减薄示意图

(修改自 Zheng and Chen, 2017)

榴辉岩化下地壳(图 8-7)。汇聚板块边缘从岩石圈加厚到减薄的过程，在动力体制上对应于从挤压变成拉张的过程，在地热梯度上对应于从低到高的过程，在变质作用上表现为从阿尔卑斯型经巴罗型到巴肯型。加厚岩石圈地幔拆沉减薄之后的大陆主动张裂是古缝合带再活化的根本原因，所产生的花岗岩-混合岩-麻粒岩组合以及变质核杂岩侵位是古缝合带再活化的典型产物(Zheng and Chen, 2017, 2021; Zheng and Gao, 2021)。

第九章　汇聚边缘构造演化

第一节　地热梯度变化

汇聚板块边缘地热梯度的变化表现在两个方面：一是正在汇聚的板块边缘的地热梯度从早期到晚期的变化，二是正在汇聚与不再汇聚的板块边缘在地热梯度上的变化(Zheng and Chen, 2017, 2021; Zheng, 2019; Holt and Condit, 2021)。无论如何变化，可以先将地热梯度用温度/压力比值(°C/GPa)或者地热梯度(°C/km)来定量表示，然后根据地热梯度大小将其划分成五种(图 9-1)，即超冷(<5°C/km)、冷(5–10°C/km)、暖(11–30°C/km)、热(30–60°C/km)和超热(>60°C/km)。

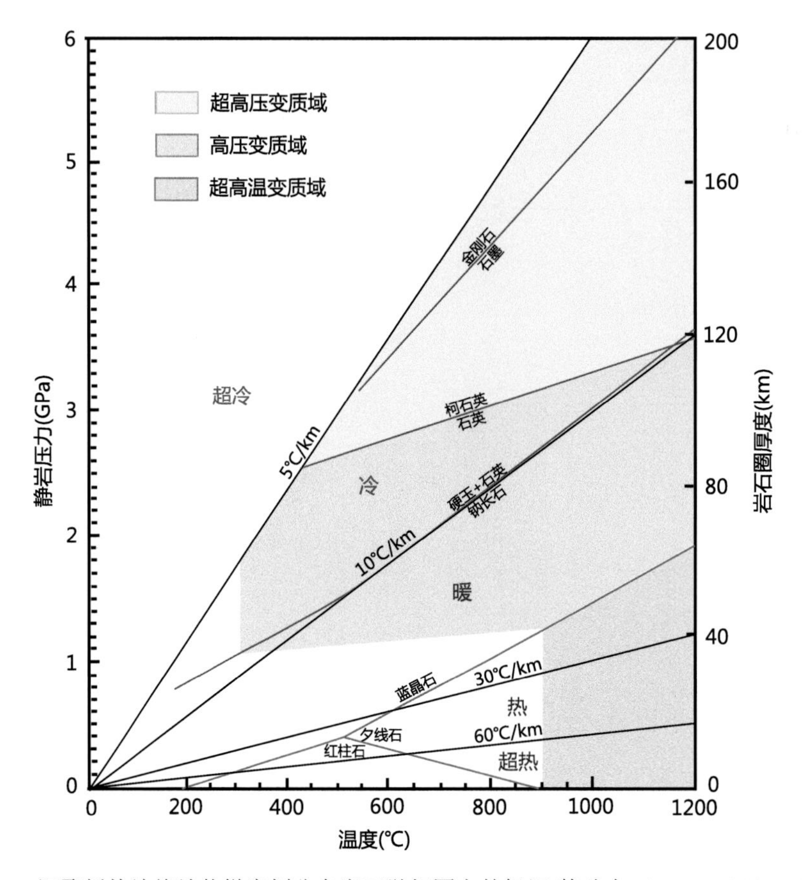

图 9-1　汇聚板块边缘地热梯度划分在岩石学相图上的标识(修改自 Zheng and Chen, 2021)

汇聚板块边缘地热梯度与其动力体制在时间上和空间上都具有对应关系(Zheng and Chen, 2017, 2021)。在板块汇聚过程中，俯冲带地热梯度主要受汇聚速率和板块之间的耦合程度、俯冲板片倾角和上覆板块厚度等因素控制(图 9-2)。一般来说，汇聚速率越快，耦合程度越高，板片倾角越小，上覆板块厚度越大，俯冲带地热梯度越低；汇聚速率越慢，耦合程度越低，板片倾角越大，上覆板块厚度越小，俯冲带地热梯度越高。

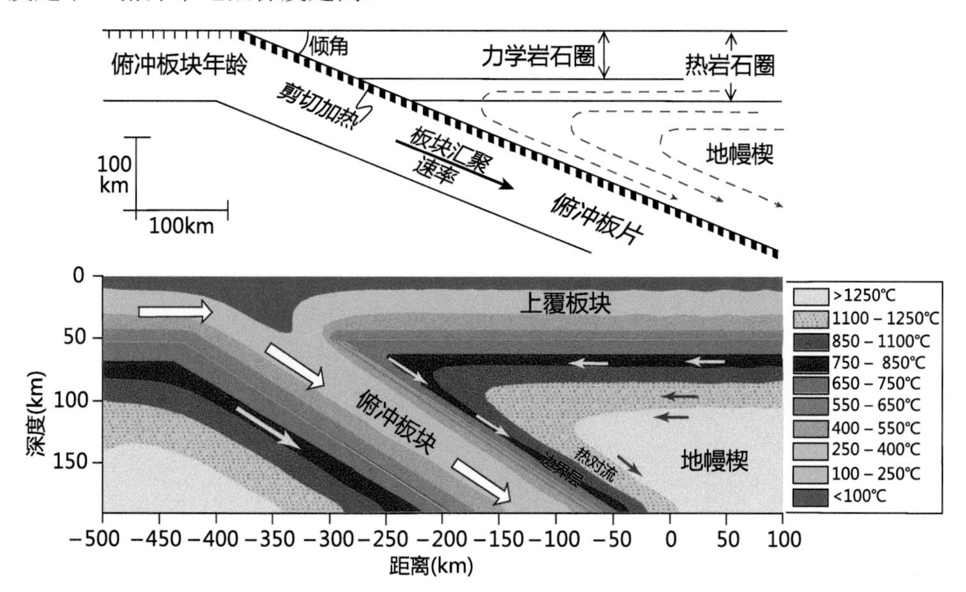

图 9-2　俯冲带地热梯度及其控制因素示意图(修改自 Zheng and Chen, 2016)

注：在板块汇聚的早期阶段，俯冲板块与上覆板块之间处于耦合状态，板块低角度产生挤压构造，这时汇聚板块边缘的地热梯度较低，俯冲地壳岩石同步升温升压，在弧前和弧下深度形成阿尔卑斯型蓝片岩-榴辉岩变质相系(Zheng and Chen, 2017)。

计算地球动力学模拟对俯冲带温压结构进行了一系列研究，在计算公式中俯冲板块年龄对地热梯度影响较大(e.g., Peacock, 1991; Jarrard, 1996; Kincaid and Sacks, 1997)。但是对环太平洋俯冲带变质岩的研究发现，相对古老或者年轻板块俯冲带的地热梯度并不存在明显差别(e.g., Penniston-Dorland et al., 2015)。在这类模拟中，一般假设板块之间的俯冲角度、动力体制和耦合状态在俯冲带发展的不同阶段(对应于板片俯冲到不同深度)基本上保持不变(e.g., Syracuse et al., 2010; Hall, 2012; Cerpa et al., 2014; Maunder et al., 2019; Peacock, 2020)。但是在天然俯冲带中，早期低角度俯冲在晚期可变成高角度俯冲，对应的动力体制可以由挤压变成拉张，板块之间的耦合程度也可以由高变低(Kincaid and Griffiths, 2003; Perrin et al., 2018)。结果就是俯冲带地热梯度随时间演化而升高，在 80–160km 的较大深度从早期的<10°C/km 到晚期的>15°C/km，而在 20–60km 的较小深度可能变到>25°C/km(e.g., Zheng and Chen, 2017; Holt and Condit, 2021)。

前人在对变质岩形成温度压力条件的研究中早就发现，变质热梯度在前寒武纪(特别是太古宙和古元古代)不同程度地高于显生宙，指示汇聚板块边缘地热梯度随时间的变化(Brown, 2006, 2010)。Miyashiro(1961, 1973)在环太平洋俯冲带发现双变质带，其中靠近海沟一侧出现蓝片岩相-榴辉岩相变质带，形成于低的地热梯度(<10°C/km)；靠近岛弧一侧出现角闪岩相-麻粒岩相变质带，形成于高的地热梯度(>30°C/km)。对大陆碰撞带变质岩的研究发现，虽然也存在双变质作用，但是两者在时间和空间上呈现叠加，指示俯冲带在地热梯度上发生了变化，早期形成于低地热梯度的变质岩受到晚期高地热梯度变质作用的叠加(Zheng and Chen, 2017, 2021)。显然，汇聚板块边缘地热梯度在其发展的早期挤压阶段一般较低，而在进入晚期拉张阶段后相对较高。

Syracuse 等(2010)对现代大洋俯冲带的温压结构进行了定量概括和数值模拟(图 2-10)，结果显示俯冲洋壳表面地热梯度在<80km 的深度大多<6°C/km，在 80–160km 深度为 5–10 °C/km，对应于冷到超冷的地热梯度。即使对于像 Cascadia 和 Mexico 这样的暖俯冲带，俯冲板片的表面地热梯度也在 10°C/km 附近。因此，现代大洋俯冲带地热梯度总体上处于超冷到冷的地热梯度范围，只有极少数俯冲带具有暖的地热梯度(图 2-10)。

对于正在俯冲的板块汇聚带，如果板片倾角出现从小到大的变化，那么就要区分早期挤压阶段与晚期拉张阶段(Zheng, 2021b)。在早期低角度俯冲阶段，板块之间耦合程度高，边缘以挤压动力体制为主导，所产生的地热梯度一般是冷到超冷(只在太古宙俯冲带和个别现代俯冲带为暖)。在晚期高角度俯冲阶段，板块之间耦合程度低，汇聚板块边缘以拉张动力体制为主导，俯冲带地热梯度升高，所产生的地热梯度可以从冷到暖。地幔楔部分熔融引起弧岩浆作用出现在大洋俯冲带的晚期阶段，那时俯冲板片回卷导致俯冲带的地热梯度已经从低变高(Kincaid and Griffiths, 2003; Perrin et al., 2018; Zheng, 2019)。

计算地球动力学模拟结果显示，俯冲板片回卷可以引起弧后位置岩石圈拉张减薄，导致弧后盆地打开(Clark et al., 2008)。这个过程出现在大洋俯冲带演化的成熟阶段，软流圈地幔发生上涌，不仅发生降压熔融形成玄武质熔体，而且加热地壳岩石形成高温-超高温变质岩(Zheng and Chen, 2017, 2021)。如果弧后拉张减薄出现在大洋弧岩石圈位置，那么就会出现洋脊型拉斑质玄武岩叠加到岛弧型钙碱性玄武岩之上。无论如何，弧后盆地发育对应于大洋俯冲带演化的成熟阶段，属于拉张阶段晚期，这时两个汇聚板块之间已经解耦，在俯冲板片之上出现高的地热梯度。

对于不再俯冲的古板块汇聚带，则需要区分汇聚过程中的挤压和拉张阶段以及汇聚后的停滞和拉张阶段(Zheng, 2021b)。在这些不同阶段，汇聚板块边缘的地热梯度是不同的。一般来说，挤压阶段产生的地热梯度较低，而拉张阶段产生的地热梯度较高。一旦汇聚停止，俯冲带可以进入动力均衡状态，既无挤压也无拉张，这时既无俯冲板片断离进入软流圈，也无俯冲地壳拆离折返回到岩石圈浅部。如果在挤压结束后出现瞬时拉张，那么俯冲地壳就得以从岩石圈深部向浅部以岩片逆冲形式沿俯冲隧道折返(Zheng, 2021d)，对应出现地热梯度的提高。

一旦板块俯冲不再进行，汇聚结束后的瞬时拉张也不再持续，两个汇聚板块将合为一体，形成造山带岩石圈。从这个时间节点开始，板块缝合带的地热梯度主要受造山带岩石圈内部和外部两个方面的热源控制(Zheng and Chen, 2017, 2021; Zheng and Gao, 2021)。内部热源主要由放射性热产元素提供(Thompson and Connolly, 1995; Bea, 2012)，这个热源的有效性不仅取决于这些元素在长英质地壳岩石中的绝对丰度，而且受这些元素在地壳岩石中的积累时间控制(Jaupart et al., 2016)。外部热源主要由软流圈及其衍生岩浆提供(e.g., Ledru et al., 2001; Hyndman et al., 2005; Couzinié e al., 2014; Hyndman, 2019)，这个热源在岩石圈张裂带尤其显著(Zheng and Chen, 2017, 2021)。

如果汇聚板块边缘岩石圈处于加厚状态，其地热梯度主要受岩石中的放射性热产元素含量控制，在时间充分长的情况下地热梯度可以由冷变暖，从而将阿尔卑斯型变质相系转变成巴罗型变质相系，在 *P-T* 轨迹上表现为等压加热。如果加厚的造山带岩石圈发生减薄(图 9-3)，其地热梯度则主要受下伏软流圈的热对流控制，由此所产生的主动张裂可以在时间极短的情况下将地热梯度由暖变热甚至超热，从而将巴罗型变质相系转变成巴肯型变质相系，在 *P-T* 轨迹上表现为降压加热(Zheng and Chen, 2017, 2021)，进而引起超高温变质作用和花岗质岩浆作用，形成变质核杂岩(Zheng and Gao, 2021)。

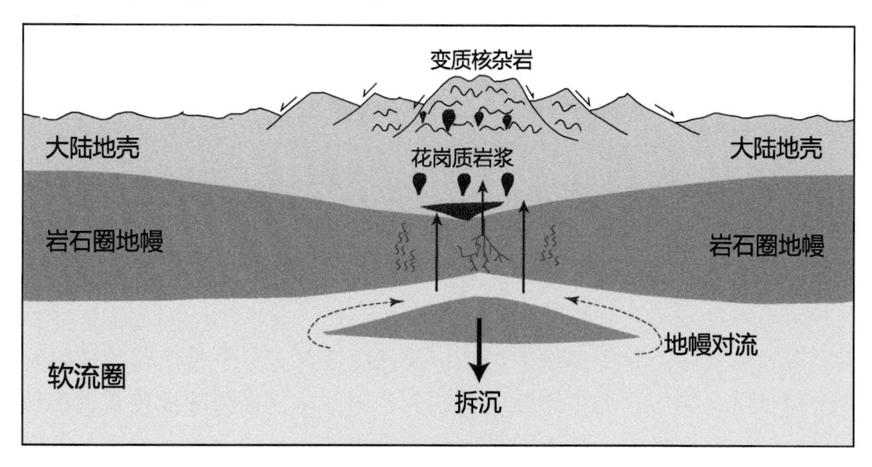

图 9-3　汇聚板块边缘加厚岩石圈拆沉后的主动张裂作用引起地壳深熔和变质核杂岩侵位
(修改自 Zheng and Gao, 2021)

对于俯冲带温压结构的计算地球动力学模拟，早期研究认为俯冲板片年龄和倾角发挥主导作用(e.g., Peacock, 1991; Kincaid and Sacks, 1997; Peacock and Wang, 1999)。但是，越来越多的研究指示，板块汇聚速率和耦合程度以及俯冲板片倾角和上覆板块厚度发挥主导作用，而板片年龄的作用并不明显(e.g., England and Katz, 2010; Hall, 2012; Rodriguez-Gonzalez et al., 2012; Cerpa et al., 2014; Maunder et al., 2019; Hertgen et al., 2020; Peacock, 2020; Holt and Condit, 2021)。此外，汇聚板块界面之间的剪切摩擦也可能提高温度，但是这依然是个有争议的问题(Kohn et al., 2018; van Keken et al., 2019; England and May, 2021)。

对于汇聚板块边缘地热梯度的演化来说，与俯冲带地球动力学关系密切的有两个方面。一是俯冲板片回卷导致地幔楔底部受到软流圈加热，地幔楔中的交代岩在提高的地热梯度下发生部分熔融引起弧岩浆作用(Zheng, 2019)。二是碰撞加厚造山带根部岩石圈在拆沉之后会发生大陆张裂作用(Rey, 2001; Zheng and Chen, 2017; Peron-Pinvidic and Osmundsen, 2020)，引起软流圈上涌加热减薄的岩石圈地幔，使上覆大陆地壳地热梯度升高发生深熔变质作用，从而引起超高温变质作用叠加在超高压变质岩之上(Zheng and Chen, 2021)。第一种机制已经成为俯冲带弧岩浆作用动力学研究的热点，第二种机制已经成为造山带变质作用和岩浆作用动力学研究的热点。对上述两种机制进行计算地球动力学模拟，将是下一阶段俯冲带科学研究的前沿。

Penniston-Dorland 等(2015)通过收集全球范围内造山带高压和超高压变质岩的峰期变质温度压力数据，将变质温压数据与 Syracuse et al. (2010)数值模拟结果进行比较，发现特提斯造山带和亚洲大陆造山带中高压蓝片岩和榴辉岩的峰期变质温度比现代大洋俯冲板片表面温度高 100–300°C。van Keken 等(2018)将这个差别归因于现今看到的高压蓝片岩和榴辉岩是在提高的地热梯度下折返而受到变质叠加，这样在动力体制上俯冲带已经从挤压变成拉张，因此并不代表大洋俯冲带当时的温度压力条件。虽然 Penniston-Dorland 等(2015)所发现的温度差别只是在高压蓝片岩相-榴辉岩相变质岩相对突出(Brown and Johnson, 2019)，但是这个比较为应用地质温压计结果来检验计算地球动力学结果开创了先河，值得进一步拓展。

从俯冲带地热梯度随时间的演化来看，在太古宙广泛出现的是暖俯冲，在古元古代开始出现局域性，到寒武纪才出现全球性的冷俯冲(Brown et al., 2020)。显然，显生宙时期地幔温度的降低使汇聚板块边缘变得充分刚性，从而可以发生大规模冷俯冲作用。虽然显生宙地幔温度较低，俯冲地壳在弧下深度依旧能够脱水熔融，但是板片流体交代地幔楔的温度显著低于地幔超镁铁质岩的固相线温度，难以在交代的同时引起地幔楔部分熔融(Zheng, 2019)。

第二节　构造体制变化

在汇聚板块边缘,动力体制控制了岩石圈或地壳的构造运动方式或动力状态。尽管板块边界可分为汇聚型、离散型和转换型三种，但是相邻岩石圈板块之间的相对运动状态主要有汇聚和离散两类(图 1-2)，分别对应于压缩和伸展两种基本构造体制(Frisch et al., 2011)。在挤压体制下，地壳或岩石圈发生缩短变形可形成压缩构造，在拉张体制下地壳或岩石圈发生减薄变形可形成伸展构造。这两种构造体制都有可能派生出走滑构造甚至产生转换型板块边界，最为典型的是东太平洋板块与北美板块之间的圣安德烈斯(San Andreas)断层。

一般将以海沟为代表的大洋板块俯冲带作为现代大型压缩构造带的典范(Dewey and Bird, 1970; Moores and Twiss, 1995)，往往忽视了伸展构造发育在这类汇聚板块边缘演化的晚期和成熟阶段(Zheng, 2021b)。与此相比，以洋中脊为代表的大洋板块张裂是现代大型伸展构造带的典范(Kearey et al., 2009)，往往忽视了连绵山脉沿着这类离散板块边缘的发育(Searle, 2013)。板块边缘既有压缩构造也有伸展构造，沿板块边缘的造山作用往往是伸展体制而不是压缩体制下的构造作用产物(Zheng, 2021b)。

1. 压缩构造

压缩构造是指在挤压动力作用下形成的地壳构造系统。在汇聚板块边缘，挤压作用可以形成褶皱和逆断层，主要表现为褶皱逆冲和叠瓦逆冲等推覆构造样式(Boyer and Elliott, 1982; McClay, 1992; Butler and Bond, 2020)。褶皱逆冲是岩层沿着相对薄弱的构造面发生逆冲形成的，而相对韧性的岩层则形成褶皱。叠瓦逆冲是一种强烈变形和位移的推覆构造，以发育低角度逆冲断层为特征，在地表露头常见到叠瓦逆冲断片，这些逆冲断层也伴随有褶皱构造的产生(McClay and Price, 1981; McClay, 1992)。

推覆构造(nappe 或 thrust)是沿着倾角十分低缓的断层面发生显著的水平位移，造成了外来岩块叠置在原地岩块之上，其运移的距离可达几十至上百公里(McClay and Price, 1981; McClay, 1992)。虽然推覆构造可以发育于不同的构造单元中，但是在汇聚板块边缘的缝合带位置最为突出(McClay and Price, 1981; McClay, 1992; Zheng et al., 2005; Butler and Bond, 2020)。两个汇聚板块之间的巨型推覆构造可以遍布于整个山脉(Johnson and Harley, 2012; Horton and Folguera, 2019)。在毗邻大陆碰撞带的陆块盖层中，也可发育规模不大的推覆构造，但一般位移距离较小，变形较弱(McClay and Price, 1981; McClay, 1992)。

在大洋俯冲带，主动大陆边缘毗邻海沟的增生楔就是典型的压缩构造(图

9-4)，从俯冲洋壳刮削下来的沉积物和火山岩常以混杂岩形式出现于此(Dahlen, 1990; Kusky et al., 1997; 周建波, 2020; 闫臻等, 2021)，内部褶皱和逆冲断层非常发育。

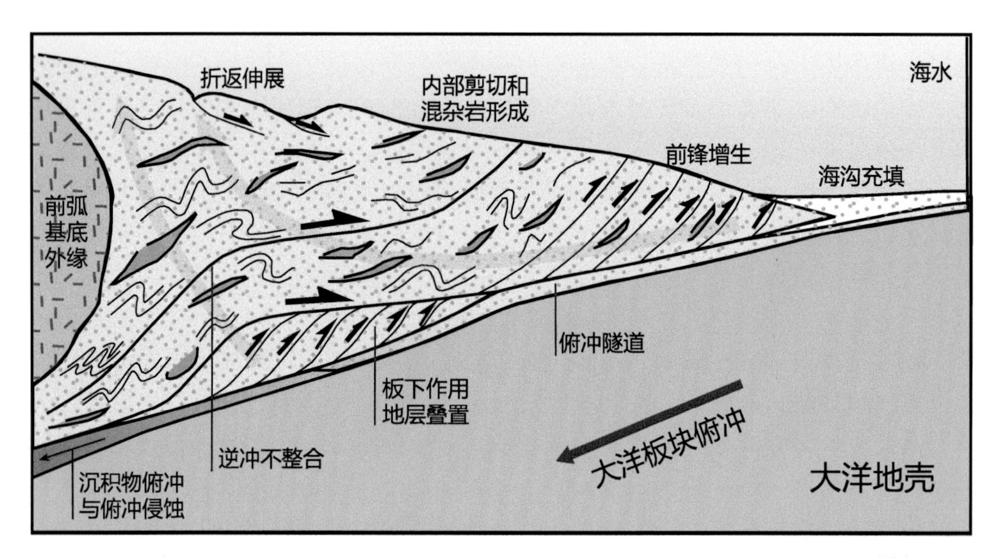

图 9-4　汇聚板块边缘增生楔内部结构和组成示意图(修改自 Frisch et al., 2011)

被动大陆边缘的海相沉积物在大陆碰撞/俯冲的早期阶段也会受到上覆大陆边缘的刮削而形成增生楔(Zheng et al., 2005; 郑永飞等, 2015)，其中的一部分岩石可经历不同程度的挤压变形和绿片岩相低级变质作用，而另一部分可以保留相对完整的沉积地层单元(Zheng, 2021b)。在大陆碰撞带常出现源于不同深度的构造推覆体(Mattauer, 1986; McClay, 1992; Zheng et al., 2005; 周建波, 2020)，其中浅部的褶皱推覆体与大洋俯冲带增生楔相似，深部的则是以岩片逆冲形式折返的高压-超高压变质岩，它们一起构成大陆碰撞带的造山楔(Zheng, 2021b)。

2. 伸展构造

伸展构造是指在拉张动力下形成的地壳构造系统。在汇聚板块边缘，拉张作用可以形成张裂(裂谷或裂山)、拆离断层等伸展构造样式，可发育变质核杂岩(Moores and Twiss, 1995; Kearey et al., 2009)。洋中脊是最引人注目的大洋伸展构造，可以发育大洋核杂岩，是在大陆成功张裂后发育的离散板块边界 (Frisch et al., 2011; Searle, 2013)。

在大陆地区，伸展构造多表现为正断层、剪切带和拆离带组合型式，发育在不同的构造层次和尺度以及不同的区域构造背景和不同的构造演化阶段(Miller et al., 2001; Moores et al., 2013; 张进江和黄天立, 2019)。例如，大陆岩石圈的水平伸展，可以表现为岩石圈厚度的变薄，上部地壳发生伸展断陷，形成了一套脆性伸展构造系统。与此同时，软流圈热能和物质上涌到减薄的岩石圈底部，地壳地热梯度升高，导致地壳的脱水熔融乃至韧性流动，在中下地壳产生一套以近水平韧性剪切为特征的韧性伸展构造系统；岩石圈地幔部分熔融产生的镁铁质岩浆侵入地壳，沿着中上部地壳的脆性断裂系统形成基性岩墙群。

张裂(rift)一词最早是在19世纪末研究东非裂谷时提出的，是指岩石圈内部的水平离散运动(Olsen, 1995)，是岩石圈伸展构造的一类重要样式。张裂可以在地壳中形成裂谷(rift valley)，与其毗邻的是裂山(rift mountain)。将野外地质观察、室内岩石学研究与数值地球动力学模拟相结合，是研究张裂构造样式及其形成和演化的主要方法。目前，已对不同类型和样式的张裂进行了大量研究，主要集中在其形成机制、构造样式、持续时间、岩浆活动和变质作用特征等方面。

根据引起岩石圈张裂的动力来源，可以分为主动张裂和被动张裂两种类型(Sengör and Burke, 1978; Turcotte and Emerman, 1983; Olsen and Morgan, 1995)。在原始定义中，Sengör and Burke (1978)将主动张裂归因于地幔柱作用，但是造山带岩石圈下部减薄后软流圈上涌也可导致地壳主动张裂(图 9-5A)。被动张裂则是指板块边缘拉张作用力影响到岩石圈内部引起其整体减薄和张裂(图 9-5B)。因此，主动张裂属于软流圈深部过程的浅部响应，其发生前提是岩石圈从下部减薄(foundering)；被动张裂是岩石圈浅部过程的深部响应，其发生前提是岩石圈从上下两个方向减薄(necking)。无论是主动张裂还是被动张裂，从超大陆裂解角度

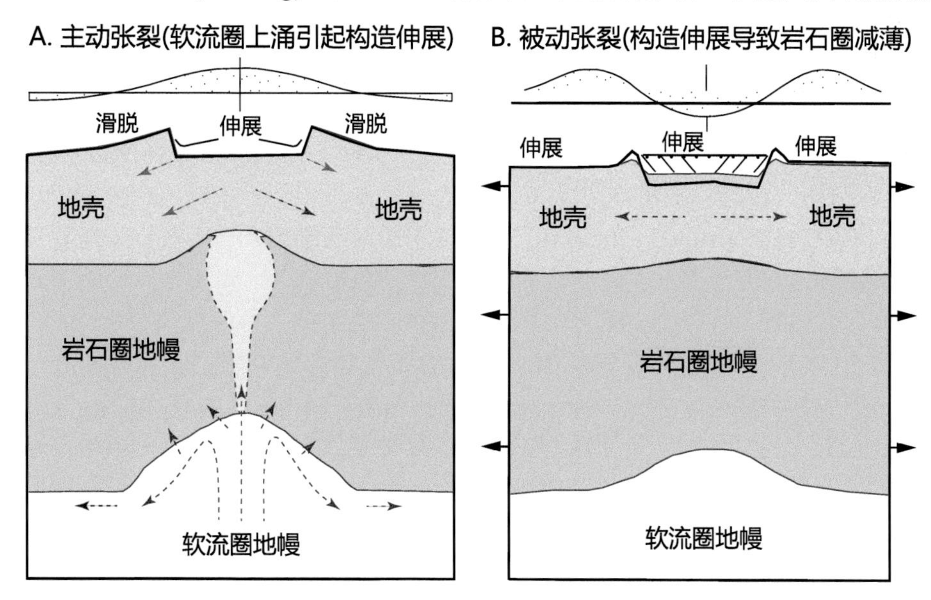

图 9-5　汇聚板块边缘岩石圈在不同方向伸展作用力之下形成不同类型张裂示意图
(修改自 Zheng and Chen, 2017)

来看，它们都是在古缝合带(岩石圈内部薄弱带)的位置上发展起来的(Wilson, 1966; Kusznir and Park, 1984; Dewey, 1988; Vauchez et al., 1997; Yoshida, 2013; Huang et al., 2019)。对于汇聚板块边缘来说，在大洋俯冲带发展的晚期阶段，俯冲大洋板片发生回卷引起上覆板块拉张形成弧后张裂盆地(e.g., Tamaki and Honza, 1991; Honza, 1993; Clark et al., 2008)，软流圈上涌是导致弧后张裂的基本原因，因此属于主动张裂。

按照岩石圈张裂在地表展示的宽度，可以分为狭窄张裂和宽阔张裂两种样式(England, 1983; Kusznir and Park, 1987; Buck, 1991; Brun, 1999)。狭窄张裂的宽度小于岩石圈厚度，一般在 50–100km 左右，所在位置的大陆岩石圈地壳厚度正常(30–40km)、地热梯度正常(~15°C/km)，典型实例是东非大裂谷。宽阔张裂的宽度大于岩石圈厚度，局部可达 800–1000km，所在发育的大陆岩石圈具有加厚地壳(60–70km)、地热梯度较高(>25°C/km)，典型实例是美国的盆岭省。控制张裂宽度的参数主要有：初始地壳厚度和岩石圈热状态、地壳组成及其伸展应变速率、岩石圈力学不稳定程度、岩石圈抗张强度与重力之间的对比关系。虽然这两类张裂都出现在现今大陆内部，但是它们发育的构造位置对应于古板块汇聚边缘。由于岩石圈减薄引起的软流圈上涌是导致大陆主动张裂的基本原因，因此减薄之后残留刚性岩石圈地幔厚度与上覆韧性地壳厚度之间的差别不仅决定了张裂发育的宽度，而且决定了地堑-地垒组合和变质核杂岩的产出。如果岩石圈地幔减薄到一个大于上覆地壳的厚度，那么软流圈上涌引起的岩石圈弱化使得下部刚性岩石圈地幔的厚度依旧大于上部韧性地壳的厚度，结果产生狭窄张裂，其中可发育地堑-地垒组合，但是缺乏变质核杂岩。一旦岩石圈地幔减薄到一个小于上覆地壳的厚度，软流圈上涌引起的岩石圈弱化使得下部刚性岩石圈地幔的厚度小于上部韧性地壳的厚度，结果产生宽阔张裂，其中发育变质核杂岩，但是缺乏地堑-地垒组合。

按照岩石圈张裂发育的程度，可以分为成功张裂和夭折张裂两种类型(Olsen, 1995; Ziegler and Cloetingh, 2004)。大西洋洋中脊是典型的成功张裂，是在潘基亚超大陆裂解的构造位置上发育起来的，形成被动大陆边缘。如果张裂未能引起大陆裂解，则称为夭折张裂，其区域构造位置可以是大陆内部(如东非裂谷)或者洋陆过渡带(如红海-亚丁湾裂谷)。虽然古缝合带是超大陆裂解最有利的构造位置(Wilson, 1966; Dewey, 1988; Vauchez et al., 1997; Yoshida, 2013; Huang et al., 2019)，但是在经受伸展构造作用时，绝大多数古缝合带都未发展进入成功张裂阶段。因此，夭折张裂是古缝合带受到伸展构造再活化的常见结果。就不同类型张裂之间的关系来说，夭折张裂属于主动张裂，一般发育在大陆张裂的早期阶段；成功张裂属于被动张裂，一般发育在大陆张裂的晚期阶段。就张裂宽度与发育程度之间的关系来说，宽阔张裂都是夭折张裂，而狭窄张裂既可以已经发展进入成功张裂阶段，也可以尚未发展进入成功张裂阶段。

按照岩石圈张裂产物在地表的表现形式，可以分为显性张裂和隐性张裂两种类型。已经发展成为洋中脊和弧后盆地等的裂陷带都属于显性张裂，出现大量镁铁质火成岩侵位，表现为洋中脊玄武岩、弧后盆地玄武岩或者大陆溢流玄武岩，因此又称为富岩浆张裂(Buck, 1991; Corti et al., 2003; Ebinger et al., 2013)。而由古缝合带转化的陆内造山带属于隐性张裂，出现大量长英质岩浆岩侵位。有的大陆张裂带可以有零星出露的大陆裂隙玄武岩，但是缺乏大陆溢流玄武岩，因此又称为贫岩浆张裂(Perez-Gussinye and Reston, 2001; Franke, 2013; Beranek, 2017)。一般来说，显性张裂是狭窄张裂，可以是成功张裂或者夭折张裂；隐性张裂不仅是宽阔张裂，而且是夭折张裂。根据在夭折张裂出露的岩浆岩性质，可将其区分为早期和晚期两个阶段：早期是大陆岩石圈地幔减薄后软流圈上涌加热上覆地壳岩石，形成花岗岩-变质核杂岩组合，属于隐性张裂；晚期是大陆岩石圈地幔和地壳整体减薄破裂，软流圈上涌并降压熔融形成大陆溢流玄武岩，属于显性张裂。

拆离断层又称滑脱断层或剥离断层，在区域伸展作用下通常沿软弱面滑脱，尤其是沿基底与盖层之间的不整合面滑脱，从而形成大型平缓正断层(Moores and Twiss, 1995; Kearey et al., 2009; 张进江和黄天立, 2019)。在汇聚板块边缘，拆离断层的上盘一般为沉积盖层，下盘为基底变质岩系(变质核杂岩)，沿滑脱断层面发育糜棱岩(图 9-6)。拆离断层与一般正断层不同，其主断层面产状平缓，断层带之上以脆性变形为主，之下以韧性变形为主。上盘盖层多是沉积地层和浅变质岩系，发育脆性正断层组合；下盘基底多为深变质岩系，多由混合岩化片麻岩等组成(Coney, 1980; Lister and Davis, 1989; Friedmann and Burbank, 1995)。

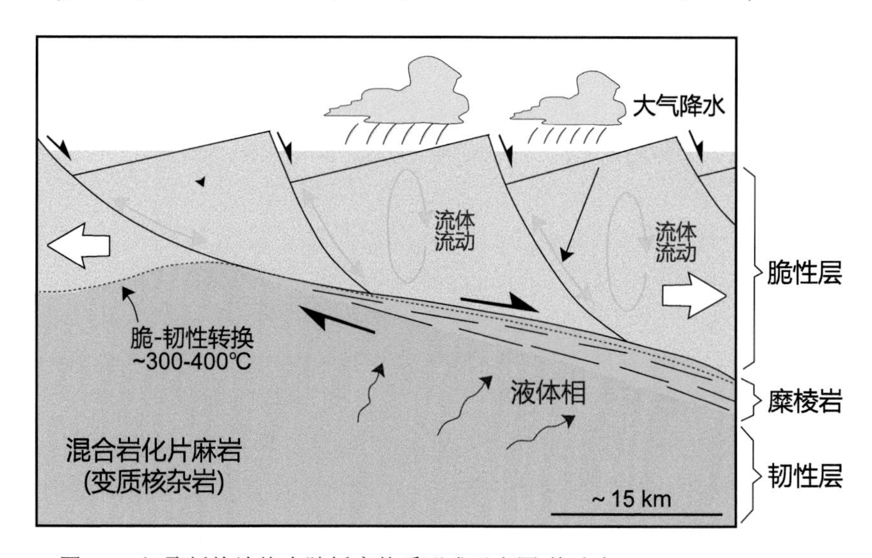

图 9-6　汇聚板块边缘大陆拆离体系形成示意图(修改自 Whitney et al., 2013)

变质核杂岩通常呈孤立的平缓穹窿形，主要由变质岩和侵入岩构成(Whitney et al., 2013; Platt et al., 2015)。变质核杂岩中还存在强烈变形的压缩构造，但它与伸展构造之间的关系一直存在争论(Searle and Lamont, 2020)。值得注意的是，变质核杂岩形成于大陆碰撞之后而不是碰撞过程中，因此压缩构造可能是早期大陆碰撞过程的产物。对拆离断层的形成机制及其与变质核杂岩基底侵位之间的关系也一直存在争论，例如热隆伸展模型(Seyfert, 1987)与区域性抽拉模型(Lister and Davis, 1989)。实际上两者考虑的是一个问题的两个方面，在本质上并不相互排斥。因此，变质核杂岩是大陆伸展构造的重要表现形式之一，是深层次区域热隆伸展作用产物，与地壳伸展作用及局部非均一热事件具有密切的时空联系。

大陆碰撞带加厚岩石圈的去根作用是引起软流圈上涌的前提，接下来就是在岩石圈减薄部位发生软流圈对流上涌引起大陆主动张裂(图 9-5A)，将深部地幔热能传输到浅部地壳，导致地壳脱水熔融乃至水化熔融，由此产生长英质熔体引起混合岩化乃至花岗岩侵位(Zheng and Chen, 2017, 2021; Zheng and Gao, 2021)。软流圈上涌是自下而上的热能传输过程，长英质熔体裹带混合岩化片麻岩上升是自下而上的物质迁移过程。从地壳深部向浅部运移的物质和能量引起上覆地壳发生构造拆离，沉积盖层发生滑脱，形成大陆拆离体系(图 9-6)。

3. 构造体制演化与转换

汇聚板块边缘双变质带的形成在时间和空间上涉及动力体制和地热梯度演化两个方面(Lister and Forster, 2009; Zheng and Chen, 2016)，由此可将板块俯冲分为两个阶段(Zheng and Chen, 2017, 2021)。早期阶段以板片-地幔楔耦合为特征，汇聚板块边缘处于压缩构造体制且具有冷到超冷的地热梯度(图 5-6A)；晚期阶段以板片-地幔楔解耦为特征，汇聚板块边缘演变为伸展构造体制且具有暖到热的地热梯度(图 5-6B)。

在汇聚板块边缘，压缩构造一般发育在大洋板块低角度俯冲阶段(图 5-6A)以及大陆板块碰撞/俯冲阶段(Zheng and Chen, 2016, 2017)。在压缩体制下，板块界面具有低的地热梯度(一般<10°C/km)，只能引起阿尔卑斯型蓝片岩-榴辉岩相变质作用，不会发生弧岩浆作用(Zheng and Chen, 2016, 2017)。无论是在大洋俯冲带还是在大陆俯冲带，在板块俯冲的早期阶段，浅部地壳从俯冲的岩石圈刮削(拆离)下来形成增生楔，内部发育不同规模的逆冲推覆体；深部地壳则在经历高压-超高压榴辉岩相变质作用后发生拆离进入俯冲隧道，以岩片形式逆冲折返(Zheng, 2021d)。所有等级变质岩均在低地热梯度下经历阿尔卑斯型变质作用，在这个压缩构造阶段俯冲带之上不仅缺乏弧岩浆作用，而且缺乏其它类型的岩浆作用(Zheng and Chen, 2016; McCarthy et al., 2018)。

在大陆碰撞带，大陆地壳的压缩构造表现为地壳的缩短和增厚，典型构造型式既有压缩型褶皱推覆构造系统，也有伸展型拆离变形构造系统(Law et al., 2010; Moores et al., 2013)。在大陆碰撞过程中，虽然板块界面发育压缩构造，但是上盘可以发育伸展构造。在大陆碰撞过程结束之际，高压-超高压变质岩的折返伴有显著的压力降低(Yamato and Brun, 2017)，伸展构造作用是深部地壳以岩片形式逆冲折返的基本机制(Zheng, 2021d)。在大陆碰撞之后，加厚的造山带岩石圈一旦发生拆沉减薄，主动张裂就会形成(Zheng and Chen, 2017)，伸展构造作用引起变质核杂岩以穹窿形式折返形成拆离断层(Zheng and Chen, 2021; Zheng and Gao, 2021)。一般来说，推覆构造发育在板块汇聚过程中，而拆离构造则是发育在板块汇聚结束之后(Zheng, 2021d)。

在汇聚板块边缘，伸展构造一般发育在大洋板块高角度俯冲阶段(图 5-6B)、大陆碰撞/俯冲结束之际或者之后(Zheng, 2021b)。在伸展构造体制下，板块界面具有高的地热梯度(>15°C/km)，地幔楔底部受到软流圈加热引起弧岩浆作用(Zheng and Chen, 2016)，弧后地壳出现巴肯型角闪岩-麻粒岩相变质作用(Zheng and Chen, 2017)。一旦板块俯冲带进入伸展阶段，深部拆离地壳就可以岩片逆冲方式折返(Zheng, 2021d)，阿尔卑斯型变质相系受到巴罗型变质作用的叠加(Zheng and Chen, 2021)。

在大洋俯冲带，伸展作用主要发生在晚期阶段，地幔楔部分熔融导致镁铁质弧岩浆作用(Zheng, 2019)。在大洋俯冲带的成熟阶段，伸展作用导致弧后乃至弧下岩石圈减薄，一方面可以引起软流圈地幔降压熔融形成拉斑质玄武岩，另一方面可以引起弧下乃至弧后地壳发生高温-超高温变质作用和长英质岩浆作用(Zheng and Chen, 2021; Zheng et al., 2021)。在大陆俯冲/碰撞后阶段，加厚的造山带岩石圈发生拆沉减薄引起软流圈上涌，导致地壳发生巴肯型变质作用，以脱水/水化熔融和混合岩化为特征(Zheng and Chen, 2017, 2021; Zheng and Gao, 2021)；先前折返到莫霍面深度附近的地壳以穹窿隆起方式折返(Zheng, 2021d)，形成片麻岩穹窿和拆离断层。

在汇聚板块边缘，如果碰撞加厚的造山带岩石圈发生去根减薄，残留的岩石圈就会发生大陆张裂作用(Rey, 2001; Zheng and Chen, 2017; Peron-Pinvidic and Osmundsen, 2020)，结果就是软流圈上涌加热减薄的岩石圈地幔，使得上覆大陆地壳发生超高温变质作用(Zheng and Chen, 2017, 2021)，引起角闪岩-麻粒岩相高温-超高温变质作用叠加在榴辉岩相高压-超高压变质带之上，伴有花岗质岩浆作用(Zheng and Gao, 2021)。

在压缩体制向拉张体制转换的过程中，俯冲隧道中的岩石在浮力驱动下发生折返(Zheng, 2021d)，不仅阿尔卑斯型蓝片岩-榴辉岩相变质岩受到巴罗型角闪岩-麻粒岩相变质叠加(Zheng and Chen, 2021)，而且折返的地壳岩石会发生降压熔融引起同折返岩浆作用(Zheng and Gao, 2021)。因此，俯冲带构造体制的变化导致了俯冲带地热梯度的变化，引起了不同类型的变质作用和岩浆作用。如何从地质记录中认识俯冲带构造体制随时间的变化，已经成为汇聚板块边缘地球系统科学研究的焦点和前沿。

4. 不同构造体制的岩石记录

汇聚板块边缘压缩和伸展构造可发生在大洋俯冲带(图 9-7A)和大陆碰撞带(图 9-7B)。虽然在这两类大型构造带出露有不同类型的沉积岩、变质岩和岩浆岩，但是这些岩石在形成时间上存在显著差别(e.g., Liu et al., 2003; Lister and Forster, 2009; Zheng et al., 2019a)。由于岩石记录在时间跨度上可以涵盖俯冲带演化的整

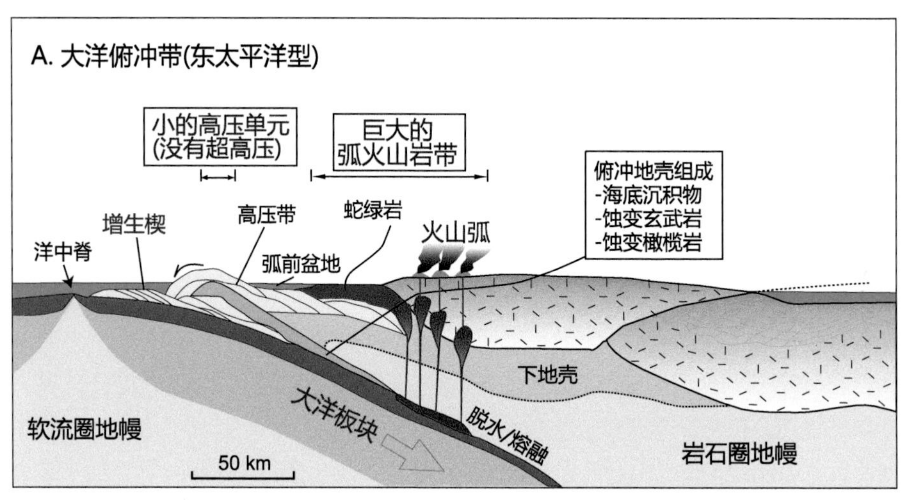

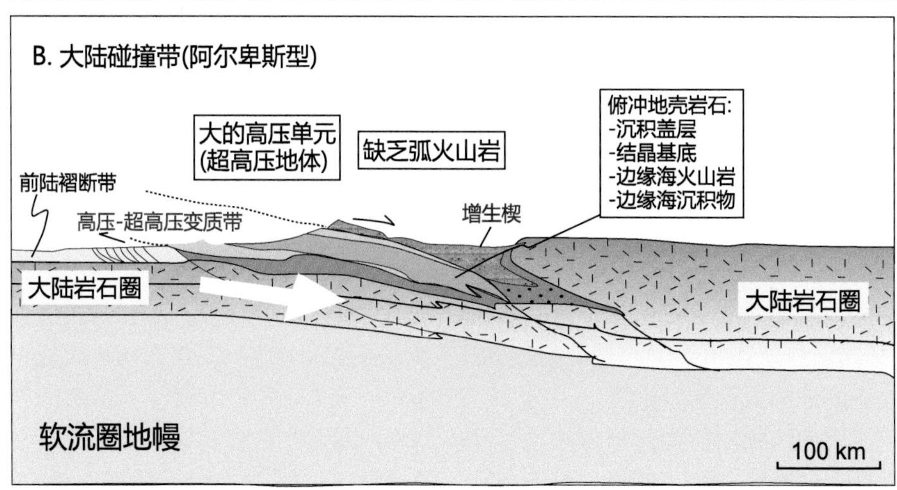

图 9-7　汇聚板块边缘两类大型构造带岩石记录不同构造体制下地质过程产物示意图
(修改自郑永飞等, 2015)

个生命周期，因此它们所反映的构造体制存在一定的差别。俯冲带产物在不同阶段的表现形式丰富多样，为研究俯冲带构造体制及其转换提供了重要的地质记录。

对于正在汇聚的板块边缘，一般可将这个时间尺度分成早期和晚期两大阶段(图 5-6)，其中早期包括俯冲起始之时，晚期包括俯冲结束之际。对于不再汇聚的板块边缘，其构造体制可以从压缩结束之际的瞬时伸展变成长期停滞，然后通过构造再活化变成伸展。前人对汇聚板块边缘岩石结构构造和沉积层序的研究为认识俯冲带构造体制奠定了基础。需要注意的是，早期阶段的压缩构造往往受到晚期阶段伸展构造的叠加，这在地质记录上如果不加区分就会“误解”构造体制。

对于变质岩来说，需要将其形成和折返时间区分开来，这是因为不仅它们所对应的构造体制存在差别，而且在热梯度上也存在差别(Zheng and Chen, 2017, 2021)。对于正在进行的俯冲带，这涉及俯冲板片倾角的变化(图 5-6)。一般来说，阿尔卑斯型变质相系形成于汇聚板块界面之间岩石圈深度压缩构造体制下的低角度俯冲所产生的低热梯度(图 5-6A)，但是其折返进入莫霍深度后则可能在提高的热梯度下受到巴罗型变质叠加。巴肯型变质相系形成于汇聚板块之间地壳深度伸展构造体制下的高热梯度，其原岩大多是形成于中等热梯度的巴罗型变质相系。

在汇聚板块边缘，增生楔中绿片岩相低级变质岩系主要形成和折返于板块俯冲到上地壳深度，所对应的是早期阶段的早期；蓝片岩-榴辉岩相高级变质岩主要形成和折返于板块俯冲到下地壳乃至岩石圈地幔深度，所对应的是早期阶段的晚期(郑永飞等, 2015; Zheng, 2021b)。无论如何，阿尔卑斯型变质作用都是形成在压缩体制下的低角度俯冲低地热梯度(图 5-6A)，而折返则发生在伸展体制下升高的地热梯度。对于巴肯型角闪岩-麻粒岩相变质岩来说，主要形成于汇聚板块之间岩石圈减薄之后的伸展阶段(Zheng and Chen, 2017, 2021)，这个阶段在大洋俯冲带属于成熟阶段(弧后张裂)，在大陆碰撞带则属于碰撞后阶段(陆内张裂)。

在板块汇聚阶段，由于压缩构造体制下的低地热梯度(图 5-6A)，即使是富含含水矿物的变质沉积岩也不可能发生显著部分熔融形成大体积的长英质岩浆(Zheng and Chen, 2017, 2021; Zheng and Gao, 2021)。但是，一旦板片俯冲角度增大，构造体制由压缩变成伸展(图 5-6B)，地热梯度也显著升高，不同类型的岩浆作用就会发生。对于镁铁质岩浆作用，俯冲大洋板片在弧下深度的回卷作用引起地幔楔加热熔融产生钙碱性玄武岩浆和安山岩浆，对应于大洋板块俯冲晚期阶段的伸展构造体制；俯冲大洋板片的进一步回卷作用引起主动大陆边缘岩石圈减薄，导致软流圈地幔降压熔融形成弧后盆地拉斑玄武岩，对应于大洋俯冲带发育成熟阶段(晚期阶段的晚期)的伸展构造体制(Zheng, 2019)。

对于长英质岩浆作用，它们基本上都是伸展构造体制下高地热梯度地质过程的产物(Zheng and Gao, 2021)。在大洋俯冲带之上的大陆弧，长英质岩浆岩既可以由镁铁质岩浆结晶分异形成，也可以由已经结晶的镁铁质岩石部分熔融形成

(Moyen et al., 2021; Zheng et al., 2021)，两者均对应主动大陆边缘在俯冲晚期阶段的伸展构造体制。在大陆碰撞带，其上盘主动大陆边缘的长英质岩浆岩是由先前侵位结晶的大陆弧镁铁质岩石部分熔融形成，而其下盘被动大陆边缘的长英质岩浆岩是由先前俯冲折返到下地壳层位的大陆地壳岩石部分熔融形成(Zheng and Gao, 2021)，两者也均对应大陆碰撞过程及之后阶段的伸展构造体制。

第三节　汇聚边缘时空演化

确定汇聚板块边缘的时空演化规律是认识俯冲带和造山带物质和能量传输规律、揭示造山带形成和演化的关键所在(Stern, 2002; Frisch et al., 2011; Zheng and Chen, 2016; Zheng, 2021b)。传统的威尔逊旋回(图 1-5)是从离散板块边缘发展到汇聚板块边缘(Wilson, 1968; Dewey and Spall, 1975; Frisch et al., 2011; Wilson et al., 2019)，具体由大陆裂解和海底扩张(图 9-8A)、大洋俯冲(图 9-8B)、大陆碰撞(图 9-8C)再到大陆裂解组成(图 9-8A)。越来越多的研究发现，在大陆成功张裂(裂解)之前的大陆夭折张裂(图 9-8D)也是威尔逊旋回的重要组成部分(Zheng and Chen, 2017, 2021; Zheng et al., 2019a; Zheng and Gao, 2021)，但是两者在形成和演化的产物上存在一定的差异。

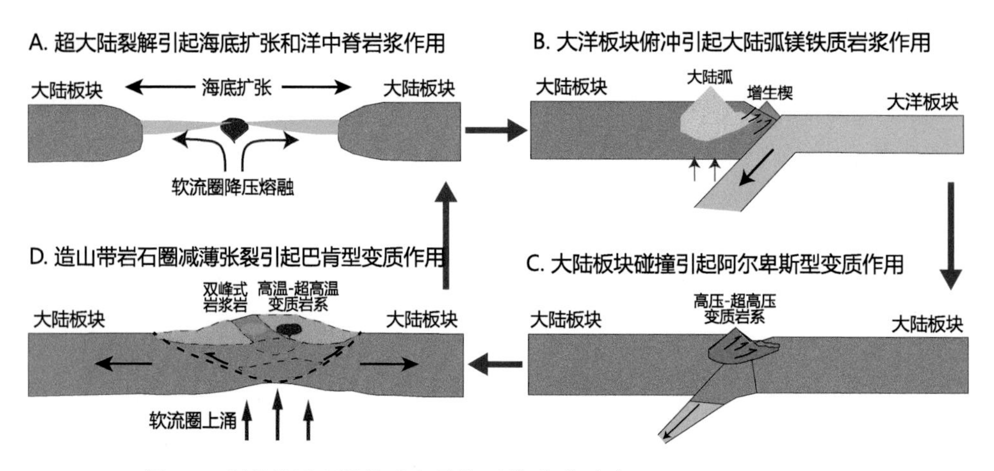

图 9-8　板块构造理论的威尔逊旋回模型(修改自 Zheng and Chen, 2021)

注：A. 超大陆裂解导致海底扩张；B. 大洋板块俯冲引起弧岩浆作用；C. 大陆碰撞导致超大陆聚合；D. 缝合带加厚岩石圈减薄引起主动张裂。超大陆裂解是成功的显性张裂，大陆张裂但未裂解是夭折的张裂，在表现形式上既可以是显性的也可以是隐性的。

俯冲带与造山带之间在结构和成分上具有继承和发展的关系，板块汇聚导致陆缘造山带的形成，汇聚板块边缘的夭折张裂导致陆内造山带的形成(Zheng and Chen, 2017, 2021; Zheng and Zhao, 2017; Zheng, 2021b; Zheng and Gao, 2021)。确定俯冲进行时形成的陆缘造山带结构、变质作用和岩浆作用产物的性质，可以为理解陆内造山带的形成和演化提供重要线索。由于造山带形成机制和叠加改造的多样性，恢复陆缘造山带和陆内造山带所经历的构造演化历史需要多学科的交叉融合。汇聚板块边缘在俯冲进行时与俯冲过去时之间如何发生时间和空间上的演化？如何从大陆碰撞带演化成海底扩张带？这些都是汇聚板块边缘时空演化研究的焦点和前沿。

1. 板块边缘造山作用

板块边缘岩石圈发生剧烈构造变动，导致其物质与结构的重组，使地壳物质在结构和成分上发生显著变化，在板块边缘形成狭长的强烈构造变形带，在地貌上表现为带状隆起的山脉(Allègre, 1988; Johnson and Harley, 2012; Zheng and Chen, 2017)。因此，造山作用就是地壳局部受力，导致岩石急剧变形变质，并发生大规模隆起形成山脉的构造运动(Johnson and Harley, 2012)。虽然造山作用仅在板块边缘形成局部狭长的山脉，但是对地壳岩石的影响程度大，可以在很大范围内形成复杂的褶皱、断裂以及推覆或者拆离构造等，并且引起板块边缘地壳的生长或者再造。因此，造山作用就是在地球表层上产生强烈变质变形的、规模巨大的带状大地构造单元(Frisch et al., 2011)。

根据板块边缘造山作用的性质，可以划分出增生造山、碰撞造山和张裂造山三种类型(图 1-4 和图 9-9)。其中碰撞造山是威尔逊旋回的重要组成部分，而增生造山和张裂造山是对威尔逊旋回的重要补充(Cawood et al., 2009; Zheng, 2021b)。这三种类型的造山作用在形成时间上有先后关系，不仅晚期造山往往会叠加在早期造山带的结构和成分上，而且晚期挤压和伸展构造也会叠加在早期挤压和伸展构造上。晚期造山作用对早期造山带的叠加改造是造成陆内造山带在地质结构、物质组成和构造特征等方面复杂性的基本原因(e.g., Zheng et al., 2013; Zheng, 2021b; Zheng and Chen, 2021)。碰撞造山可以是陆陆碰撞或者陆弧碰撞，不过俯冲的总是相对古老的大陆岩石圈(郑永飞等, 2015)。

增生造山出现在大洋俯冲带之上的主动大陆边缘(图 9-10A)，那里常见地震和火山活动。增生造山可以由三种途径来实现(Zheng, 2021b)：一是大陆弧岩浆垂向侵位引起主动大陆边缘新生地壳生长；二是俯冲大洋板块表壳沉积物和火山岩在受到仰冲刮削后拼贴到主动大陆边缘形成增生楔；三是俯冲大洋板块上的岛弧、洋岛、海山或大洋高原侧向增生到大陆边缘。南美的安第斯山是典型的增生造山作用产物，在那里太平洋板块俯冲于南美大陆之下，不仅出现安山质大陆弧火山岩，而且有增生楔拼贴到大陆边缘。大洋弧侧向增生到大陆边缘这个组成部分只在少数地方可见(Frisch et al., 2011)。

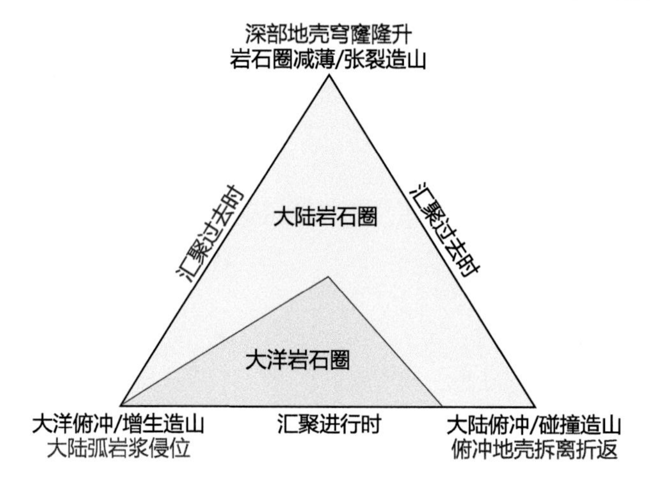

图 9-9　汇聚板块边缘构造作用及其对应的造山作用和地质过程(修改自 Zheng and Chen, 2021)

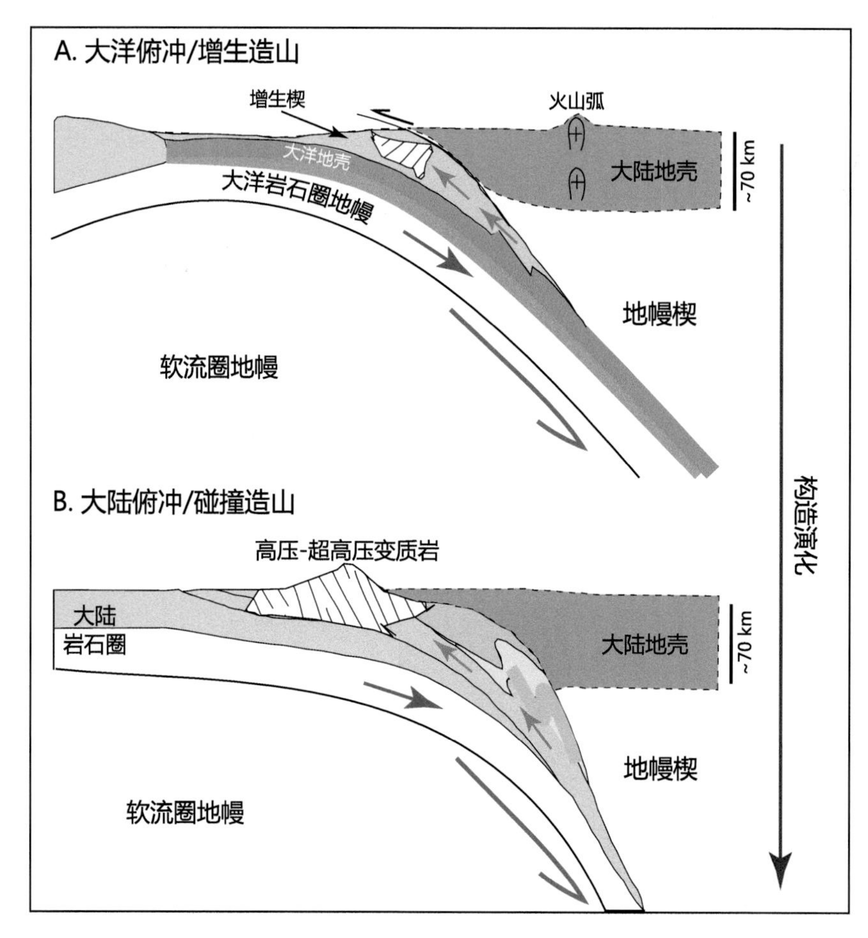

图 9-10　汇聚板块边缘俯冲带与造山带类型关系示意图(修改自郑永飞等, 2015)

碰撞造山发生在碰撞大陆边缘(图 9-10B)，那里地震活动显著，但是缺乏火山喷发。在大陆碰撞过程中，大陆边缘基底和盖层岩石受到紧密褶皱和逆冲推覆，一系列地壳楔在不同深度沿低角度层间滑脱面拆离开来，相互逆冲叠覆，导致碰撞造山带的地壳增厚。例如，印度大陆与亚洲大陆之间在新生代早期的古新世和早始新世发生碰撞(Yin and Harrison, 2000; Zheng and Wu, 2018)，在大陆碰撞结束之际的始新世晚期深俯冲陆壳以岩片逆冲方式折返到下地壳层位，从而形成现在所观测到的喜马拉雅山加厚地壳。在大陆碰撞之后的中新世时期，岩石圈地幔减薄引起加厚下地壳部分熔融，导致花岗岩-混合岩-麻粒岩以及变质核杂岩以穹窿隆起方式从下地壳层位折返到上地壳层位，对应于青藏高原的隆升。

在文献中有大陆碰撞和大陆俯冲之分，其中大陆碰撞是针对地壳深度而言，指两个大陆地壳之间开始接触；而大陆俯冲则延伸到岩石圈地幔深度，因此是先有地壳碰撞、后有岩石圈俯冲到地幔深度。“大陆碰撞”这个术语出现在人们认识到大陆深俯冲形成超高压变质岩这个现象之前。在大陆碰撞过程的第一阶段，俯冲盘地壳盖层可以在<10km 的浅部深度顺层拆离折返并像大洋俯冲带增生楔一样拼贴到仰冲盘前缘(Zheng et al., 2005; Zheng, 2021d)。在第二阶段，俯冲盘与仰冲盘地壳主体在巨大的挤压动力作用下产生压缩构造，形成紧闭褶皱和逆掩断层。在第三阶段，俯冲大陆地壳的基底和盖层可在岩石圈地幔的不同深度发生顺层拆离，然后沿俯冲隧道折返形成大型推覆体，例如阿尔卑斯山区推覆体的位移可超过 100km(Frisch et al., 2011)。

张裂造山也发生在板块边缘，其中成功张裂引起大陆裂解和海底扩张，在离散板块边缘形成洋中脊(Searle, 2013)，这个洋中脊就是典型的海底张裂造山，属于被动张裂岩浆作用产物。在大陆碰撞带，大陆主动张裂发生在加厚岩石圈减薄之后，是软流圈上涌引起加厚地壳变质脱水和部分熔融的结果(图 9-11)，形成主动张裂深熔变质作用产物。先前在这里发生的板块汇聚已经停止，因此是远离现今正在活动的板块边缘。大陆张裂产生显著的伸展构造格局，形成大陆拆离体系，但是相对缺乏地震。与此同时，大陆张裂引起强烈的变质作用和岩浆活动，花岗岩-变质核杂岩组合的上升侵位导致地面大幅度抬升产生滑脱构造，从而在大陆内部形成宏伟的褶皱山系，看上去是陆内造山带，实际上是张裂造山作用的产物。

在板块汇聚过程中，造山作用不仅可以通过大洋俯冲带主动大陆边缘地壳的增生来实现(图 9-10A)，而且可以通过大陆碰撞带被动大陆边缘地壳的拆离/折返来实现(图 9-10B)。不过，汇聚板块边缘的岩石圈加厚在增生造山带主要是通过大陆弧岩浆侵位来实现的(图 9-12A)，而在碰撞造山带是通过地壳挤压收缩乃至褶皱推覆来实现的(图 9-12B)。在这两类造山带，俯冲到岩石圈地幔深度的地壳在拆离后都可以通过岩片逆冲以构造推覆机制折返到莫霍面及其以上不同深度(Zheng, 2021d)。在不再汇聚的板块边缘，加厚的造山带岩石圈可发生减薄(图 9-11A)，嗣后在软流圈上涌的作用下发生主动张裂(图 9-11B)，由此可引起地壳岩石在高热梯度下发生深熔变质作用(Zheng and Chen, 2017, 2021)，出现以变质核杂岩穹窿式侵位为机制的地壳折返(Zheng, 2021d)。

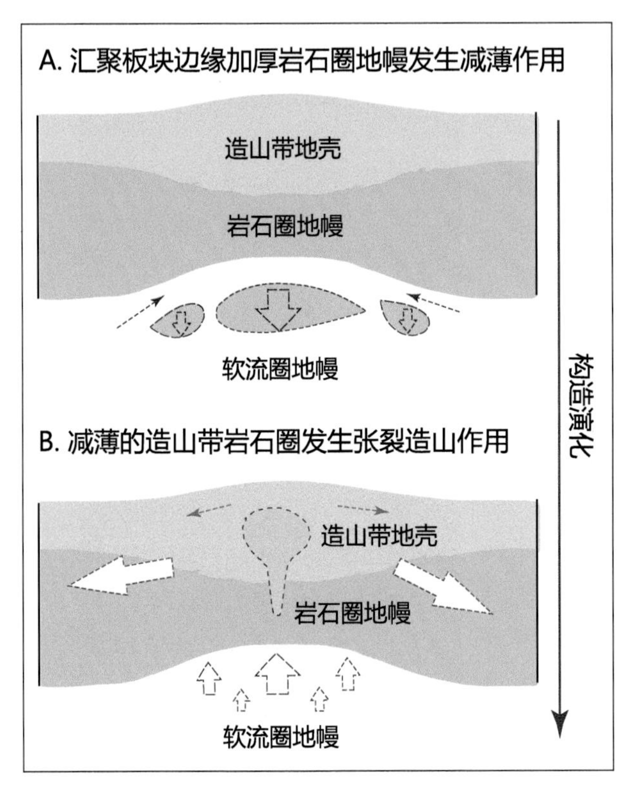

图 9-11　汇聚板块边缘从加厚岩石圈减薄到张裂造山的构造演化示意图
(修改自 Zheng and Chen, 2017)

2. 板块边缘造山带演化

前人对造山带的研究基本上注重的是俯冲进行时，忽视了俯冲带的结构和过程会随时间而变化(Zheng and Zhao, 2017, 2020; Zheng and Chen, 2021)。即使对正在汇聚的板块边缘，其结构、过程和产物也随时间而变化(Zheng, 2019, 2021b)。例如，早期低角度挤压体制下的冷俯冲在晚期会变成高角度拉张体制下的热俯冲，古俯冲带在岩石圈减薄后会形成大陆张裂带，其中成功张裂带就成为大陆裂解和海底扩张带，而夭折张裂带则成为陆内造山带，文献中常称为陆内再活化带、热造山带或超热造山带等(Zheng and Chen, 2017, 2021; Zheng and Gao, 2021)。

无论是增生造山还是碰撞造山(图 9-10)，虽然这两类造山带的形成看上去与板块汇聚过程同步，实际上二者发生在板块汇聚的不同阶段(Zheng and Zhao, 2017, 2020; Zheng and Chen, 2021)。对于增生造山带来说，大洋板块俯冲晚期阶段的大陆弧镁铁质岩浆垂向侵位引起新生地壳生长是造山作用的主导机制(图 9-12A)。对于碰撞造山带来说，大陆地壳俯冲到岩石圈地幔深度之前所发生的碰撞加厚以及俯冲到岩石圈地幔深度之后沿俯冲隧道的逆冲折返，都是造山作用的主导机制(图 9-12B)。如果从增生造山带发展到碰撞造山带，则成为复合造山带(Zheng, 2021b)，典型实例是喜马拉雅-青藏高原造山系(Zheng et al., 2013)和秦岭-桐柏造山系(Wu and Zheng, 2013)。

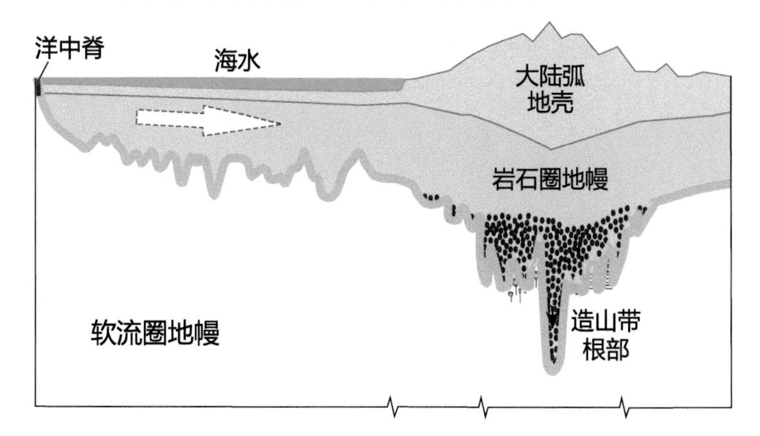

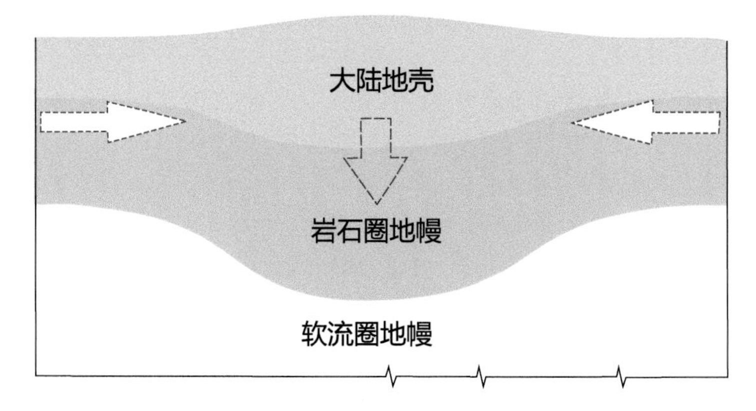

图 9-12　引起汇聚板块边缘岩石圈加厚的两类板块俯冲作用(修改自 Zheng and Chen, 2016)

注：A. 大洋板块俯冲引起大陆弧岩石圈加厚；B. 大陆板块俯冲引起大陆碰撞带岩石圈加厚。虽然岩石圈在这两类汇聚板块边缘的加厚机制不同，但是加厚岩石圈在一段时间后都会由于重力不稳定而发生减薄和垮塌。

张裂造山作用发生在汇聚板块边缘的薄弱地带(图 9-11)，一般经历三个阶段：(1) 汇聚板块边缘碰撞/俯冲加厚岩石圈的减薄；(2) 减薄岩石圈在软流圈上涌的作用下伸展；(3) 减薄岩石圈底部受到软流圈加热后发生脱水熔融。结果是在大陆碰撞带发生碰撞后高温低压变质作用和双峰式岩浆作用(长英质为主)，其中花岗质岩浆的漂浮上升导致变质核杂岩侵位及其上覆地壳的拆离，形成滑脱构造(Zheng and Chen, 2021)。由于张裂造山作用出现在现今大陆内部，过去认为其形成与板块俯冲或大陆碰撞无关，曾被称为克拉通内部造山、陆内造山(Zheng and Chen, 2017, 2021)。但是，其产物常常在结构和成分上表现出与增生/碰撞造山带之间的继承关系。

当两个板块不再汇聚之后，板块边缘处于不活动状态，直到加厚的造山带岩石圈发生去根作用而减薄(图 9-11A)。减薄机制可以是重力不稳定引起的拆沉(Bird, 1979)，也可以是软流圈地幔的侧向对流侵蚀(Houseman et al., 1981)。无论哪种机制，减薄的造山带岩石圈在软流圈上涌的作用下会发生大陆张裂作用(图 9-11B)。这时汇聚板块边缘的地热梯度明显升高，出现巴肯型高温低压变质作用和广泛的长英质岩浆作用(Zheng and Zhao, 2017; Zheng and Chen, 2021)，形成以花岗岩-变质核杂岩组合为特征的陆内造山带。虽然这类陆内造山带的形成属于俯冲过去时，但是张裂造山带与增生造山带和碰撞造山带在地貌效应上都以深部物质上升到浅部出现正地形为特征。

3. 板块边缘构造演化

在古缝合带基础上发展起来的大陆张裂(Wilson, 1966; Vauchez et al., 1997; Buiter and Torsvik, 2014; Zheng and Chen, 2017)，其中成功张裂演化成大洋张裂(例如大西洋中脊)，对应于从汇聚板块边缘发展成为离散板块边缘(图 1-2)。尽管大陆夭折张裂也是从古缝合带演化而来(Zheng and Chen, 2017, 2021)，但是尚未演化成为离散板块边缘；在地表一般以花岗岩-变质核杂岩组合出现，缺乏地堑-地垒组合的裂陷带，因此属于隐性张裂。

蛇绿岩的原岩形成于洋中脊，但是其构造侵位是在汇聚大陆边缘(e.g., Dilek and Furnes, 2011, 2014; Furnes et al., 2014, 2020; Zheng and Chen, 2016)，指示离散板块边缘已经发展成为汇聚板块边缘(图 9-13)。值得注意的是，蛇绿岩兼具两类地质学信息(e.g., Moores et al., 2000; Pearce, 2003; Metcalf and Shervais, 2008; Zheng and Chen, 2016)：(1) 岩石学上，蛇绿岩表现出典型的洋中脊火成岩层序；(2) 地球化学上，蛇绿岩套中的火成岩常常表现出岛弧型微量元素组成。此外，在蛇绿岩底部常常发育有巴罗型角闪岩-麻粒岩(Agard et al., 2016)，指示了洋中脊转换为俯冲带的俯冲起始过程。岩石学和地球化学信息上的双重性是蛇绿岩所具有的突出特点，正确理解这种双重性能为我们认识大洋板块俯冲起始-夭折-再起始过程提供关键证据(e.g., Zhang et al., 2019; Zhao et al., 2021)。

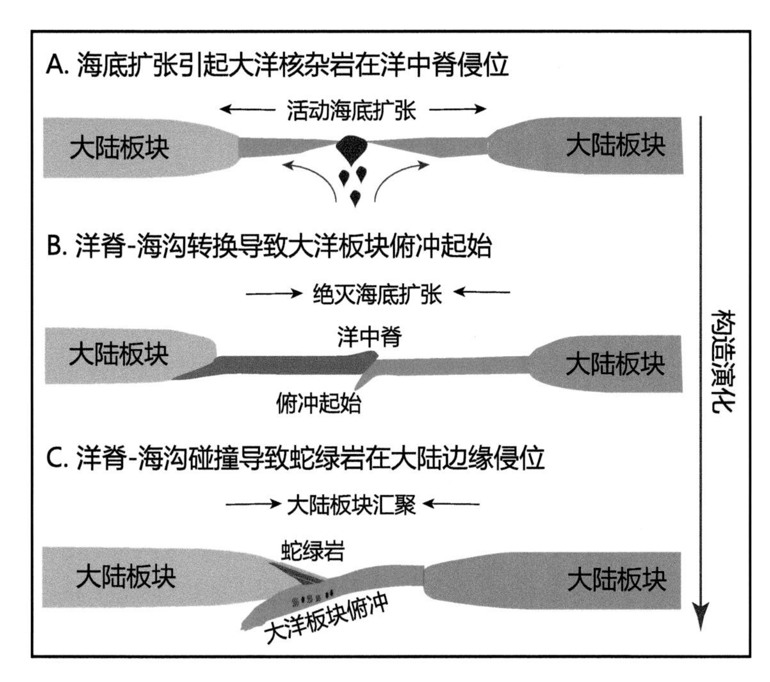

图 9-13　从离散板块边缘的海底扩张演化成为汇聚板块边缘的俯冲起始示意图
(修改自 Zhao et al., 2021)

根据板块俯冲起始模型(Stern, 2004; Stern and Gerya, 2018)，一旦大洋板块边缘从离散状态变成汇聚状态，洋中脊一侧的大洋板块就变成了俯冲板块(下盘)，另一侧就变成了上覆板块(上盘)。这时俯冲板块表层的洋壳火成岩和海底沉积物就会发生变质脱水和部分熔融，在中等地热梯度下析出流体交代上覆大洋地壳和岩石圈地幔(Zhao et al., 2021)，由此产生的交代岩可以具有岛弧型微量元素地球化学信息(Zheng, 2019)。如果俯冲出现夭折，大洋板块边缘有可能从汇聚状态变成离散状态，形成新的海底扩张(图 9-13A)，这时软流圈地幔一方面降压熔融形成新的洋中脊玄武岩，另一方面加热离散板块边缘的交代岩形成高镁安山岩。如果俯冲出现再起始，大洋板块边缘又从离散状态变成汇聚状态，形成新的俯冲带(图 9-13B)，洋中脊所在的大洋岩石圈上部火成岩既含有正常洋中脊玄武岩，也含有岛弧型玄武岩。当这两类玄武岩随同大洋岩石圈俯冲到大陆边缘时发生构造侵位(图 9-13C)，就会形成现今出露的蛇绿岩套。因此，对蛇绿岩套的研究可以用来恢复俯冲起始-夭折-再起始等循环往复过程，对应有海底扩张-夭折-再扩张等循环往复过程，为认识大洋板块边缘在离散状态与汇聚状态之间的交替变化提供了关键记录。

在洋中脊和弧后裂谷都可以出现俯冲起始(Stern, 2004; Stern and Gerya, 2018)，在构造体制上对应于从伸展构造转变成压缩构造。从海底扩张到俯冲起始之间的时间间隔一般不会太长，可能在几个乃至几十个百万年的尺度。俯冲的大陆边缘往往是裂解的大陆边缘，这在大别-苏鲁造山带(Zheng et al., 2019a)和西阿尔卑斯造山带(McCarthy et al., 2021)都非常明确，指示汇聚板块边缘是从离散板块边缘发展而来的。不过，两者在时间上存在较大差距，可能在几十个到几百个百万年的尺度。

在板块俯冲过程中，汇聚边缘岩石的矿物组成、密度、水含量等物理化学性质不断发生变化，导致俯冲角度、动力体制和温压结构等物理变量以及俯冲带流体性质和壳幔相互作用类型等也在改变(Stern, 2002; Frisch et al., 2011; Zheng and Chen, 2016)。不同的俯冲带起始物质、板块边界特征、上覆岩石圈地幔性质等因素都会导致俯冲带演化过程的差异。从大洋俯冲的增生造山到大陆俯冲的碰撞造山再到古缝合带的张裂造山，在汇聚板块边缘演化的不同阶段产生了不同的构造体制以及不同类型的变质岩和岩浆岩(图 9-14)。

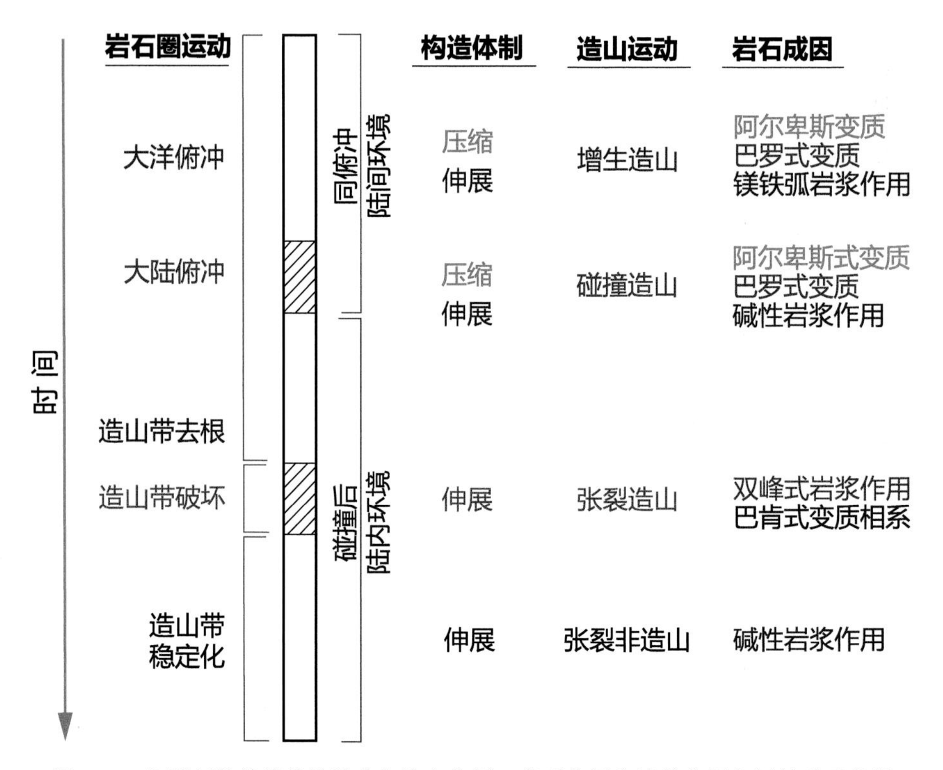

图 9-14　汇聚板块边缘构造演化与造山作用、变质作用和岩浆作用之间关系示意图
(修改自 Zheng et al., 2019b)

就大洋俯冲带而言(图 9-10A 和图 9-12A)，增生造山带的形成是通过大陆弧岩浆作用将幔源物质增生到地壳层位来实现的(Zheng, 2021b)，但是在这之前是俯冲大洋板块表层火山岩和沉积物受到刮削并堆砌到活动大陆前缘形成增生楔(Frisch et al., 2011; 郑永飞等, 2015)，在这之后还可能出现俯冲大洋板片继续回卷所引起的弧后伸展(Clark et al., 2008; Frisch et al., 2011)。增生造山带在东太平洋俯冲带之上的南美安第斯造山带最为典型，在亚洲大陆内部的中亚造山带、秦岭造山带和喜马拉雅-青藏高原复合造山系实际上属于汇聚大陆之间的增生造山带(Zheng et al., 2013)。

就大陆俯冲带而言(图 9-10B 和图 9-12B)，碰撞造山带是两个大陆块体之间相互作用的产物，典型代表如喜马拉雅造山带、西阿尔卑斯造山带、大别-苏鲁造山带和柴北缘造山带。在两个大陆碰撞之前有时存在古大洋板块俯冲形成的增生造山带，例如喜马拉雅造山带以北的冈底斯造山带就是新特提斯大洋板片俯冲作用的产物(Yin and Harrison, 2000; Zheng et al., 2019b)。但是，在华南-华北两个大陆碰撞形成大别-苏鲁造山带之前，虽然也存在古特提斯大洋板片的俯冲，但是并未形成增生造山带(Zheng et al., 2019a)。

大陆碰撞过程有早阶段挤压和晚阶段拉张之分。大陆碰撞的挤压作用导致岩石圈加厚(图 9-12B)，而碰撞之后的造山带岩石圈去根作用(图 9-11A)则会引起大陆主动张裂(图 9-11B)，将古缝合带改造成为陆内造山带(Zheng and Chen, 2017, 2021)。对大陆碰撞带而言，其上盘可以是先前大洋俯冲带之上的增生造山带(例如冈底斯)，也可以是古大洋俯冲带之上的克拉通边缘(例如华北陆块南缘)。无论哪种情况，在大陆碰撞期间，其上盘会出现构造伸展作用引起的深熔变质作用乃至岩浆作用(Zheng, 2021b)。

在大陆碰撞之后，一旦碰撞加厚的岩石圈地幔发生去根减薄作用(图 9-11A)，在大陆碰撞带的上盘和下盘都会出现张裂造山(图 9-11B)。软流圈上涌将热能从软流圈地幔传输到岩石圈地幔减薄后的地壳，不仅引起巴肯型高温低压变质作用，而且使下部地壳发生脱水熔融形成长英质熔体(Zheng and Chen, 2017, 2021)。这些高温低压变质过程是在先前俯冲带的基础上发展起来的，由此产生了古板块边缘的张裂造山带，其具体性质取决于大陆岩石圈减薄后张裂的速率以及软流圈地幔上涌的效率(Zheng and Zhao, 2020; Zheng and Gao, 2021)。

一般来说，俯冲板块边缘在低的地热梯度下表现出刚性行为，使得表壳岩石能够俯冲到大陆岩石圈地幔之下的软流圈地幔深度(图 9-15A)；在中等地热梯度下则表现出韧性行为，表壳岩石只能俯冲到大陆下地壳深度(图 9-15B)。由此可以区分出两种体制的板块构造(Zheng and Zhao, 2020)：(1) 主要出现在显生宙时期的、以冷俯冲为特征的现代板块构造，在俯冲过程中地壳岩石以亚固相变质脱水为特征，难以发生部分熔融，典型产物是阿尔卑斯型蓝片岩-榴辉岩相变质系列；(2) 主要出现在前寒武纪时期的、以暖俯冲为特征的古代板块构造，在俯冲过程中地壳岩石以超固相脱水为特征，可以发生部分熔融，典型产物是巴罗型角闪岩-麻粒岩相变质系列及其伴生的埃达克质岩浆岩。

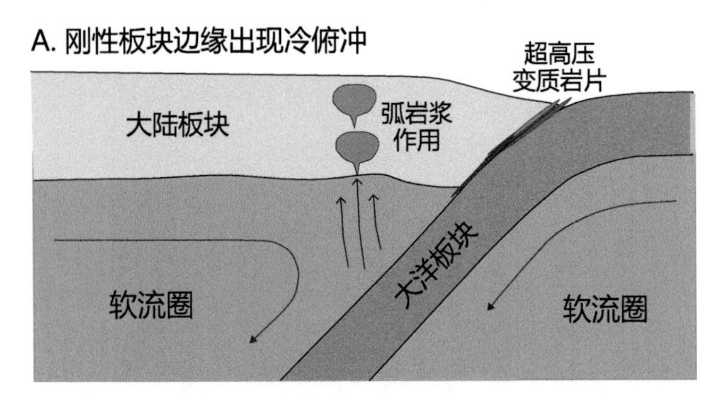

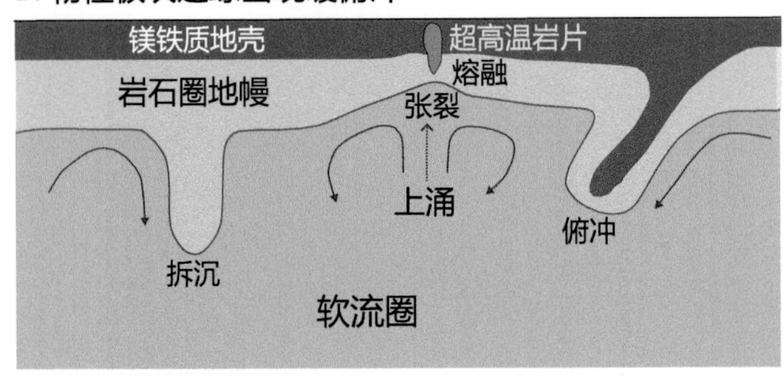

图 9-15　板块边缘流变学性质与俯冲带热状态之间关系示意图(修改自 Zheng and Zhao, 2020)

注：A. 显生宙时期刚性板块边缘出现冷俯冲；B. 太古宙时期韧性板块边缘出现暖俯冲。

由于太古宙地幔温度较高(Herzberg et al., 2010; Ganne and Feng, 2017)，海底扩张在洋中脊所形成的大洋地壳可厚达 30–40km (Goodwin, 1996; Hamilton, 1998; Herzberg and Rudnick, 2012)。在太古宙大洋俯冲带，板块边缘在较高温度下处于韧性状态(Zheng and Zhao, 2020)，俯冲的大洋岩石圈可以在弧前深度加厚(Zheng, 2021b)，类似于显生宙大陆碰撞带(图 9-12B)。在加厚岩石圈地幔减薄后(图 9-11)，加厚的洋壳可以发生部分熔融，形成 TTG 质花岗岩(Zheng, 2021b)。根据太古宙 TTG 岩石氧同位素地球化学数据(Li et al., 2021a; Smithies et al., 2021; Wang X L et al., 2022)，可见太古宙大陆核不是从大洋高原演化而来，而是从洋中脊成因的大洋地壳(加厚到 30–40km)衍生出来的(Zheng, 2021b)。因此，太古宙大陆核的生长首先是从离散板块边缘形成加厚洋壳演化到汇聚板块边缘发生部分熔融(Li et al., 2021a; Wang X L et al., 2022)，然后才是大洋俯冲引起新生弧地体侧向增生和垂向生长(新的汇聚板块边缘)。

第十章　汇聚板块边缘地球动力学

第一节　大洋俯冲带深部过程和产物

根据大洋板片俯冲的深度差别，可以将地幔楔分成小地幔楔(图 1-3)和大地幔楔(图 5-7)两大类。地震层析成像显示，太平洋板块俯冲到东亚大陆之下的地幔过渡带后，表现为停滞的大洋板片(赵大鹏等, 2004; Huang and Zhao, 2006)，形成大陆边缘之下的大地幔楔(图 10-1)。针对这个地球物理观测，已有研究将太平洋板块俯冲在地幔过渡带的停滞与中国大陆东部新生代洋岛型玄武岩成因联系起来(徐义刚等, 2018; 朱日祥和徐义刚, 2019)。由于中国大陆东部洋岛型玄武岩的形成可追溯到早白垩世的 121Ma(Dai et al., 2016)，也有研究强调这些晚中生代到新生代洋岛型玄武岩的地幔源区是古太平洋板片西向俯冲到华北克拉通之下析出熔体交代大地幔楔形成的(Xu and Zheng, 2017; 郑永飞等, 2018)。无论哪种过程和产物，当板片或其衍生物质(如变质脱水释放的富水溶液或者地壳熔融形成的含水熔体)在不同深度与不同大小地幔楔岩石接触时，物理条件和化学成分的巨大差异会导致二者之间发生化学反应，形成具有特殊成分和性质的新矿物相或组合，并改造地幔楔中部分岩石的化学成分形成地幔交代岩，导致地幔的化学不均一性(Zheng, 2019)。

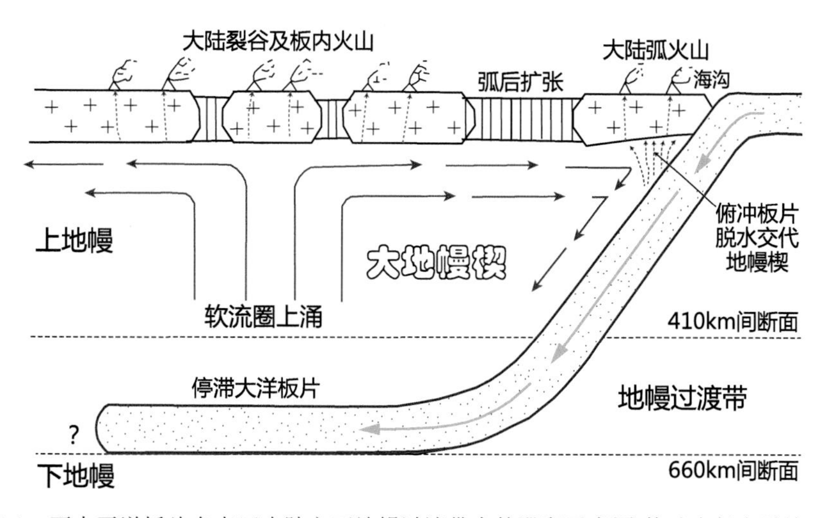

图 10-1　西太平洋板片在东亚大陆之下地幔过渡带中的滞留示意图(修改自赵大鹏等, 2004)

注：俯冲大洋板片在大地幔楔之下的热对流导致软流圈上涌, 从而导致中国东部大陆岩石圈张裂和板内火山作用。

在小地幔楔底部，俯冲板片在 80–160km 的弧下深度发生变质脱水乃至部分熔融(Zheng, 2021b)。一方面，经受高压–超高压变质的地壳岩石沿着俯冲隧道折返，成为出露地表的蓝片岩相–榴辉岩相变质岩(Zheng, 2021d)。另一方面，板片衍生流体向上迁移交代小地幔楔底部，所形成的地幔交代岩比正常橄榄岩在岩石化学上相对饱满、在地球化学上相对富集，在受到加热后易于部分熔融形成岛弧型镁铁质岩浆。一旦板片俯冲到大地幔楔底部，地壳岩石在>200km 的后弧深度因超过折返极限就不再以超高压变质岩的形式折返，而是将地壳组分迁移进入大地幔楔，其中板片熔体对大地幔楔的交代作用形成洋岛型玄武岩的源区(Zheng, 2019)。

在大地幔楔的情况下，随着板片俯冲到地幔过渡带乃至下地幔(图 10-2)，俯冲地壳随着温度压力的升高，不仅经历变质脱水和部分熔融，而且发生一系列矿物相变(Schmidt and Poli, 2014; 郑永飞等, 2016; 魏春景和郑永飞, 2020)。俯冲地壳变质成因榴辉岩中的金红石在弧下深度可以稳定存在，但是在后弧深度就会发生分解，由此形成不同成分的板片熔体交代大地幔楔。只有在极端快速俯冲的特殊情况下，俯冲地壳中的含水矿物才能在较大深度得以亚稳定幸存；一旦俯冲板片受到周围地幔的加热，其中的亚稳定矿物就会发生分解。与此相比，大地幔楔

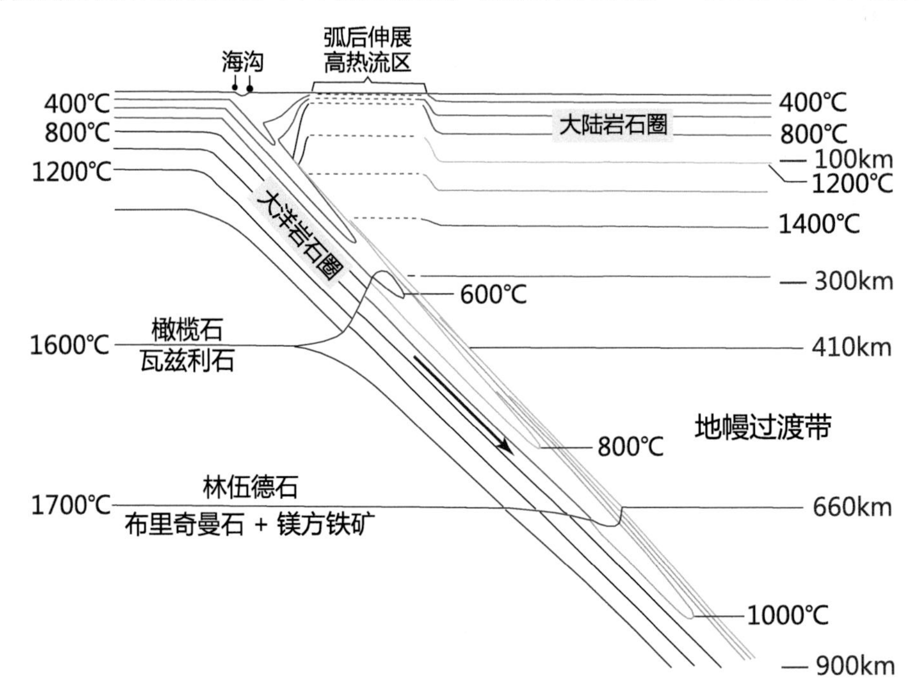

图 10-2　俯冲板片在后弧深度上地幔矿物相变与温度关系示意图

注：岩石圈/软流圈界面的温度一般在 1200–1300°C，地幔过渡带顶部的温度为~1600°C，地幔过渡带底部的温度为~1700°C。

本身在温度压力条件上随深度而变化，在地幔过渡带可以高达1600–1700℃和12–20GPa(图10-2)。因此，停滞在地幔过渡带的俯冲大洋板片会在这样高的温度压力条件下发生脱水熔融，析出流体交代上覆大地幔楔。

第二节　板块边缘动力来源

在二十世纪六十年代板块构造理论建立之初，人们将水平运动作为区分板块构造与槽台构造的标志(e.g., Allègre, 1988; Frisch et al., 2011)。进入二十一世纪以来，人们把自上而下的俯冲构造作为识别板块构造起始的标志(Stern, 2004; Korenaga, 2013; Stern and Gerya, 2018)。在板块构造运动体系中，实际上既有自上而下的岩石圈俯冲，也有自下而上的软流圈上涌 (Le Pichon et al., 1973; Cox and Hart, 1986; Kearey et al., 2009)。大陆漂移是水平运动，板块俯冲是垂直运动，海底扩张又是水平运动。海底扩张和大陆漂移是个联动体系(图1-5)，两者在地球不同位置的相向运动是岩石圈板块保持质量和动量守恒的基础(Le Pichon et al., 1973; Cox and Hart, 1986)。

1. 板块运动的驱动力

板块运动驱动力的问题也是大陆漂移驱动力的问题，后者主要考虑的是板块整体的水平运动(Frisch et al., 2011)。自板块构造理论创建以来，针对板块运动的动力来源提出了很多假说(Bott, 1993; Lithgow-Bertelloni and Richards, 1998)，主要有板片拉力、洋中脊推力和海沟吸力(图 10-3)以及地幔岩石相变驱动和密度差产生的浮力等(Goes et al., 2017; 孙卫东, 2019; 陈凌等, 2020)，其中涉及的既有水平运动也有垂直运动。对各个驱动力在板块运动中所发挥作用的大小和尺度，一直是地球动力学界争论的热点和前沿。

在板块构造理论建立之初，一般将地幔对流作为板块运动的驱动力(e.g., Davies, 1978; Siever, 1983)。随着计算地球动力学模拟研究的深入(Richter, 1973; Forsyth and Uyeda, 1975; Chapple and Tullis, 1977; Lithgow-Bertelloni and Richards, 1998)，人们逐渐认识到，刚性岩石圈位移速率比下伏韧性软流圈位移速率大一个数量级，因此地幔对流不可能成为板块运动的驱动力，而俯冲板片的重力才是板块运动的主要驱动力。地质学观察显示，俯冲的大洋岩石圈在进入弧下深度后，玄武质地壳发生榴辉岩化(Ringwood, 1976)。由于地壳榴辉岩的密度比地幔橄榄岩大，板片重力牵引能够使得俯冲继续进行(Anderson, 2007)。

与此相比，在海底扩张之处的离散板块边缘，软流圈地幔可以发生降压熔融，形成洋中脊玄武岩，并向两侧对称生长产生推力。因此，洋中脊推力也是引起板块运动的动力之一(Orowan, 1964, 1965; Seyfert, 1968)。在板块构造理论创建的早期阶段，许多科学家采用洋中脊推力作为板块运动的主要驱动力(Maxwell, 1968; Richardson et al., 1976; Seyfert and Sirkin, 1979)。但是自进入二十一世纪以来，越来越多的研究支持二十世纪七十年代提出的俯冲板片重力驱动力模型(Anderson, 2001, 2007; Conrad and Lithgow-Bertelloni, 2002)。

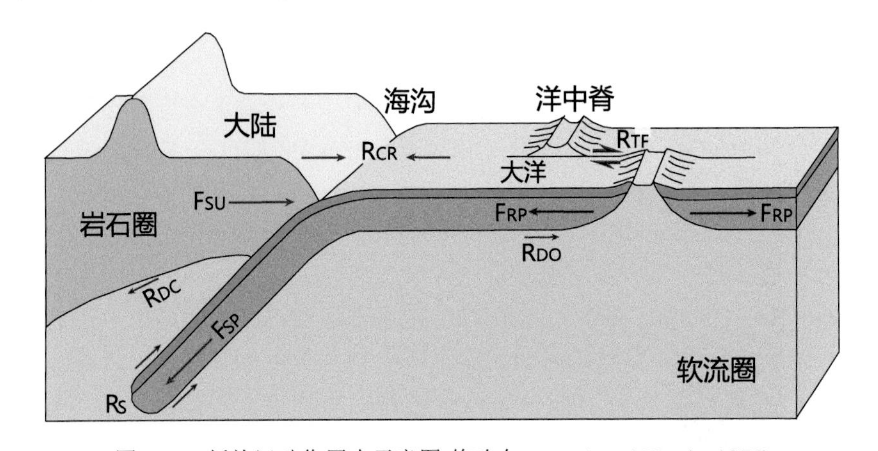

图 10-3　板块运动作用力示意图(修改自 Forsyth and Uyeda, 1975)

注：F_{SP}. 俯冲大洋板片拉力; F_{RP}. 洋中脊位置海底扩张推力; F_{SU}. 使上覆板块向海沟运动的吸力; R_{DO}, R_{DC}. 大洋板块和大陆板块与软流圈地幔界面处的剪切牵引力(即地幔对流对板块的拖曳力); R_S. 板片俯冲阻力; R_{CR}. 碰撞阻力; R_{TF}. 转换断层阻力。

在地幔过渡带的上下界面，橄榄石相变的高压相产物的密度和黏度都出现增加(Yu et al., 2008; Goes et al., 2017)。在 410km 深度橄榄石→瓦兹利石的相变是放热反应(克拉伯龙斜率>0)，俯冲板片的相对低温，导致该相变面变浅并产生向下的负浮力，促使板片穿过 410km 间断面。而在 660km 深度林伍德石→布里奇曼石+铁方镁石的相变是吸热反应(克拉伯龙斜率<0)，冷俯冲导致这一相变面变深从而产生正浮力，板片俯冲进入下地幔受阻，在过渡带底部或者下地幔顶部发生褶皱。因此，对于俯冲深度小于 300km 的板片，以平行板片的拉张动力场为主；而对于俯冲深度大于 300km 的板片，以平行板片的挤压动力场为主(图 10-4)。

在板块俯冲过程中，除了重力导致板片拉力以外，还有一种能够影响俯冲带动力学过程的力是板块吸力(Chase, 1978)。板块吸力是在地幔对流拖曳作用下驱动上覆板块向海沟方向运动的力，其大小及绝对运动方向非常难以测定(陈凌等, 2020)。这是因为能够影响俯冲带地幔楔对流过程的因素很多，包括：(1) 俯冲板片的几何形态、年龄、俯冲速率、板片撕裂及海沟迁移；(2) 仰冲板块的性质，特别是地壳底部和地幔顶部的流变学和浮力特征；(3) 地幔楔流变学特征，其受温度、压力、应变速率及组成成分(含水矿物、水及熔融物质的配比)影响等。

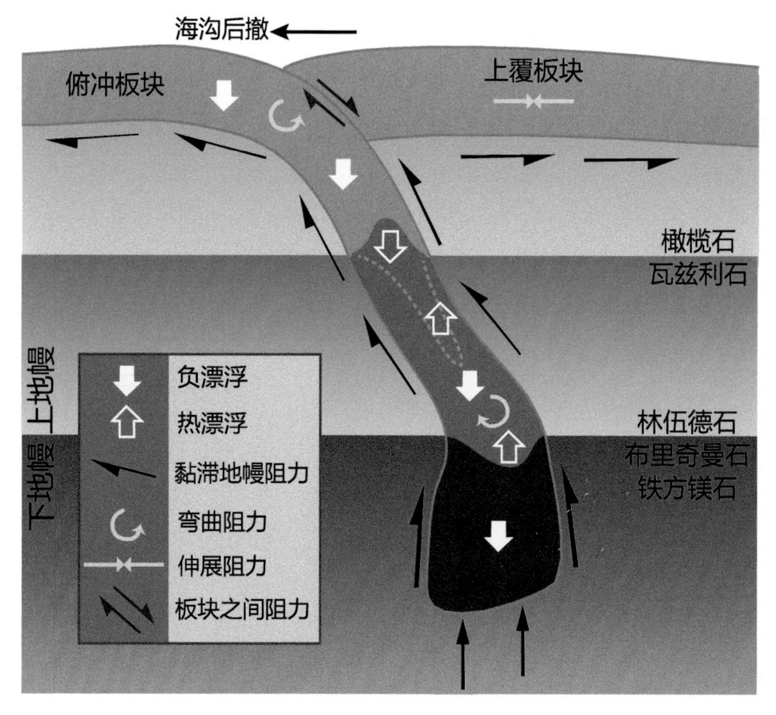

图 10-4　俯冲板片的受力情况示意图(修改自 Goes et al., 2017)

总体来说，在板块边缘既有重力主导的岩石圈俯冲，也有浮力主导的软流圈上涌(Zheng and Zhao, 2020)。两者在地球历史上各自发挥了多大的作用，已经成为板块构造启动机制研究的焦点和前沿。因此，目前对板块边缘物质运动动力来源主要有两种针锋相对的模型(图 10-5)：一种是自下而上(bottom-up)；另一种是自上而下(top-down)。

自下而上模型认为，板块运动是由深部地幔的对流过程驱动的。地幔对流模型最早是由 Holmes (1931)和 Hess (1962)提出的，早于板块构造理论的提出。随后，为了解释洋岛玄武岩的产状和成因，Wilson (1963, 1973)和 Morgan (1971)提出，深部地幔的垂向对流很可能是由来自于核-幔边界的地幔柱驱动的。在这种自下而上模型中，地幔柱是控制全球地幔对流的根本原因，它在地球早期演化过程中可能起到了控制性作用。在现今板块构造体制下，地幔柱与板块构造之间的成因联系一直是计算地球动力学模拟研究的热点和前沿(e.g., Müller, 2011; Gerya et al., 2015)，特别是关于超级地幔柱与超大陆裂解之间的成因联系(e.g., Li et al., 2019b)。

自上而下模型认为，无论是板块运动还是地幔对流，都是岩石圈演化的结果。Anderson (2001)和 Foulger and Natland(2003)等提出，板块构造是板块在俯冲过程

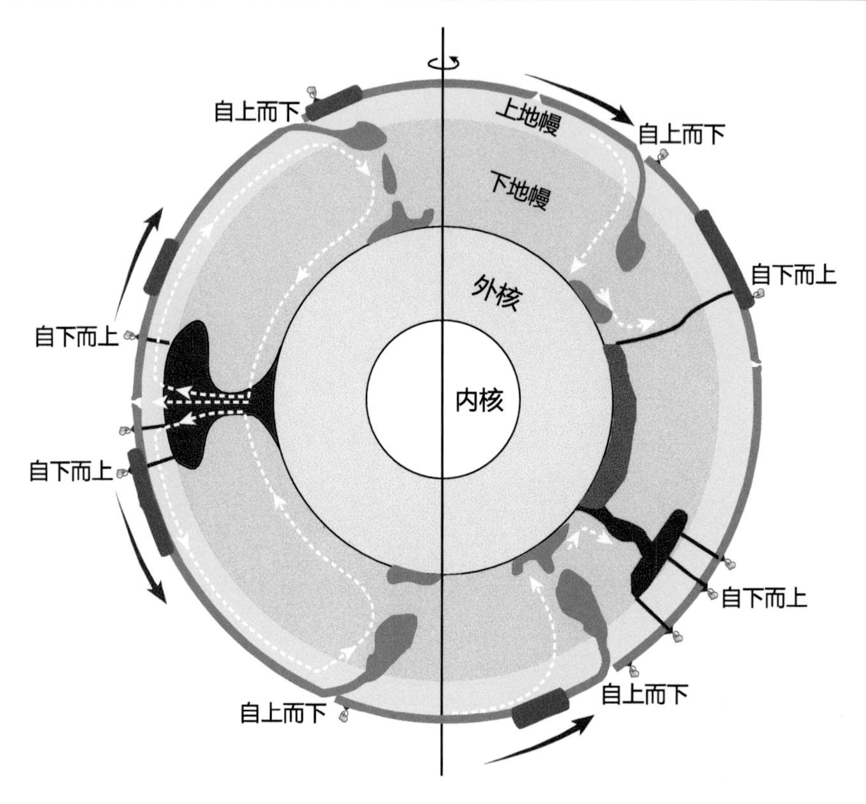

图 10-5　板块运动的“自下而上”和“自上而下”驱动机制(修改自陈凌等, 2020)

中与上地幔相互作用的结果。之后的计算地球动力学模拟研究显示，岩石圈的俯冲行为不仅控制了地表板块的水平运动，而且可能决定了地幔对流的样式，甚至地幔柱的形成与否(Zhong et al., 2007)。在这种自上而下模型中，板块俯冲是驱动地球深部软流圈和浅部岩石圈动力学过程的根本原因，而板块俯冲的起始则可能来自于板块边缘物质的重力不稳定性。根据地球物理观测以及对板块重建和运动的计算地球动力学模拟结果，俯冲下去的板片比周围地幔要冷，且两者之间的密度差可达 200kg/m^3。俯冲岩石圈密度的增加主要归因于洋壳在地幔深度的榴辉岩相变质作用，以及在地幔过渡带上下边界矿物相变的影响。

在汇聚板块边缘，洋壳向下俯冲后不久，玄武岩和辉长岩随着温度压力的增加，通过变质脱水反应释放出大量的富水溶液，将洋壳岩浆岩转变为高压-超高压榴辉岩，变质洋壳的密度可增加到>3.5g/cm^3(Ahrens and Schubert, 1975; Kirby et al., 1996)。随着俯冲深度的增加，变质大洋板片与周围地幔之间的密度差进一步增加，由此拖曳整个板块继续向下俯冲，直到 410–660km 的地幔过渡带。以目前对俯冲板片进入地幔之后发生的物理化学变化的认识，俯冲一旦开始，在板片重力(负浮力)的作用下，俯冲将持续进行，直到俯冲板片受到堵塞而停止。因此，俯冲板片的自身重力是板块运动的主要驱动力(Conrad and Lithgow-Bertelloni, 2002; Goes et al., 2017; 陈凌等, 2020)。

从板块构造的形成和演化来看，在自下而上和自上而下这两种模型之间实质上存在一种辩证关系(陈凌等, 2020)。现今地球的板块运动是以俯冲为主导的驱动机制，由板块垂向俯冲牵引板块水平漂移，在俯冲板片上方出现两种类型的自下而上的物质流动：一种是地幔楔部分熔融产生弧岩浆上升侵位，另一种是软流圈物质上涌导致弧后盆地打开。尽管目前对地幔柱的来源深度还难以确定，但是深部地幔物质和热能可以对流上升到岩石圈底部，这对板块缝合带构造的影响十分显著。板块汇聚引起超大陆聚合，地幔上涌导致超大陆裂解。至于如何区分地幔柱和地幔上涌对板块构造的影响，目前还是一个尚未解决的问题。此外，对于所谓的地幔柱-板片和地幔柱-洋中脊相互作用，尽管计算地球动力学模拟可以对这类假说进行研究，但是实际地质证据的缺乏依然是个关键问题。例如，在板块边缘出现具有洋岛型地球化学特点的玄武岩，这个是否可以作为地幔柱作用产物，还是一个尚未解决的问题(White, 2010; Zheng, 2019; Zheng et al., 2020b)。

2. 俯冲带地幔对流的驱动力

在汇聚板块边缘，大多数在地幔过渡带的滞留板片在新生代都经历了>2cm/yr的海沟后撤，固定海沟只发育在板块挠曲阻力和板片拉力都非常小的情况，这时俯冲板块与上盘板块之间的力学耦合很弱(Goes et al., 2017)。计算地球动力学模拟结果显示，汇聚板块边缘海沟移动的速率由俯冲板片的密度和强度控制，与板片的几何形态或倾角无直接联系(图 10-6)。

一方面，由于板块年龄的增加会提高板片密度和强度，古老大洋岩石圈的板片拉力和挠曲阻力很高，俯冲板块与上盘板块之间出现强耦合，更易于发生海沟后撤(Goes et al., 2017)。另一方面，如果俯冲板片的重力下沉速率大于板块汇聚速率，俯冲板片与上覆地幔楔之间就会发生解耦，软流圈地幔就会侧向对流进入地幔楔底部和回卷板片表面，从而分别加热这两个解耦的板块界面(Zheng, 2019, 2021b)。

在三维空间中，由于俯冲板块的有限宽度，在板片下部向后迁移过程中(俯冲板片的回卷)，能够导致地幔围绕俯冲板块边缘或凸出部位进行水平环形运动，即环向流。其发育规模及强度与地幔的黏度和俯冲板片拖曳力的大小密切相关，还受俯冲板片年龄和倾角的影响。三维地幔循环的计算地球动力学模拟显示，俯冲带地幔对流过程可分解为垂向的极向流和环绕俯冲板块的环向流(Liu et al., 2019; Peng et al., 2021)。其中，极向流位于俯冲板块上部的地幔楔中，它的形成与板块下沉过程有关，影响的因素包括俯冲速度、角度、俯冲板片的形态以及地幔楔流变学性质。地震层析成像结果显示，由于俯冲的太平洋板块在地幔过渡带的滞留，大地幔楔中可能存在一个大的极向流。

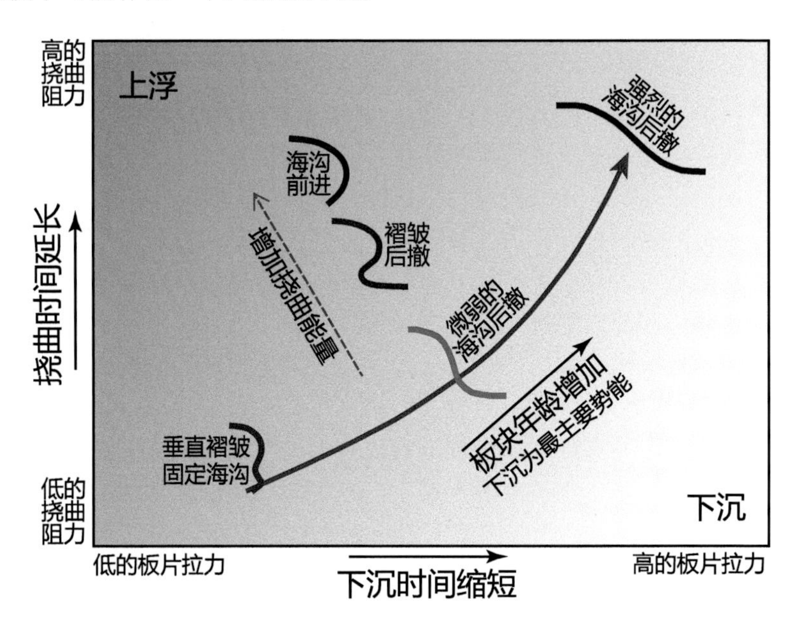

图 10-6　板片几何形态与板片拉力和挠曲阻力之间的关系(修改自 Goes et al., 2017)

上述两种地幔流动方式能够解释很多与俯冲相关的特殊现象。例如，极向流与俯冲带弧后地区的伸展构造有关，能够驱动上覆板块张裂直至弧后盆地打开(Schellart and Moresi, 2013)。环向流能够促使俯冲板片的弯曲向下或者向上，可以影响俯冲带的温压结构，由此引起板片和地幔楔的部分熔融。需要强调的是，无论是环向流还是极向流，都是随俯冲板片的演化而发生变化的。要确定在不同地质历史时期内地幔楔内部和外部的两种流动方向和速度大小及其对上覆板块构造变形的影响，不仅需要精细的地球物理数据和高分辨率数值模型的定量计算，而且需要区分俯冲早期和晚期阶段板片和地幔楔在温压结构上的变化趋势。

3. 板块边缘物质运动的驱动力

板块边缘物质运动不同于板块整体运动，前者强调不同大小块体物质的局域性运动，后者强调刚性板块的整体性运动。人们对板块边缘物质运动驱动力的认识主要基于两个方面的信息：一是对地壳出露岩石物理化学性质的研究，二是计算地球动力学模拟。但是在实际研究工作中，有时会将局部物质运动推广到整体物质运动(例如洋岛玄武岩与地幔柱之间的成因关系)。就板块边缘物质的运动来说，属于自下而上的典型实例是洋中脊玄武岩浆上升，属于自上而下的典型实例是镁铁质地壳俯冲到地幔深度发生榴辉岩化。

在海底扩张之处，软流圈地幔降压熔融形成洋中脊玄武岩。在大陆张裂带，汇聚板块边缘加厚的造山带岩石圈在减薄后，软流圈也在浮力驱动下上涌(Rey, 2001, 2017; Zheng and Chen, 2017; Peron-Pinvidic and Osmundsen, 2020)。从岩石圈与软流圈之间能量和物质交换的角度来看，地幔对流所产生的自下而上热驱动可以是板块运动的主要能量之一，不仅可以引起大陆主动张裂(Zheng and Chen, 2017)，而且可以导致海底扩张(孙卫东, 2019)，两者都伴有自下而上的地幔上涌和岩浆作用。板块俯冲使地幔冷却，岩浆作用将地幔热能带到板块表面，在这个过程中存在热能向动能的转化，特别是热能在岩石圈张裂构造带的有序释放驱动了物质自下而上的运动。

在地球上, 热能最主要和集中有序释放的地方有两处。一处是大洋张裂带，这里作为离散板块边缘，出现洋中脊玄武质岩浆作用驱动的海底扩张(孙卫东, 2019)，是深部地幔自下而上将热能转化为动能，驱动了浅部超大陆裂解和海底扩张，在伸展构造体制下出现大洋核杂岩侵位。另一处是大陆张裂带，古汇聚板块边缘在岩石圈减薄后由于软流圈上涌加热，引起深熔变质作用和长英质岩浆作用，在大陆夭折张裂的伸展构造体制下出现变质核杂岩侵位(Zheng and Chen, 2017, 2021; Zheng and Gao, 2021)。

在古汇聚板块边缘，大陆主动张裂效应受岩石圈减薄速率控制(Zheng and Zhao, 2020; Zheng and Gao, 2021)。如果岩石圈减薄速率大于软流圈上涌速率，不仅上涌的软流圈能够发生降压熔融，而且减薄的岩石圈可以发生垮塌，导致双峰式岩浆作用。如果岩石圈减薄速率小于或者等于软流圈上涌速率，则上涌的软流圈难以发生降压熔融(相当于超慢速扩张的洋中脊)，并且减薄的岩石圈也不会发生垮塌；但是减薄后的岩石圈会受到上涌软流圈的加热，从而在大陆张裂带出现角闪岩相-麻粒岩相高温-超高温变质作用、花岗质岩浆作用、变质核杂岩侵位等组合(Zheng and Zhao, 2017; Zheng and Zhao, 2020; Zheng and Gao, 2021)。

孙卫东(2019)提出岩浆引擎模型，强调维持地质活动的主要能量是来自地球内部的热，因此是地球内部的热驱动板块运动(图 10-7)：在洋中脊不断形成新洋壳，新洋壳轻而薄，老洋壳厚而重，致使整个板片斜置于软流圈之上，产生下滑力，导致洋中脊不断扩张，形成新的大洋岩石圈，并推动老的大洋岩石圈在俯冲带消亡, 从而驱动板块运动。

超大陆裂解和大洋张裂可以看作孙卫东(2019)提出的岩浆引擎作用的结果，主要作用对象是与洋中脊和地幔柱相关的板块。与此类似，大陆张裂作用是软流圈自下而上热能在古缝合带转化为动能的结果，那里作为不再汇聚的板块边缘薄弱构造带，一旦岩石圈发生减薄即可受到下伏软流圈上涌及其衍生岩浆的“引擎”作用(Zheng and Chen, 2017; Zheng and Gao, 2021)。

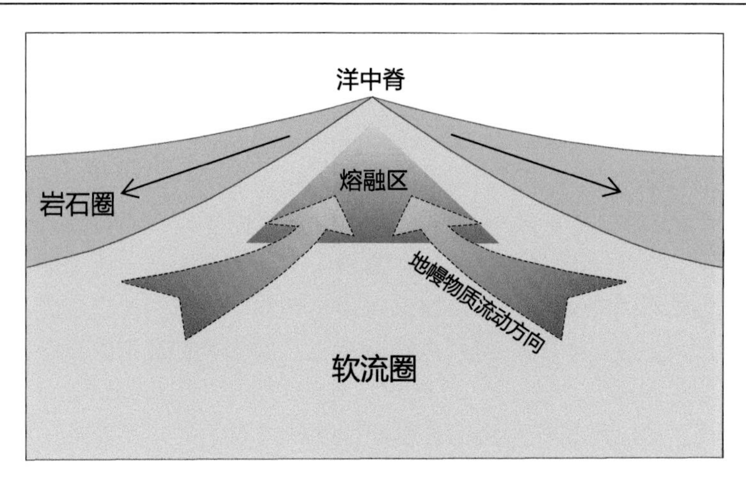

图 10-7　洋脊扩张与地幔物质流动方向示意图(修改自孙卫东, 2019)

不过，对洋中脊玄武岩浆上升与海底扩张之间的因果关系还存在争论(孙卫东, 2019)。如果离散板块边缘岩石圈地幔减薄早于软流圈上涌，那么就是大陆裂解和海底扩张引起岩浆的产生和上升，属于被动裂谷。如果软流圈上涌早于岩石圈地幔减薄，那么就是岩浆的上升导致了大陆裂解和海底扩张，属于主动裂谷。无论如何，在离散板块边缘软流圈地幔降压熔融产生玄武岩浆，表明岩浆上升与海底扩张同步。

第三节　汇聚板块边缘地球系统科学

地球系统科学由日地系统、表层系统和内部系统三大部分组成。地球表层系统与人类的生存环境息息相关，因此对地球表层系统的研究较为引人关注。同时，地球内部系统涉及地壳表层与内部之间在物质和能量上传输，不仅造就了人类活动所需要的资源和能源，而且给人类生存环境带来灾害，也应该引起人们足够的重视。由板块俯冲和大陆张裂所驱动的地球内部系统在板块边缘表现得最为突出，因此对汇聚板块边缘在物质和能量传输上的认识，构成了地球内部系统科学中最为关键的篇章。

板块构造理论为地球系统科学研究指明了方向，是我们认识岩石圈与软流圈之间相互作用、理解板块边缘形成和演化规律、确定大陆块体结构和成分的有效科学体系。同时，板块构造理论不是教条，而是研究格架和工作指南，必须随着地质实际的变化而发展，随着对深部和表层地球的理解而完善。板块构造理论能不能在大陆地质研究实践中发挥作用，关键在于能否把板块构造基本原理同俯冲带和造山带结构和成分及其随时间变化的特征结合起来。面对业已变化的俯冲带和造山带，如果墨守成规、思想僵化，没有科学创新的勇气，不能科学回答大陆块体的结构之间、成分之间、能量之间、机制之间，不仅大陆地质研究无法继续前进，而且板块构造理论也会失去生命力和创造力。

一个科学理论要走在时代前列，就一刻不能没有创新的逻辑思维，一刻不能没有辨证的思想指引。虽然板块构造理论已经成为地球科学的主导理论，但是它依然处于持续不断的发展完善之中。俯冲板片与地幔之间的耦合关系随时间而变化，因此汇聚板块边缘的地热梯度、动力体制和岩石成分也随之发生变化(图10-8)。进入二十一世纪以来，人们将注意力转到汇聚板块边缘的结构、过程、产物和动力上来，发现板块边缘热状态有冷与暖之分，动力体制有挤压与拉张之分，动力来源有重力与浮力之分，时空演化有进行时与过去时之分，板片再循环机制有断离与拆沉之分，地壳再循环形式有液态与固态之分。认识和区别这些状态和结果，已经成为汇聚板块边缘地球系统科学的前沿。

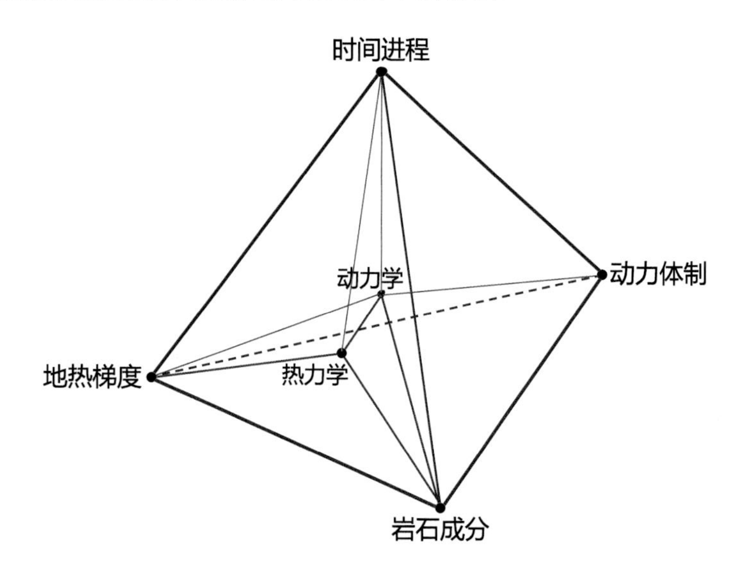

图 10-8　汇聚板块边缘地球科学体系要素关系示意图

注：在汇聚板块边缘，地热梯度和动力体制这两个变量支配了地质过程和产物的基本属性，其中化学热力学主导了物质和能量传输的方向和结果，而受时间长短控制的化学动力学则限定了传输进程和产物状态。

一般来说，俯冲板片与地幔之间的耦合关系可分为早期和晚期两个阶段(图5-6)。早期阶段是壳幔耦合，汇聚板块边缘处于挤压状态；晚期阶段壳幔解耦，汇聚板块边缘变成拉张状态(Zheng, 2019)。在挤压体制下，板块界面具有较低的地热梯度，引起蓝片岩-榴辉岩相变质作用，而不会发生弧岩浆作用(郑永飞等, 2016)。在拉张体制下，板块界面具有较高的地热梯度，地幔楔底部受到软流圈加热引起弧岩浆作用，弧后地壳出现巴肯型角闪岩相-麻粒岩相变质作用。如果碰撞加厚的造山带根部岩石圈发生减薄，减薄的岩石圈就会发生大陆主动张裂作用(Rey, 2001, 2017; Zheng and Chen, 2017; Peron-Pinvidic and Osmundsen, 2020)，软流圈上涌加热减薄的岩石圈地幔使上覆大陆地壳发生高温-超高温变质作用，引起巴肯型角闪岩相-麻粒岩相变质作用叠加到阿尔卑斯型榴辉岩相高压-超高压变质带之上，伴有混合岩化和花岗质岩浆作用以及变质核杂岩侵位(Zheng and Chen, 2017, 2021; Zheng and Gao, 2021)。

在挤压体制向拉张体制转换的过程中，俯冲隧道中的岩石在浮力驱动下发生逆冲折返(Zheng, 2021d)，不仅阿尔卑斯型蓝片岩相-榴辉岩相变质岩受到巴罗型角闪岩相-麻粒岩相变质叠加(Zheng and Chen, 2021)，而且折返的地壳岩石会发生降压熔融引起同折返岩浆作用(Zheng and Gao, 2021)。因此，俯冲带构造体制的变化导致了俯冲带地热梯度的变化，引起不同类型的变质作用和岩浆作用。如何认识俯冲带构造体制随时间的变化，已经成为汇聚板块边缘地球动力学研究的关键科学问题。

俯冲带与造山带之间在结构和成分上具有继承和发展的关系，板块汇聚导致造山带形成，板内张裂导致造山带破坏(Zheng and Chen, 2021)。在板块汇聚过程中，如果是一个大洋板块俯冲到一个大陆板块之下，产生的是增生造山带，典型实例就是东太平洋俯冲带。如果是一个大陆板块俯冲到另一个大陆板块之下，则产生碰撞造山带，典型实例就是阿尔卑斯-喜马拉雅造山带、大别-苏鲁造山带。在增生造山带，造山作用与大洋板块俯冲过程同步，造山旋回属于俯冲进行时。在碰撞造山带，造山作用发生在大洋盆地关闭之后，虽然与大陆俯冲同步，但是主要出现在大陆碰撞结束之际(Zheng, 2021b)。总体上，这两类造山作用贯穿于板块汇聚过程。在两个板块不再汇聚以后，原来的板块边缘转化为大陆内部并处于不活动状态，直到加厚的造山带岩石圈根部在重力作用下发生拆沉，或者受到软流圈地幔的对流侵蚀，然后减薄的造山带岩石圈发生大陆张裂作用(Rey, 2001, 2017; Zheng and Chen, 2017; Peron-Pinvidic and Osmundsen, 2020)，导致造山带破坏(Zheng and Chen, 2021)。

前人对俯冲带的研究基本上注重的是正在进行的俯冲带(Stern, 2002; Frisch et al., 2011)，忽视了俯冲带的结构和过程会随时间而变化(Zheng, 2021b)。例如，早期在挤压体制下的低角度冷俯冲在晚期会变成拉张体制下的高角度暖俯冲，古俯冲带在岩石圈减薄后会发生大陆张裂作用，其中成功张裂带就成为大陆裂解和海底扩张带，而夭折张裂带则成为陆内再活化带、热造山带或超热造山带等(Zheng and Chen, 2017, 2021)。因此，造山带破坏机制不同于造山带形成机制，两者分别对应于俯冲过去时和俯冲进行时。如何在板块构造理论中丰富大陆地质学章节，正确认识陆内造山带的前世今生是关键，因此大陆动力学研究的前沿就是识别古俯冲带的形成和演化。

一般来说，威尔逊旋回由大陆裂解和海底扩张、大洋俯冲到大陆碰撞三大主要阶段组成，但是汇聚板块边缘在演化成为离散板块边缘之前经历了哪些构造事件和过程？汇聚板块边缘在俯冲进行时与俯冲过去时之间如何发生时间和空间上的演化？这些已经成为汇聚板块边缘地球科学体系研究的关键问题，也是发展板块构造理论的热点和前沿。

参 考 文 献

陈华勇, 吴超. 2020. 俯冲带斑岩铜矿系统成矿机理与主要挑战. 中国科学: 地球科学, 50: 865-886.

陈凌, 王旭, 梁晓峰, 等. 2020. 俯冲构造 vs.地幔柱构造——板块运动驱动力探讨. 中国科学: 地球科学, 50: 501-514.

陈衍景, 李诺. 2009. 大陆内部浆控高温热液矿床成矿流体性质及其与岛弧区同类矿床的差异. 岩石学报, 25: 2477-2508.

陈衍景. 2013. 大陆碰撞成矿理论的创建及应用. 岩石学报, 29: 1-17.

侯增谦, 高永丰, 孟祥金, 等. 2004. 西藏冈底斯中新世斑岩铜矿带:埃达克质斑岩成因与构造控制. 岩石学报, 20: 239-248.

侯增谦. 2010. 大陆碰撞成矿论. 地质学报, 84: 30-58.

侯增谦, 郑远川, 杨志明, 等. 2012. 大陆碰撞成矿作用: I. 冈底斯新生代斑岩成矿系统. 矿床地质, 31: 647-670.

李继磊. 2020. 蓝片岩——俯冲带高压低温变质作用和地球动力学过程的记录. 中国科学: 地球科学, 50: 1692-1708.

李曙光, 何永胜, 王水炯. 2013. 大别造山带的去山根过程与机制: 碰撞后岩浆岩的年代学和地球化学制约. 科学通报, 58: 2316-2322.

刘贻灿, 张成伟. 2020. 深俯冲地壳的折返: 研究现状与展望. 中国科学: 地球科学, 50: 1748-1769.

孙卫东. 2019. “岩浆引擎”与板块运动驱动力. 科学通报, 64: 2988-3006.

王汝成, 邬斌, 谢磊, 等. 2021. 稀有金属成矿全球时空分布与大陆演化. 地质学报, 95: 182-193.

王瑞, 朱弟成, 王青, 等. 2020. 特提斯造山带斑岩成矿作用. 中国科学: 地球科学, 50: 1919-1946.

魏春景, 郑永飞. 2020. 大洋俯冲带变质作用、流体行为与岩浆作用. 中国科学: 地球科学, 50: 1-27.

吴福元, 葛文春, 孙德有, 等. 2003. 中国东部岩石圈减薄研究中的几个问题. 地学前缘, 10: 51-60.

吴福元, 刘志超, 刘小驰, 等. 2015. 喜马拉雅淡色花岗岩. 岩石学报, 31: 1-36.

徐义刚, 李洪颜, 洪路兵, 等. 2018. 东亚大地幔楔与中国东部新生代板内玄武岩成因. 中国科学: 地球科学, 48: 825-843.

徐义刚, 王强, 唐功建, 等. 2020. 弧玄武岩的成因: 进展与问题. 中国科学: 地球科学, 50: 1818-1844.

许文良, 赵子福, 戴立群. 2020. 碰撞后镁铁质岩浆作用: 大陆造山带岩石圈地幔演化的物质记录. 中国科学: 地球科学, 50: 1906-1918.

闫臻, 付长垒, 牛漫兰, 等. 2021. 造山带中增生楔识别与地质意义. 地质科学, 56: 430-448.

张洪瑞, 侯增谦. 2018. 大陆碰撞带成矿作用: 年轻碰撞造山带对比研究. 中国科学: 地球科学, 48: 1629-1654.

张建新. 2020. 俯冲隧道研究: 进展、问题及其挑战. 中国科学: 地球科学 50: 1671-1691.

张进江, 黄天立. 2019. 大陆伸展构造综述. 地球科学, 44: 1705-1715.

张立飞, 姜文波, 魏春景, 等. 1998. 新疆阿克苏前寒武纪蓝片岩地体中迪尔闪石的发现及其地质意义. 中国科学 D 辑: 地球科学, 28: 539-545.

张立飞. 2007. 极端条件下的变质作用——变质地质学研究的前沿. 地学前缘, 14: 33-42.

张立飞, 王杨. 2020. 俯冲带高压-超高压变质地体的抬升折返机制: 问题和探讨. 中国科学: 地球科学, 50: 1727-1747.

赵大鹏, 雷建设, 唐荣余. 2004. 中国东北长白山火山的起源: 地震层析成像证据. 科学通报, 49:439-1446.

赵子福, 戴立群, 郑永飞. 2015. 大陆俯冲带两类壳幔相互作用. 中国科学: 地球科学, 45: 900-915.

郑建平, 熊庆, 赵伊, 等. 2019. 俯冲带橄榄岩及其记录的壳幔相互作用. 中国科学: 地球科学, 49: 1037-1058.

郑永飞. 2008. 超高压变质与大陆碰撞研究进展: 以大别-苏鲁造山带为例. 科学通报, 53: 2129-2152.

郑永飞, 赵子福, 陈伊翔. 2013. 大陆俯冲隧道过程: 大陆碰撞过程中的板块界面相互作用. 科学通报, 58: 2233-2239.

郑永飞, 陈伊翔, 戴立群, 等. 2015. 发展板块构造理论: 从洋壳俯冲带到碰撞造山带. 中国科学: 地球科学, 45: 711-735.

郑永飞, 陈仁旭, 徐峥, 等. 2016. 俯冲带中的水迁移. 中国科学: 地球科学, 46: 253-286.

郑永飞, 徐峥, 赵子福, 等. 2018. 华北中生代镁铁质岩浆作用与克拉通减薄和破坏. 中国科学: 地球科学, 48: 379-414.

周建波. 2020. 增生杂岩: 从大洋俯冲到大陆深俯冲的地质记录. 中国科学: 地球科学, 50: 1709-1726.

朱日祥, 徐义刚. 2019. 西太平洋板块俯冲与华北克拉通破坏. 中国科学: 地球科学, 49: 1346-1356.

Agard P, Yamato P, Soret M, et al. 2016. Plate interface rheological switches during subduction infancy: control on slab penetration and metamorphic sole formation. Earth Planet. Sci. Lett., 451: 208-220.

Agard P, Plunder A, Angiboust S, et al. 2018. The subduction plate interface: rock record and mechanical coupling (from long to short timescales). Lithos, 320-321: 537-566.

Ahrens T J, Schubert G. 1975. Rapid formation of eclogite in a slightly wet mantle. Earth Planet. Sci. Lett., 27: 90-94.

Allègre C J. 1982. Chemical geodynamics. Tectonophysics, 81: 109-132.

Allègre C J, Turcotte D L. 1986. Implications of a two component marble-cake mantle. Nature, 323: 123-127.

Allègre C J. 1988. The Behavior of the Earth: Continental and Seafloor Mobility. Cambridge: Harvard University Press: 1-272.

Anderson D L. 2001. Top-down tectonics? Science, 293: 2016-2018.

Anderson D L. 2007. The eclogite engine: chemical geodynamics as a Galileo thermometer. Geol. Soc. Am. Spec. Papers, 430: 47-64.

Annen C, Blundy J D, Sparks R S J. 2006. The genesis of intermediate and silicic magmas in deep crustal hot zones. J. Petrol., 47: 505-539.

Arndt N T, Goldstein S L. 1989. An open boundary between lower continental-crust and mantle—its role in crust formation and crustal recycling. Tectonophysics, 161: 201-212.

Barbarin B. 1999. A review of the relationships between granitoid types, their origins and their geodynamic environments. Lithos, 46: 605-626.

Barrow G. 1893. On an intrusion of muscovite-biotite gneiss in the South-eastern Highlands of Scotland, and its accompanying metamorphism. Quarterly J. Geol. Soc., 49: 330-358.

Barrow G. 1912. On the geology of Lower Dee-side and the southern Highland Border. Geol. Asso. London Proc., 23: 274-290.

Bea F. 2012. The sources of energy for crustal melting and the geochemistry of heat-producing elements. Lithos, 153: 278-291.

Bebout G E. 2014. Chemical and isotopic cycling in subduction zones. Treatise on Geochemistry, 4: 703-747.

Bebout G E. Penniston-Dorland S C. 2016. Fluid and mass transfer at subduction interfaces-the field metamorphic record. Lithos, 240: 228-258.

Bebout G E, Scholl D W, Stern R J, et al. 2018. Twenty years of subduction zone science: Subduction top to bottom 2 (ST2B-2). GSA Today, 28: 4-10.

Bédard J H, Harris L B, Thurston P. 2013. The hunting of the snArc. Precambr. Res., 229: 20-48.

Bédard J H. 2018. Stagnant lids and mantle overturns: Implications for Archaean tectonics, magma genesis, crustal growth, mantle evolution, and the start of plate tectonics. Geosci. Front., 9: 19-49.

Behn M D, Kelemen P B, Hirth G, et al. 2011. Diapirs as the source of the sediment signature in arc lavas. Nat. Geosci., 4: 641-646.

Beranek L P. 2017. A magma-poor rift model for the Cordilleran margin of western North America. Geology, 45: 1115-1118.

Bercovici D, Ricard Y. 2014. Plate tectonics, damage and inheritance. Nature, 508: 513-516.

Bird P. 1978. Initiation of intracontinental subduction in the Himalaya. J. Geophys. Res. Solid Earth, 83: 4975-4987.

Bird P. 1979. Continental delamination and the Colorado Plateau. J. Geophys. Res., 84: 7561-7571.

Bonin B, Janousek V Ch, Moyen J F. 2020. Chemical variation, modal composition and classification of granitoids. Geol. Soc. Spec. Publ., 491: 9-51.

Bott M H P. 1993. Modelling the plate-driving mechanism. J. Geol. Soc., 150: 941-951.

Boyer S E, Elliott D. 1982. Thrust systems. Am. Assoc. Petroleum Geol. Bull., 66: 1196-1230.

Bradley D, Kusky T, Haeussler P, et al. 2003. Geologic signature of early Tertiary ridge subduction in Alaska. Geol. Soc. Am. Spec. Papers, 371: 19-49.

Brown M. 2006. Duality of thermal regimes is the distinctive characteristic of plate tectonics since the Neoarchean. Geology, 34: 961-964.

Brown M. 2010. Paired metamorphic belts revisited. Gondwana Res., 18: 46-59.

Brown D, Ryan P D, Afonso J C, et al. 2011. Arc-continent collision: The making of an orogen. In: Brown D, Ryan P D. Arc–Continent Collision. Berlin, Heidelberg: Springer-Verlag: 477-493.

Brown M, Johnson T E. 2018. Secular change in metamorphism and the onset of global plate tectonics. Am. Mineral., 103: 181-196.

Brown M, Johnson T E. 2019. Metamorphism and the evolution of subduction on Earth. Am. Mineral., 104: 1065-1082.

Brown M, Kirkland C L, Johnson T E. 2020. Evolution of geodynamics since the Archean: Significant change at the dawn of the Phanerozoic. Geology, 48: 488-492

Brudzinski M R, Chen W P. 2003. A petrologic anomaly accompanying outboard earthquakes beneath Fiji-Tonga: Corresponding evidence from broadband *P* and *S* waveforms. J. Geophys. Res. Solid Earth, 108: 2299.

Brun J P. 1999. Narrow rifts versus wide rifts: inferences for the mechanics of rifting from laboratory experiments. Philos. Trans. Roy. Soc., A357: 695-710.

Bucher K, Grapes R. 2011. Petrogenesis of Metamorphic Rocks. Berlin, Heidelberg: Springer-Verlag: 1-428.

Buck W R. 1991. Modes of continental lithospheric extension. J. Geophys. Res., 96: 20161-20178.

Buiter S J H, Torsvik T H. 2014. A review of Wilson Cycle plate margins: A role for mantle plumes in continental break-up along sutures? Gondwana Res., 26: 627-653.

Butler R, Bond C. 2020. Thrust systems and contractional tectonics, In: Scarselli N, Adam J, Chiarella D, et al. Regional Geology and Tectonics. Amsterdam: Elsevier, 149-167.

Carry N, Gueydan F, Brun J P, et al. 2009. Mechanical decoupling of high-pressure crustal units during continental subduction. Earth Planet. Sci. Lett., 278: 13-25.

Castro A, Gerya T, García-Casco A, et al. 2010. Melting relations of MORB-sediment mélanges in underplated mantle wedge plumes: Implications for the origin of Cordilleran-type batholiths. J. Petrol., 51: 1267-1295.

Castro A. 2020. The dual origin of I-type granites: the contribution from experiments. Geol. Soc. Spec. Publ., 491: 101-145.

Cawood P A, Kröner A, Collins W J, et al. 2009. Accretionary orogens through Earth history. Geol. Soc. Spec. Publ., 318: 1-36.

Cawood P A, Hawkesworth C J, Pisarevsky S A, et al. 2018. Geological archive of the onset of plate tectonics. Phil. Trans. Royal Soc., A376:20170405.

Cerpa N G, Hassani R, Gerbault M, et al. 2014. A fictitious domain method for lithosphere-asthenosphere interaction: Application to periodic slab folding in the upper mantle. Geochemistry Geophysics Geosystems, 15: 1852-1877.

Chapman J B, Ducea M N. 2019. The role of arc migration in Cordilleran orogenic cyclicity. Geology, 47: 627-631.

Chapple W M, Tullis T E. 1977. Evolution of the forces that drive the plates. J. Geophys. Res., 82: 1967-1984.

Chase C G. 1978. Extension behind island arcs; motions relative to hot spots. J. Geophys. Res., 83: 5385-5386.

Chen Y, Ye K, Wu T F, et al. 2013. Exhumation of oceanic eclogites: thermodynamic constraints on pressure, temperature, bulk composition and density. J. Metamor. Geol., 31: 549-570.

Chen Y X, Schertl H P, Zheng Y F, et al. 2016. Mg-O isotopes trace the origin of Mg-rich fluids in the deeply subducted continental crust of Western Alps. Earth Planet. Sci. Lett., 456: 157-167.

Chen Y X, Zhou K, Gao X Y. 2017a. Partial melting of ultrahigh-pressure metamorphic rocks during continental collision: Evidence, time, mechanism, and effect. J. Asian Earth Sci., 145: 177-191.

Chen Y X, Li H Y, Zheng Y F, et al. 2017b. The crust-mantle interaction in a continental subduction channel: evidence from orogenic peridotites in north Qaidam, northern Tibet. J. Petrol., 58: 191-226.

Chen Y X, Zhou K, Zheng Y F, et al. 2017c. Zircon geochemical constraints on the protolith nature and metasomatic process of the Mg-rich whiteschist from the Western Alps. Chem. Geol., 467: 177-195.

Chen Y X, Lu W, He Y S, et al. 2019. Tracking Fe mobility and Fe speciation in subduction zone fluids at the slab-mantle interface in a subduction channel: A tale of whiteschist from the Western Alps. Geochim. Cosmochim. Acta, 267: 1-16.

Chen K, Tang M, Lee C T A, et al. 2020. Sulfide-bearing cumulates in deep continental arcs: The missing copper reservoir. Earth Planet. Sci. Lett., 531: 115971.

Chen L, Zheng Y F, Xu Z, et al. 2021. Generation of andesite through partial melting of basaltic metasomatites in the mantle wedge: insight from quantitative study of Andean andesites. Geosci.

Front., 12: 101124.

Cheng H. 2019. Garnet Lu-Hf and Sm-Nd geochronology: a time capsule of the metamorphic evolution of orogenic belts. Geol. Soc. Spec. Publ., 474: 47-67.

Chopin C. 1984. Coesite and pure pyrope in high-grade blueschists of the western Alps: a first record and some consequences. Contrib. Mineral. Petrol., 86: 107-118.

Chopin C. 2003. Ultrahigh-pressure metamorphism: tracing continental crust into the mantle. Earth Planet. Sci. Lett., 212: 1-14.

Chung S L, Liu D, Ji J, et al. 2003. Adakites from continental collision zones: Melting of thickened lower crust beneath southern Tibet. Geology, 31: 1021-1024.

Chung S L, Chu M F, Zhang Y Q, et al. 2005. Tibetan tectonic evolution inferred from spatial and temporal variations in post-collisional magmatism. Earth Sci. Rev., 68: 173-196.

Cipar J H, Garber J M, Kylander-Clark A R C, et al. 2020. Active crustal differentiation beneath the Rio Grande Rift. Nat. Geosci., 13: 758-863.

Clark S R, Stegman D, Müller R D. 2008. Episodicity in back-arc tectonic regimes. Phys. Earth Planet. Inter., 171: 265-279.

Clemens J D, Stevens G. 2012. What controls chemical variation in granitic magmas? Lithos, 134-135: 317-329.

Clemens J D, Stevens G, Bryan SE. 2019. Conditions during the formation of granitic magmas by crustal melting-hot or cold; drenched, damp or dry? Earth Sci. Rev., 200: 102982.

Codillo E A, Roux V L, Marschall H R. 2018. Arc-like magmas generated by mélange-peridotite interaction in the mantle wedge. Nat. Commun., 9: 2864.

Collins W J, Richards S W. 2008. Geodynamic significance of S-type granites in circum-Pacific orogens. Geology, 36: 559-562.

Condie K C, Kröner A. 2008. When did plate tectonics begin? Evidence from the geologic record. Geol Soc Am Spec Paper, 440: 249-263.

Condie K C, Aster R C, van Hunen J. 2016. A great thermal divergence in the mantle beginning 2.5 Ga: Geochemical constraints from greenstone basalts and komatiites. Geosci. Front., 7: 543-553.

Condie K C. 2021. Earth as an Evolving Planetary System (4th Edition). London: Academic Press, Elsevier, 397p.

Coney P J. 1980. Cordilleran metamorphic core complexes: An overview. Geol. Soc. Am. Memoir, 153: 7-31.

Conrad P C, Lithgow-Bertelloni C. 2002. How mantle slabs drive plate tectonics. Science, 298: 207-209.

Cooke D R, Hollings P, Walshe J L. 2005. Giant porphyry deposits: Characteristics, distribution, and tectonic controls. Econ. Geol., 100: 801-818.

Cooke D R, Hollings P, Wilkinson J J, et al. 2014. Geochemistry of porphyry deposits. Treatise on

Geochemistry, 13: 357-381.

Corti G, Bonini M, Conticelli S, et al. 2003. Analogue modelling of continental extension: A review focused on the relations between the patterns of deformation and the presence of magma. Earth Sci. Rev., 63: 169-247.

Couzinié S, Moyen J F, Villaros A, et al. 2014. Temporal relationships between Mg-K mafic magmatism and catastrophic melting of the Variscan crust in the southern part of Velay complex (massif central, France). J. Geosci., 59: 69-86.

Couzinié S, Moyen J F, Laurent O, et al. 2016. Post-collisional magmatism: Crustal growth not identified by zircon Hf-O isotopes. Earth Planet. Sci. Lett., 456: 182-195.

Cox A, Hart R B. 1986. Plate Tectonics: How It Works. Oxford: Blackwell Scientific Publications:1-392.

Cruz-Uribe A M, Marschall H R, Gaetani G A, et al. 2018. Generation of alkaline magmas in subduction zones by partial melting of melange diapirs—an experimental study. Geology, 46: 343-346.

Dahlen F A. 1990. Critical taper model of fold-and-thrust belts and accretionary wedges. Ann. Rev. Earth Planet. Sci., 18: 55-99.

Dai L Q, Zhao Z F, Zheng Y F. 2015. Tectonic development from oceanic subduction to continental collision: Geochemical evidence from postcollisional mafic rocks in the Hong'an-Dabie orogens. Gondwana Res., 27: 1236-1254.

Dai L Q, Zheng Y F, Zhao Z F. 2016. Termination time of peak decratonization in North China: Geochemical evidence from mafic igneous rocks. Lithos, 240-243: 327-336.

Dai L Q, Zhao Z F, Zheng Y F, et al. 2017. Geochemical distinction between carbonate and silicate metasomatism in generating the mantle sources of alkali basalts. J. Petrol., 58: 863-884.

Dallwitz W B. 1968. Co-existing sapphirine and quartz in granulite from Enderby Land, Antarctica. Nature, 219: 476-477.

Davies G F. 1978. The roles of boundary friction, basal shear stress and deep mantle convection in plate tectonics. Geophys. Res. Lett., 5: 161-164.

Davies J H, von Blanckenburg F. 1995. Slab breakoff: A model of lithosphere detachment and its test in the magmatism and deformation of collisional orogens. Earth Planet. Sci. Lett., 129: 85-102.

Dawson J B. 1984. Contrasting types of upper-mantle metasomatism?. In: Kornprobst J. Kimberlites II: The Mantle and Crust-Mantle Relationships. Amsterdam: Elsevier: 289-294.

DeCelles P G, Ducea M N, Kapp P, et al. 2009. Cyclicity in cordilleran orogenic systems. Nat. Geosci., 2: 251-257.

Dewey J F, Bird J M. 1970. Mountain belts and the new global tectonics. J. Geophys. Res., 75: 2625-2647.

Dewey J F, Burke K. 1974. Hot spots and continental break-up: implications for collisional orogeny.

Geology, 2: 57-60.

Dewey J, Spall H. 1975. Pre-Mesozoic plate tectonics: how far back in Earth history can the Wilson Cycle be extended ? Geology, 3: 422-424.

Dewey J. 1988. Extensional collapse of orogens. Tectonics, 7: 1123-1139.

Dickinson W R, Snyder W S. 1979. Geometry of subducted slabs related to San Andreas transform. J. Geol., 87: 609-627.

Dilek Y, Furnes H. 2011. Ophiolite genesis and global tectonics: geochemical and tectonic fingerprinting of ancient oceanic lithosphere. Geol. Soc. Am. Bull., 123: 387-411.

Dilek Y, Furnes H. 2014. Ophiolites and their origins. Elements, 10: 93-100.

Du J G, Audétat A. 2020. Early sulfide saturation is not detrimental to porphyry Cu-Au formation. Geology, 48: 519-524.

Ducea M N, Paterson S R, DeCelles P G. 2015a. High-volume magmatic events in subduction systems. Elements, 11: 99-104.

Ducea M N, Saleeby J B, Bergantz G. 2015b. The architecture, chemistry, and evolution of continental magmatic arcs. Ann. Rev. Earth Planet. Sci., 43: 299-331.

Duretz T, Gerya T V. 2013. Slab detachment during continental collision: Influence of crustal rheology and interaction with lithospheric delamination. Tectonophysics, 602: 124-140.

Durkin K, Castillo P R, Straub S M, et al. 2020. An origin of the along-arc compositional variation in the Izu-Bonin arc system. Geosci. Front., 11: 1621-1634.

Ebinger C J, van Wijk J, Keir D. 2013. The time scales of continental rifting: Implications for global processes. Geol. Soc. Am. Spec. Publ., 500: 371-396.

Elliott T. 2003. Tracers of the slab. Geophysical Monograph, 138: 23-45.

Ellis D J, Sheraton J W, England R N, et al. 1980. Osumilite-sapphirine-quartz granulites from Enderby Land, Antarctica—Mineral assemblages and reactions. Contrib. Mineral. Petrol., 72: 123-143.

England P. 1983. Constraints on extension of continental lithosphere. J. Geophys. Res., 8: 1145-1152.

England P, Thompson A B. 1984. Pressure-temperature-time paths of regional metamorphism: part I. Heat transfer during the evolution of regions of thickened continental crust. J. Petrol., 25: 894-928.

England P C, Katz R F. 2010. Melting above the anhydrous solidus controls the location of volcanic arcs. Nature, 467: 700-703.

England P C. 2018. On shear stresses and the maximum magnitudes of earth quakes at convergent plate boundaries. J. Geophys. Res. Solid Earth, 123: 7165-7202.

England P C, May D A. 2021. The global range of temperatures on convergent plate interfaces. Geochemistry Geophysics Geosystems, 22: e2021GC009849.

Ernst W G. 1971. Metamorphic zonations on presumably subducted lithospheric plates from Japan,

California and the Alps. Contrib. Mineral. Petrol., 34: 43-59.

Ernst W G. 1973. Blueschist metamorphism and P-T regimes in active subduction zones. Tectonophysics, 11: 255-272.

Ernst W G. 1976. Petrologic Phase Equilibria. San Francisco: W. H. Freeman: 1-333.

Ernst W G, Maruyama S, Wallis S. 1997. Buoyancy-driven, rapid exhumation of ultrahigh-pressure metamorphosed continental crust. Proc. Nat'l Acad. Sci., 94: 9532-9537.

Eskola P. 1920. The mineral facies of rocks. Norsk Geologisk Tidsskrifl, 6: 143-194.

Eskola P. 1939. Die metamorphen Gesteine. In: Barth T F W, Correns C W, Eskola P. Die Entstehung der Gesteine; Ein Lehrbuch der Petrogenese. Berlin: Springer, 263-407.

Faryad S W, Cuthbert S J. 2020. High-temperature overprint in (U)HPM rocks exhumed from subduction zones; A product of isothermal decompression or a consequence of slab break-off (slab rollback)? Earth Sci. Rev., 202: 103108.

Faure M, Lin W. Shu L, et al. 1999. Tectonics of the Dabieshan (eastern China) and possible exhumation mechanism of ultra-high pressure rocks. Terra Nova, 11: 251-258.

Ferrando S, Frezzotti M L, Dallai L, et al. 2005. Multiphase solid inclusions in UHP rocks (Su-Lu, China): Remnants of supercritical silicate-rich aqueous fluids released during continental subduction. Chem. Geol., 223: 68-81.

Ferrando S, Petrelli M, Frezzotti M L. 2019. Gradual and selective trace element enrichment in slab released fluids at sub-arc depths. Scientific Reports, 9: 16393.

Ferrari L. 2004. Slab detachment control on mafic volcanic pulse and mantle heterogeneity in central Mexico. Geology, 32: 77-80.

Ficini E, Zilio L D, Doglioni C, et al. 2017. Horizontal mantle flow controls subduction dynamics. Scientific Reports, 7: 7550.

Forsyth D, Uyeda S. 1975. On the relative importance of the driving forces of plate motions. Geophys. J. Royal Astr. Soc., 43: 163-200.

Forsythe R, Nelson E. 1985. Geological manifestations of ridge collision: Evidence from the Golfo de Penas-Taitao Basin, southern Chile. Tectonics, 4: 477-495.

Forsythe R, Nelson E P, Carr M J, et al. 1986. Pliocene neartrench magmatism in southern Chile: A possible manifestation of ridge collision. Geology, 14: 23-27.

Foulger G R, Natland J H. 2003. Is "hotspot" volcanism a consequence of plate tectonics? Science, 300: 921-922.

Franke D. 2013. Rifting, lithosphere breakup and volcanism: Comparison of magma-poor and volcanic rifted margins. Marine Petroleum Geol., 43: 63-87.

Freeburn R, Bouilhol P, Maunder B, et al. 2017. Numerical models of the magmatic processes induced by slab breakoff. Earth Planet. Sci. Lett., 478: 203-213.

Frezzotti M L, Ferrando S. 2015. The chemical behavior of fluids released during deep subduction based on fluid inclusions. Am. Mineral., 100: 352-377.

Friedmann S J, Burbank D W. 1995. Rift basins and supradetachment basins: Intracontinental extensional end-members. Basin Research, 7: 109-127.

Frisch W, Meschede M, Blakey R C. 2011. Plate Tectonics: Continental Drift and Mountain Building. Berlin, Heidelberg: Springer-Verlag: 1-212.

Frohlich C. 2006. A simple analytical method to calculate the thermal parameter and temperature within subducted lithosphere. Phys. Earth Planet. Inter., 155: 281-285.

Fukao Y, Obayashi M, Nakakuki T, et al. 2009. Stagnant slab: a review. Ann. Rev. Earth Planet. Sci., 37: 19-46.

Furnes H, de Wit M, Staudigel H, et al. 2007. A vestige of Earth's oldest ophiolite. Science, 315: 1704-1707.

Furnes H, de Wit M, Dilek Y. 2014. Four billion years of ophiolites reveal secular trends in oceanic crust formation. Geosci. Front. 5: 571-603.

Furnes H, Dilek Y, Zhao G C, et al. 2020. Geochemical characterization of ophiolites in the Alpine-Himalayan Orogenic Belt: Magmatically and tectonically diverse evolution of the Mesozoic Neotethyan oceanic crust. Earth Sci. Rev., 208: 103258.

Ganne J, Feng X. 2017. Primary magmas and mantle temperatures through time. Geochemistry Geophysics Geosystems, 18: 872-888.

Gao S, Rudnick R L, Yuan H L, et al. 2004. Recycling lower continental crust in the North China craton. Nature,432: 892-897.

Gao X Y, Zheng Y F, Chen Y X, et al. 2014. Composite carbonate and silicate multiphase solid inclusions in metamorphic garnet from ultrahigh-P eclogite in the Dabie orogen. J. Metamor. Geol., 32: 961-980.

Garzanti E, Radeff G, Malusà M G. 2018. Slab breakoff: a critical appraisal of a geological theory as applied in space and time. Earth Sci. Rev., 177: 303-319.

Gerya T V, Stöckhert B, Perchuk A L. 2002. Exhumation of high-pressure metamorphic rocks in a subduction channel: A numerical simulation. Tectonics, 21: 1-19.

Gerya T V, Stern R J, Baes M, et al. 2015. Plate tectonics on the Earth triggered by plume-induced subduction initiation. Nature, 527: 221-225.

Goes S, Agrusta R, van Hunen J, et al. 2017. Subduction-transition zone interaction: a review. Geosphere, 13: 644-664.

Gogus O H, Pysklywec R N. 2008. Mantle lithosphere delamination driving plateau uplift and synconvergent extension in eastern Anatolia. Geology, 36: 723-726.

Gómez-Tuena A, Straub S M, Zellmer G F. 2014. An introduction to orogenic andesites and crustal growth. Geol. Soc. Spec. Publ., 385: 1-13.

Goodwin A M. 1996. Principles of Precambrian Geology. London: Academic Press, 327p.

Green D H. 1973. Experimental melting studies on a model upper mantle composition at high-pressure under water-saturated and water-undersaturated conditions. Earth Planet. Sci. Lett. 19: 37-53.

Green D H, Hibberson W O, Kovacs I, et al. 2010. Water and its influence on the lithosphere−asthenosphere boundary. Nature, 467: 448-451.

Green D H, Hibberson W O, Rosenthal A, et al. 2014. Experimental study of the influence of water on melting and phase assemblages in the upper mantle. J. Petrol., 55: 2067-2096.

Grove T L, Elkins-Tanton L T, Parman S W, et al. 2003. Fractional crystallization and mantle-melting controls on calc-alkaline differentiation trends. Contrib. Mineral. Petrol., 145: 515-533.

Grove T L, Chatterjee N, Parman S, et al. 2006. The influence of H_2O on mantle wedge melting. Earth Planet. Sci. Lett., 249: 74-89.

Grove T L, Till C B, Lev E, et al. 2009. Kinematic variables and water transport control the formation and location of arc volcanoes. Nature, 459: 694-697.

Grove T L, Till C B, Krawczynski M J. 2012. The role of H_2O in subduction zone magmatism. Ann. Rev. Earth Planet. Sci., 40: 413-439.

Grove T L, Till C B. 2019. H_2O-rich mantle melting near the slab-wedge interface. Contrib. Mineral. Petrol., 174: 80.

Guillot S, Hattori K, Agard P, et al. 2009. Exhumation processes in oceanic and continental subduction contexts: A review. In: Lallemand S, Funiciello F. Subduction Zone Geodynamics. Berlin, Heidelberg: Springer-Verlag: 175-205.

Guo S, Zhao K D, John T, et al. 2019. Metasomatic flow of metacarbonate-derived fluids carrying isotopically heavy boron in continental subduction zones: Insights from tourmaline-bearing ultra-high pressure eclogites and veins (Dabie terrane, eastern China). Geochim. Cosmochim. Acta, 253: 159-200.

Guo H H, Xia Y, Bai R, et al. 2020. Experiments on Cu isotope fractionation between chlorine bearing fluid and silicate magma: implications for fluid exsolution and porphyry Cu deposits. Nat'l Sci. Rev., 7: 1319-1330.

Gurnis M. 1988. Large-scale mantle convection and the aggregation and dispersal of supercontinents. Nature, 332: 695-699.

Gvirtzman Z, Nur A. 1999. The formation of Mount Etna as the consequence of slab rollback. Nature, 401: 782-785.

Hacker B R, Peacock S M, Abers G A, et al. 2003. Subduction factory 2. Are intermediate-depth earthquakes in subducting slabs linked to metamorphic dehydration reactions? J. Geophys. Res., 108: 2030.

Hacker B R. 2008. H_2O subduction beyond arcs. Geochemistry Geophysics Geosystems, 9: Q03001.

Hacker B R, Kelemen P B, Behn M D. 2011. Differentiation of the continental crust by relamination.

Earth Planet. Sci. Lett., 307: 501-516.

Hacker B R, Gerya T V. 2013. Paradigms, new and old, for ultrahigh-pressure tectonism. Tectonophysics, 603: 79-88.

Hacker B R, Kelemen P B, Behn M D. 2015. Continental lower crust. Ann. Rev. Earth Planet. Sci., 43: 167-205.

Hall P S. 2012. On the thermal evolution of the mantle wedge at subduction zones. Phys. Earth Planet. Inter.,198-199: 9-27.

Hamilton W B. 1998. Archean magmatismand deformation were not products of plate tectonics. Precambr. Res., 91: 143-179.

Hamilton W B. 2011. Plate tectonics began in Neoproterozoic time, and plumes from deep mantle have never operated. Lithos, 123: 1-20.

Harley S L. 1998. On the occurrence and characterization of ultrahigh-temperature crustal metamorphism. Geol. Soc. Spec. Publ. 138: 81-107.

Harley S L. 2008. Refining the P-T records of UHT crustal metamorphism. J. Metamor. Geol., 26: 125-154.

Harley S L. 2021. UHT metamorphism. In: Alderton D, Elias S A. Encyclopedia of Geology (2nd Edition) (vol.2). United Kingdom: Academic Press, vol. 2, pp. 522-552.

Harris N B W, Pearce J A, Tindle A G. 1986. Geochemical characteristics of collision-zone magmatism. Geol. Soc. Spec. Publ., 19: 67-81.

Harris L B, Bédard J H. 2014. Crustal evolution and deformation in a non-plate-tectonic Archaean earth: Comparisons with Venus. In: Dilek Y, Furnes H. Evolution of Archean Crust and Early Life. Dordrecht Heidelberg: Springer: 215-291.

Hawkesworth C J, Brown M. 2018. Earth dynamics and the development of plate tectonics. Phil. Trans. Royal Soc., A376: 20180228.

Hayes G P, Wald D J, Johnson R L. 2012. Slab1.0: A three-dimensional model of global subduction zone geometries. J. Geophys. Res. Solid Earth, 117: B01302.

Hayes G P, Moore G L, Portner D E, et al. 2018. Slab 2, a comprehensive subduction zone geometry model. Science, 362: 58-61.

He Y S, Li S G, Hoefs J, et al. 2011. Post-collisional granitoids from the Dabie orogen: new evidence for partial melting of a thickened continental crust. Geochim. Cosmochim. Acta, 75: 3815-3838.

He C S, Zheng Y F. 2018. Seismic evidence for the absence of deeply subducted continental slabs in the lower lithosphere beneath the Central Orogenic Belt of China. Tectonophysics, 723: 178-189.

Hermann J, Spandler C, Hack A, et al. 2006. Aqueous fluids and hydrous melts in high-pressure and ultra-high pressure rocks: implications for element transfer in subduction zones. Lithos, 92: 399-417.

Hermann J, Spandler C J. 2008. Sediment melts at sub-arc depths: an experimental study. J. Petrol.,

49: 717-740.

Hermann J, Rubatto D. 2009. Accessory phase control on the trace element signature of sediment melts in subduction zones. Chem. Geol., 265: 512-526.

Hermann J, Zheng Y F, Rubatto D. 2013. Deep fluids in subducted continental crust. Elements, 9: 281-287.

Hermann J, Rubatto D. 2014. Subduction of continental crust to mantle depth. Treatise on Geochemistry, 4: 309-340.

Hertgen S, Yamato P, Guillaume B, et al. 2020. Influence of the thickness of the overriding plate on convergence zone dynamics. Geochem. Geophys. Geosyst., 21: e2019GC008678.

Herzberg C, Condie K, Korenaga J. 2010. Thermal history of the Earth and its petrological expression. Earth Planet. Sci. Lett., 292: 79-88.

Herzberg C, Rudnick R. 2012. Formation of cratonic lithosphere: an integrated thermal and petrological model. Lithos, 149: 4-15.

Hess H H. 1962. History of ocean basins. In: Engel A E J, James H L, Leonard B F. Petrologic Studies: A Volume in Honor of A. F. Buddington. Boulder CO: Geological Society of America: 599-620.

Hildebrand R S, Whalen J B, Bowring S A. 2018. Resolving the crustal composition paradox by 3.8 billion years of slab failure magmatism and collisional recycling of continental crust. Tectonophysics, 734-735: 69-88.

Hildreth W, Moorbath S. 1988. Crustal contributions to arc magmatism in the Andes of Central Chile. Contrib. Mineral. Petrol., 98: 455-489.

Hirschmann M M, Kogiso T, Baker M B, et al. 2003. Alkalic magmas generated by partial melting of garnet pyroxenite. Geology, 31: 481-484.

Hofmann A W, White W M. 1982. Mantle plumes from ancient oceanic crust. Earth Planet. Sci. Lett., 57: 421-436.

Hofmann A W. 1997. Mantle geochemistry: the message from oceanic volcanism. Nature, 385: 219-229.

Holder R M, Viete D R, Brown M, et al. 2019. Metamorphism and the evolution of plate tectonics. Nature, 572: 378-381.

Holmes A. 1931. Radioactivity and Earth movements. Trans. Geol. Soc. Glasgow, 18: 559-606.

Holt A F, Condit C B. 2021. Slab temperature evolution over the lifetime of a subduction zone. Geochem. Geophys. Geosyst., 22: e2020GC009476.

Holwell D A, Fiorentini M, McDonald I, et al. 2019. A metasomatized lithospheric mantle control on the metallogenic signature of post-subduction magmatism. Nat. Commun., 10: 3511.

Honza E. 1993. Spreading mode of backarc basins in the western Pacific. Tectonophysics, 251: 139-152.

Horton B K, Folguera A. 2019. Andean Tectonics. Amsterdam: Elsevier: 1-711.

Hou Z Q, Gao Y F, Qu X M, et al. 2004. Origin of adakitic intrusives generated during mid-Miocene east-west extension in southern Tibet. Earth Planet. Sci. Lett., 220: 139-155.

Hou Z Q, Yang Z M, Lu Y J, et al. 2015. A genetic linkage between subduction- and collision-related porphyry Cu deposits in continental collision zones. Geology, 43: 247-250.

Hou Z Q, Zhou Y, Wang R, et al. 2017. Recycling of metal-fertilized lower continental crust: Origin of non-arc Au-rich porphyry deposits at cratonic edges. Geology, 45: 563-566.

Houseman G A, McKenzie D P, Molnar P. 1981. Convective instability of a thickened boundary layer and its relevance for the thermal evolution of continental convergent belts. J. Geophys. Res., 86: 6115-6132.

Hu J, Gurnis M. 2020. Subduction duration and slab dip. Geochemistry Geophysics Geosystems, 21: e2019GC008862.

Huang J L, Zhao D P. 2006. High-resolution mantle tomography of China and surrounding regions. J. Geophys. Res. 111: B09305.

Huang Y, Chubakov V, Mantovani F, et al. 2013. A reference Earth model for the heat-producing elements and associated geoneutrino flux. Geochem. Geophys. Geosyst., 14: 2003-2029.

Huang C, Zhang N, Li Z X, et al. 2019. Modeling the inception of supercontinent breakup: Stress state and the importance of orogens. Geochem. Geophys. Geosyst., 20: 4830-4848.

Hyndman R D, Currie C A, Mazzotti SP. 2005. Subduction zone backarcs, mobile belts, and orogenic heat. GSA Today, 15: 4-10.

Hyndman R D. 2019. Origin of regional Barrovian metamorphism in hot backarcs prior to orogeny deformation. Geochem. Geophys. Geosyst., 20: 460-469.

Isacks B, Molnar P. 1969. Mantle earthquake mechanisms and the sinking of the lithosphere. Nature, 223: 1121-1124.

Jagoutz O. 2010. Construction of the granitoid crust of an island arc. Part II: a quantitative petrogenetic model. Contrib. Mineral. Petrol., 160: 359-381.

Jagoutz O, Kelemen P B. 2015. Role of arc processes in the formation of continental crust. Ann. Rev. Earth Planet. Sci., 43: 363-404.

Jagoutz O, Klein B. 2018. On the importance of crystallization-differentiation for the generation of SiO_2-rich melts and the compositional build-up of arc (and continental) crust. Am. J. Sci., 318: 29-63.

James D E, Sacks I S. 1999. Cenozoic formation of the Central Andes: a geophysical perspective. Soc. Econ. Geol. Spec. Publ., 7: 1-25.

Jarrard R D. 1986. Relations among subduction parameters. Rev. Geophys., 24: 217-284.

Jaupart C, Mareschal J C, Iarotsky L. 2016.Radiogenic heat production in the continental crust radiogenic heat production in the continental crust. Lithos, 262: 398-427.

Jenner F E, Bennett V C, Nutman A P, et al. 2009. Evidence for subduction at 3.8 Ga: geochemistry of arc-like metabasalts from the southern edge of the Isua Supracrustal Belt. Chem. Geol., 261: 82-97.

John T, Gussone N, Podladchikov Y Y, et al. 2012. Volcanic arcs fed by rapid pulsed fluid flow through subducting slabs. Nat. Geosci., 5: 489-492.

Johnson M R W, Harley S L. 2012. Orogenesis: The Making of Mountains. Cambridge: Cambridge University Press: 1-388.

Johnson T E, Brown M, Kaus B J P, et al. 2014. Delamination and recycling of Archaean crust caused by gravitational instabilities. Nat. Geosci., 7: 47-52.

Jull M, Kelemen P B. 2001. On the conditions for lower crustal convective instability. J. Geophys. Res. Solid Earth, 106: 6423-6446.

Kawamoto T, Holloway J R. 1997. Melting temperature and partial melt chemistry of H_2O-saturated mantle peridotite to 11 gigapascals. Science, 276: 240-243.

Kawamoto T, Kanzaki M, Mibe K, et al. 2012. Separation of supercritical slab-fluids to form aqueous fluid and melt components in subduction zone magmatism. Proc. Nat'l Acad. Sci., 109: 18695-18700.

Kay R W, Kay S M. 1991. Creation and destruction of lower continental crust. Geol. Rund., 80: 259-278.

Kay R W, Kay S M. 1993. Delamination and delamination magmatism. Tectonophysics, 219: 177-189.

Kay S M, Jicha B R, Citron G L, et al. 2019. The calc-alkaline hidden Bay and Kagalaska plutons and the construction of the central Aleutian oceanic arc crust. J. Petrol., 60: 393-439.

Kearey P, Klepeis K A, Vine F J. 2009. Global Tectonics. Oxford: John Wiley & Sons: 1-482.

Kelemen P B, Dick H J B, Quick J E. 1992. Formation of harzburgite by pervasive melt/rock reaction in the upper mantle. Nature, 358: 635-641.

Kelemen P B, Hart S R, Bernstein S. 1998. Silica enrichment in the continental upper mantle lithosphere via melt/rock reaction. Earth Planet. Sci. Lett., 164: 387-406.

Kelemen P B, Rilling J L, Parmentier E M, et al. 2003. Thermal structure due to solid-state flow in the mantle wedge beneath arcs. Geophys. Monogr., 138: 293-311.

Kelemen P B, Hanghoj K, Greene A R. 2014. One view of the geochemistry of subduction-related magmatic arcs, with an emphasis on primitive andesite and lower crust. Treatise on Geochemistry, 4: 749-805.

Kelemen P B, Behn M D. 2016. Formation of lower continental crust by relamination of buoyant arc lavas and plutons. Nat. Geosci., 9: 197-205.

Keller C B, Schoene B, Barboni M, et al. 2015. Volcanic-plutonic parity and the differentiation of the continental crust. Nature, 523: 301-307.

Kelley K A, Cottrell E. 2009. Water and the oxidation state of subduction zone magmas. Science, 325: 605-607.

Kelsey D E, Hand M. 2015. On ultrahigh temperature crustal metamorphism: phase equilibria, trace element thermometry, bulk composition, heat sources, timescales and tectonic settings. Geosci. Front., 6: 311-356.

Kerrich R, Goldfarb R, Groves D, et al. 2000. The geodynamics of world-class gold deposits: Characteristics, space-time distributions, and origins. Rev. Econ. Geol., 13: 501-551.

Kincaid C, Sacks I S. 1997. Thermal and dynamical evolution of the upper mantle in subduction zones. J. Geophys. Res., 102: 12295-12315.

Kincaid C, Griffiths R W. 2003. Laboratory models of the thermal evolution of the mantle during rollback subduction. Nature, 425: 58-62.

Kirby S, Engdahl R E, Denlinger R. 1996. Intermediate-depth Intraslab earthquakes and arc volcanism as physical expressions of crustal and uppermost mantle metamorphism in subducting slabs. Geophys. Monogr., 96: 195-214.

Kogiso T, Hirschmann M M, Pertermann M. 2004. High-pressure partial melting of mafic lithologies in the mantle. J. Petrol., 45: 2407-2422.

Kohn M J. 2014. Himalayan metamorphism and its tectonic implications. Annu. Rev. Earth Planet. Sci., 42: 381-419.

Kohn M J, Castro A E, Kerswell B C, et al. 2018. Shear heating reconciles thermal models with the metamorphic rock record of subduction. Proc. Nat'l Acad. Sci., 115: 11706-11711.

Korenaga J. 2013. Initiation and evolution of plate tectonics on Earth: theories and observations. Ann. Rev. Earth Planet. Sci., 41: 117-151.

Korsakov A V, Hermann J. 2006. Silicate and carbonate melt inclusions associated with diamond in deeply subducted carbonated rocks. Earth Planet. Sci. Lett., 241:104-118.

Kushiro I, Syono Y, Akimoto S. 1968. Melting of a peridotite nodule at high pressures and high water pressures. J. Geophys. Res., 73: 6023-6029.

Kusky T M, Bradley D C, Haeussler P, et al. 1997. Controls on accretion of flysch and mélange belts at convergent margins: evidence from the Chugach Bay thrust and Iceworm mélange, Chugach Terrane, Alaska. Tectonics, 16: 855-878.

Kusky T M, Windley B F, Polat A. 2018. Geological evidence for the operation of plate tectonics throughout the Archean: Records from Archean paleo-plate boundaries. J. Earth Sci., 29: 1291-1303.

Kusznir N J, Park R G. 1984. Intraplate lithosphere deformation and the strength of the lithosphere. Geophys. J. Royal Astr. Soc., 79: 513-538.

Kusznir N J, Park R G. 1987. The extensional strength of continental lithosphere: Its dependence on geothermal gradient, and crustal composition and thickness. Geol. Soc. Spec. Publ., 28: 35-52.

Law R D, Butler R W H, Holdsworth R E, et al. 2010. Continental Tectonics and Mountain Building: The Legacy of Peach and Horne. Geol. Soc. Spec. Publ., 335: 1-872.

Le Pichon X, Francheteau J, Bonnin J. 1973. Plate Tectonics. Amsterdam: Elsevier, 300p.

Le Pichon X. 2019. Fifty years of plate tectonics: afterthoughts of a witness. Tectonics, 38: 2919-2933.

Ledru P, Courrioux G, Dallain C, et al. 2001. The Velay dome (French massif central): Melt generation and granite emplacement during orogenic evolution. Tectonophysics, 342: 207-237.

Lee C T A, Cheng X, Horodyskyj U. 2006. The development and refinement of continental arcs by primary basaltic magmatism, garnet pyroxenite accumulation, basaltic recharge and delamination: Insights from the Sierra Nevada, California. Contrib. Mineral. Petrol., 151: 222-242.

Lee C T A, Morton D M, Kistler R W, et al. 2007. Petrology and tectonics of Phanerozoic continent formation: From island arcs to accretion and continental arc magmatism. Earth Planet. Sci. Lett., 263: 370-387.

Lee C T A, Bachmann O. 2014. How important is the role of crystal fractionation in making intermediate magmas? Insights from Zr and P systematics. Earth Planet. Sci. Lett., 393: 266-274.

Lenardic A. 2018. The diversity of tectonic modes and thoughts about transitions between them. Phil. Trans. Royal Soc., A376: 20170416.

Li J L, Klemd R, Gao J, et al. 2016. Poly-cyclic metamorphic evolutionof eclogite: Evidence for multistage burial-exhumation cycling in a subductionchannel. J. Petrol., 57: 119-146.

Li H Y, Chen R X, Zheng Y F, et al. 2018. Crustal metasomatism at the slab-mantle interface in a continental subduction channel: Geochemical evidence from orogenic peridotite in the Sulu orogen. J. Geophys. Res. Solid Earth, 123: 2174-2198.

Li Z H, Gerya T, Connolly J A D. 2019a. Variability of subducting slab morphologies in the mantle transition zone: Insight from petrological-thermomechanical modeling. Earth Sci. Rev. 196: 102874.

Li Z X, Mitchell R N, Spencer C J, et al. 2019b. Decoding Earth's rhythms: modulation of supercontinent cycles by longer superocean episodes. Precambr. Res., 323: 1-5.

Li J L, Schwarzenbach E M, John T, et al. 2020. Uncovering and quantifying the subduction zone sulfur cycle from the slab perspective. Nat. Commun., 11: 514.

Li Z X, Zhang S B, Zheng Y F, et al. 2021a. Crustal thickening and continental formation in the Neoarchean: geochemical records by granitoids from the Taihua Complex in the North China Craton. Precambr. Res., 367: 106446.

Li H Y, Zhao R P, Li J, et al. 2021b. Molybdenum isotopes unmask slab dehydration and melting beneath the Mariana arc. Nat. Commun., 12: 6015.

Li H J, Hermann J, Zhang LF. 2022. Melting of subducted slab dictates trace element recycling in global arcs. Sci. Adv., 8: eabh2166.

Liang X F, Chen Y, Tian X B, et al. 2016. 3D imaging of subducting and fragmenting Indian continental lithosphere beneath southern and central Tibet using body-wave finite-frequency tomography. Earth Planet. Sci. Lett., 443: 162-175.

Lin S F. 2005. Synchronous vertical and horizontal tectonism in the Neoarchean: Kinematic evidence from a synclinal keel in the northwestern Superior Craton, Manitoba. Precambr. Res., 139: 181-194.

Liou J G, Ernst W G, Zhang R Y, et al. 2009. Ultrahigh-pressure minerals and metamorphic terranes—the view from China. J. Asian Earth Sci., 35: 199-231.

Liou J G, Tsujimori T, Yang J, et al. 2014. Recycling of crustal materials through study of ultrahigh-pressure minerals in collisional orogens, ophiolites, and mantle xenoliths: A review. J. Asian Earth Sci., 96: 386-420.

Lister G S, Davis G A. 1989. The origin of metamorphic core complexes and detachment faults formed during Tertiary continental extension in the northern Colorado River region, USA. J. Struc. Geol., 11: 65-94.

Lister G S, Forster M. 2009. Tectonic mode switches and the nature of orogenesis. Lithos, 113: 274-291.

Lithgow-Bertelloni C, Richards M A. 1995. Cenozoic plate driving forces. Geophys. Res. Lett., 22: 1317-1320.

Lithgow-Bertelloni C, Richards M A. 1998. The dynamics of Cenozoic and Mesozoic plate motions. Rev. Geophys., 36: 27-78.

Liu S F, Heller P L, Zhang G W. 2003. Mesozoic basin development and tectonic evolution of the Dabieshan orogenic belt, central China. Tectonics, 22: 1038.

Liu L, Zhang J F, Green H W, et al. 2007. Evidence of former stishovite in metamorphosed sediments, implying subduction to >350 km. Earth Planet. Sci. Lett., 263: 180-191.

Liu F L, Liou J G. 2011. Zircon as the best mineral for P-T-time history of UHP metamorphism: A review on mineral inclusions and U-Pb SHRIMP ages of zircons from the Dabie-Sulu UHP rocks. J. Asian Earth Sci., 40: 1-39.

Liu F L, Zhang L F, Li X L, et al. 2017. The metamorphic evolution of Paleoproterozoic eclogites in Kuru-Vaara, northern Belomorian Province, Russia: Constraints from P-T pseudosections and zircon dating. Precambr. Res., 289: 31-47.

Liu L, Zhang J F, Cao Y T, et al. 2018. Evidence of former stishovite in UHP eclogite from the South Altyn Tagh, western China. Earth Planet. Sci. Lett., 484: 353-362.

Liu L, Gao S S, Liu K H, et al. 2019. Toroidal mantle flow induced by slab subduction and rollback beneath the Eastern Himalayan syntaxis and adjacent areas. Geophys. Res. Lett., 46: 11080-11090.

Luo C H. Wang R. Weinberg R F, et al. 2022. Isotopic spatial-temporal evolution of magmatic rocks in the Gangdese belt: Implications for the origin of Miocene post-collisional giant porphyry deposits in southern Tibet. Geol. Soc. Am. Bull., 134: https://doi.org/10.1130/B36018.1.

Lustrino M. 2005. How the delamination and detachment of lower crust can influence basaltic magmatism. Earth Sci. Rev., 72: 21-38.

Magee C, Stevenson C T E, Ebmeier S K, et al. 2018. Magma plumbing systems: a geophysical perspective. J. Petrol., 59: 1217-1251.

Magni V, Faccenna C, van Hunen J, et al. 2013. Delamination vs. break-off: The fate of continental collision. Geophys. Res. Lett., 40: 285-289.

Magni V. 2017. Crustal recycling evolution. Nat. Geosci., 10: 623-624.

Maierova P, Schulmann K, Gerya T. 2018. Relamination styles in collisional orogens. Tectonics, 37: 224-250.

Malaspina N, Hermann J, Scambelluri M, et al. 2006. Polyphase inclusions in garnet-orthopyroxenite (Dabie Shan, China) as monitors for metasomatism and fluid-related trace element transfer in subduction zone peridotite. Earth Planet. Sci. Lett., 249: 173-187.

Mallik A, Dasgupta R, Tsuno K, et al. 2016. Effects of water, depth and temperature on partial melting of mantle-wedge fluxed by hydrous sediment-melt in subduction zones. Geochim. Cosmochim. Acta, 195: 226-243.

Mandler B, Grove T L. 2016. Controls on the stability and composition of amphibole in the Earth's mantle. Contrib. Mineral. Petrol., 171: 68.

Manning C E. 2004. The chemistry of subduction-zone fluids. Earth Planet. Sci. Lett., 223: 1-16.

Marschall H R, Schumacher J C. 2012. Arc magmas sourced from melange diapirs in subduction zones. Nat. Geosci., 5: 862-867.

Maruyama S, Liou J G, Terabayashi M. 1996. Blueschists and eclogites of the world and their exhumation. Intern. Geol. Rev., 38: 485-594.

Mattauer M. 1986. Intracontinental subduction, crust-mantle decollement and cruststacking wedge in the Himalayas and other collision belts. Geol. Soc. Spec. Publ., 19: 37-50.

Maunder B, Hunen J, Bouilhol P, et al. 2019. Modeling slab temperature: A reevaluation of the thermal parameter. Geochemistry Geophysics Geosystems, 20: 673-687.

Maxwell J C. 1968. Continental drift and a dynamic earth. American Scientist, 56: 35.

McCarthy A, Chelle-Michou C, Muntener O, et al. 2018. Subduction initiation without magmatism: the case of the missing Alpine magmatic arc. Geology, 46: 1059-1062.

McCarthy A, Tugend J, Mohn G. 2021. Formation of the Alpine orogen by amagmatic convergence and assembly of previously rifted lithosphere. Elements, 17: 29-34.

McClay K R, Price N J. 1981. Thrust and Nappe Tectonics. Geol. Soc. Spec. Publ., 9: 1-544.

McClay K R. 1992. Thrust Tectonics. Dordrecht London: Springer:1-447.

McKenzie D P. 1969. Speculations on the consequences and causes of plate motions. Geophys. J. Intern., 18: 1-32.

Medaris L G, Ackerman L, Jelínek E, et al. 2015a. Depletion, cryptic metasomatism, and modal metasomatism of central European lithospheric mantle: evidence from elemental and Li isotope compositions of spinel peridotite xenoliths, Kozákov volcano, Czech Republic. Intern. J. Earth Sci., 104: 1925-1956.

Medaris L G, Ackerman L, Jelínek E, et al. 2015b. Depletion, cryptic metasomatism, and modal metasomatism (refertilization) of Variscan lithospheric mantle: Evidence from major elements, trace elements, and Sr-Nd-Os isotopes in a Saxothuringian garnet peridotite. Lithos, 226: 81-97.

Metcalf R V, Shervais J W. 2008, Suprasubduction-zone ophiolites: Is there really an ophiolite conundrum? Geol. Soc. Am. Spec. Paper, 438: 191-222.

Miller J A, Holdsworth R E, Buick I S, et al. 2001. Continental Reactivation and Reworking. Geological Society Special Publication, 184: 1-408.

Millhollen G L, Irving A J, Wyllie P J. 1974. Melting interval of peridotite with 5.7% water to 30 kilobars. J. Geol., 82: 575-587.

Miyashiro A. 1961. Evolution of metamorphic belts. J. Petrol., 2: 277-311.

Miyashiro A. 1973. Metamorphism and Metamorphic Belts. London: George Allen and Unwin: 1-492.

Miyashiro A. 1994. Metamorphic Petrology. New York: Oxford University Press, 404p.

Molnar P, Freedman D, Shih J S. 1979. Lengths of intermediate and deep seismic zones and temperatures in downgoing slabs of lithosphere. Geophys. J. Intern., 56: 41-54.

Moore J C, Silver E A. 1987. Continental margin tectonics: submarine accretionary prisms. Rev. Geophys., 25: 1305-1312.

Moores E M, Twiss R J. 1995. Tectonics. Long Grove: Waveland Press, Inc.:1-415.

Moores E M. 1998. Ophiolites, the Sierra Nevada, “Cordilleria,” and orogeny along the Pacific and Caribbean margins of North and South America. Intern. Geol. Rev., 40: 40-54.

Moores E M, Kellogg L H, Dilek Y. 2000. Tethyan ophiolites, mantle convection, and tectonic “historical contingency”; a resolution of the “ophiolite conundrum”. Geol. Soc. Am. Spec. Paper, 349: 3-12.

Moores E M, Yıkılmaz M B, Kellogg L H. 2013. Tectonics: 50 years after the revolution. Geol. Soc. Am. Spec. Paper, 500: 321-369.

Morgan W J. 1971. Convection plumes in the lower mantle. Nature, 230: 42-43.

Mori L, Gomez-Tuena A, Schaaf P, et al. 2009. Lithospheric removal as a trigger for flood basalt magmatism in the Trans-Mexican Volcanic Belt. J. Petrol., 50: 2157-2186.

Moyen J F, Laurent O, Chelle-Michou C, et al. 2017. Collision vs. subduction-related magmatism: Two contrasting ways of granite formation and implications for crustal growth. Lithos, 277:

154-177.

Moyen J F, Janoušek V, Laurent O. et al. 2021. Crustal melting vs. fractionation of basaltic magmas: Part 1, Granites and paradigms. Lithos, 402-403: 106291.

Müller R D. 2011. Plate motion and mantle plumes. Nature, 475: 40-41.

Murphy J B, Nance R D. 2013. Speculations on the mechanisms for the formation and breakup of supercontinents. Geosci. Front., 4: 185-194.

Mysen B O, Boettcher A L. 1975. Melting of a hydrous mantle: I. Phase relations of natural peridotite at highpressures and temperatures with controlled activities of water, carbon dioxide, and hydrogen. J. Petrol., 16: 520-548.

Ni H W, Zhang L, Xiong X L, et al. 2017. Supercritical fluids at subduction zones: Evidence, formation condition, and physicochemical properties. Earth Sci. Rev., 167: 62-71.

Nielsen S G, Marschall H R. 2017. Geochemical evidence for melange melting in global arcs. Science Advances, 3:e1602402.

Niu Y L. 2017. Slab breakoff: a causal mechanism or pure convenience? Sci. Bull., 62: 456-461.

O'Reilly S Y, Griffin W L. 2013. Mantle metsomatism. In: Harlov D E, Austrheim H. Metasomatism and the Chemical Transformation of Rock. Berlin, Heidelberg: Springer-Verlag: 471-533.

Olsen K H. 1995. Continental Rifts: Evolution, Structure, Tectonics. Amsterdam: Elsevier, 1-466.

Olsen K H, Morgan P. 1995. Introduction: Progress in understanding continental rifts. In: Olsen K H. Continental Rifts: Evolution, Structure, Tectonics. Amsterdam: Elsevier, 3-26.

Orowan E. 1964. Continental drift and the origin of mountains. Science, 1964: 1003-1010.

Orowan E. 1965. Convection in a non-Newtonian mantle, continental drift, and mountain building, a symposium on continental drift. Phil. Trans. Royal Soc., A258: 284-321.

Osozawa S., Sakai T, Naito T. 1990. Miocene subduction of an active mid-ocean ridge and origin of the Setogawa ophiolite, central Japan. J. Geol., 98: 763-771.

Park J W, Campbell I H, Malaviarachchi S P, et al. 2019. Chalcophile element fertility and the formation of porphyry Cu±Au deposits. Mineralium Deposita,54: 657-670.

Peacock S M. 1990. Fluid processes in subduction zones. Science, 248: 329-337.

Peacock S M. 1991. Numerical simulation of subduction zone pressure-temperature-time paths: Constraints on fluid production and arc magmatism. Phil. Trans. Royal Soc., A335: 341-353.

Peacock S M, Wang K. 1999. Seismic consequences of warm versus cool subduction metamorphism: Examples from southwest and northeast Japan. Science, 286: 937-939.

Peacock S M. 2003. Thermal structure and metamorphic evolution of subducting slabs. in Inside the subduction factory. Geophys. Monogr., 138: 7-22.

Peacock S M. 2020. Advances in the thermal and petrologic modeling of subduction zones. Geosphere, 16: 936-952.

Pearce J A, Harris N B W, Tindle A G. 1984. Trace element discrimination diagrams for the tectonic interpretation of granitic rocks. J. Petrol., 25: 956-983.

Pearce J A, Peate D W. 1995. Tectonic implications of the composition of volcanic arc magmas. Ann. Rev. Earth Planet. Sci., 23: 251-285.

Pearce J A. 2003. Subduction zone ophiolites. Geol. Soc. Am. Spec. Paper, 373: 269-294.

Peng C C, Kuo B Y, Tan E. 2021. Dual structure of poloidal and toroidal flow under the Cocos subduction zone. Earth Planet. Sci. Lett., 565: 116911.

Penniston-Dorland S C, Kohn M J, Manning C E. 2015. The global range of subduction zone thermal structures from exhumed blueschists and eclogites: rocks are hotter than models. Earth Planet. Sci. Lett., 428: 243-254.

Penniston-Dorland S C, Kohn M J, Piccoli P M. 2018. A mélange of subduction temperatures: Evidence from Zr-in-rutile thermometry for strengthening of the subduction interface. Earth Planet. Sci. Lett., 482: 525-535.

Perez-Gussinye M, Reston T J. 2001. Rheological evolution during extension at nonvolcanic rifted margins: onset of serpentinization and development of detachments leading to continental breakup. J. Geophys. Res., B106: 3961-3975.

Peron-Pinvidic G, Osmundsen P T. 2020. From orogeny to rifting: insights from the Norwegian 'reactivation phase'. Scientific Reports, 10: 14860.

Perrin A, Goes S, Prytulak J, et al. 2018. Mantle wedge temperatures and their potential relation to volcanic arc location. Earth Planet. Sci. Lett., 501: 67-77.

Petford N, Atherton M. 1996. Na-rich partial melts from newly underplated basaltic crust: The Cordillera Blanca Batholith, Peru. J. Petrol., 37: 1491-1521.

Pilet S, Baker M B, Stopler E M. 2008. Metasomatized lithosphere and the origin of alkaline lavas. Science, 320: 916-919.

Pirard C, Hermann J. 2015. Focused fluid transfer through the mantle above subduction zones. Geology, 43: 915-918.

Piromallo C, Morelli A. 2003. P-wave tomography of the mantle under the Alpine-Mediterranean area. J. Geophys. Res., 108: 2065.

Plank T, Langmuir C H. 1993. Tracing trace-elements from sediment input to volcanic output at subduction zones. Nature, 362: 739-743.

Platt J P, Behr M, Cooper F J. 2015. Metamorphic core complexes: windows into the mechanics and rheology of the crust. J. Geol. Soc., 17: 9-27.

Poli S, Schmidt M W. 2002. Petrology of subducted slabs. Ann. Rev. Earth Planet. Sci., 30: 207-235.

Poli S. 2015. Carbon mobilized at shallow depths in subduction zones by carbonatitic liquids. Nat. Geosci., 8: 633-636.

Rampone E, Morten L. 2001. Records of crustal metasomatism in the garnet peridotites of the Ulten zone (Upper Austroalpine, Eastern Alps). J. Petrol., 42: 207-219.

Replumaz A, Negredo A M, Guillot S, et al. 2010. Multiple episodes of continental subduction during India/Asia convergence: Insight from seismic tomography and tectonic reconstruction. Tectonophysics, 483: 125-134.

Rey P. 2001. From lithospheric thickening and divergent collapse to active continental rifting. Geol. Soc. Spec. Publ., 184: 77-88.

Richards J P. 2003. Tectono-magmatic precursors for porphyry Cu-(Mo-Au) deposit formation. Econ. Geol., 98: 1515-1533.

Richards J P. 2011. Magmatic to hydrothermal metal fluxes in convergent and collided margins. Ore Geol. Rev., 40: 1-26.

Richards J P. 2015. Tectonic, magmatic, and metallogenic evolution of the Tethyan orogen: from subduction to collision. Ore Geol. Rev., 70: 323-345.

Richardson R M, Solomon S C, Sleep N H. 1976. Intraplate stress as an indicator of plate tectonic driving forces. J. Geophys. Res., 81: 1847-1856.

Richter F M. 1973. Dynamical models for sea floor spreading. Rev. Geophys. Space Phys., 11: 223-287.

Ring U, Pantazides H, Glodny J, et al. 2020. Forced return flow deep in the subduction channel, Syros, Greece. Tectonics, 39: e2019TC005768.

Ringwood A E. 1974. The petrological evolution of island arc systems. J.Geol. Soc., 130: 183-204.

Ringwood A E. 1976. Phase transformations in descending plates and implications for mantle dynamics. Tectonophysics, 32: 129-143.

Ringwood A E. 1990. Slab-mantle interactions: 3. Petrogenesis of intraplate magmas and structure of the upper mantle. Chem. Geol., 82: 187-207.

Roden M F, Murthy V R. 1985. Mantle metasomatism. Ann. Rev. Earth Planet. Sci., 13: 269-296.

Rodriguez-Gonzalez J, Negredo A M, Billen M I. 2012. The role of the overriding plate thermal state on slab dip variability and on the occurrence of flat subduction. Geochemistry Geophysics Geosystems, 13: Q01002.

Rubatto D, Regis D, Hermann J, et al. 2011. Yo-yo subduction recorded by accessory minerals in the Italian Western Alps. Nat. Geosci., 4: 338-342.

Rudnick R L. 1995. Making continental crust. Nature, 378: 573-578.

Rudnick R L, Fountain D M. 1995. Nature and composition of the continental crust: a lower crustal perspective. Rev. Geophys., 33: 267-309.

Rumble D, Liou J G, Jahn B M. 2003. Continental crust subduction and ultrahigh pressure metamorphism. Treatise on Geochemistry, 3: 293-319.

Rustioni G, Audetat A, Kepple H. 2021. The composition of subduction zone fluids and the origin of the trace element enrichment in arc magmas. Contrib. Mineral. Petrol., 176: 51

Ryan J G, Morris J, Tera F, et al. 1995. Cross-arc geochemical variations in the Kurile arc as a function of slab depth. Science, 270: 625-627.

Sawkins F J. 1990. Metal Deposits in Relation to Plate Tectonics. Second Edition, Berlin, Heidelberg: Springer-Verlag, 461p.

Scambelluri M, Pettke T, van Roermund H. 2008. Majoritic garnets monitor deep subduction fluid flow and mantle dynamics. Geology, 36: 59-62.

Schellart W P, Moresi L. 2013. A new driving mechanism for backarc extension and backarc shortening through slab sinking induced toroidal and poloidal mantle flow: Results from dynamic subduction models with an overriding plate. J. Geophys. Res. Solid Earth, 118: 3221-3248.

Schmidt M W, Poli S. 2014. Devolatilization during subduction. Treatise on Geochemistry, 4: 669-701.

Schmidt M W, Jagoutz O. 2017. The global systematics of primitive arc melts. Geochemistry Geophysics Geosystems, 18: 2817-2854.

Schneider F M, Yuan X, Schurr B, et al. 2013. Seismic imaging of subducting continental lower crust beneath the Pamir. Earth Planet. Sci. Lett., 375: 101-112.

Schott B, Schmeling H. 1998. Delamination and detachment of a lithospheric root. Tectonophysics, 296: 225-247.

Schreyer W. 1995. Ultradeep metamorphic rocks: the retrospective viewpoint. J. Geophys. Res., B100: 8353-8366.

Schubert G, Turcotte D L, Olson P. 2001. Mantle Convection in the Earth and Planets. Cambridge: Cambridge University Press: 1-940.

Searle R. 2013. Mid-Ocean Ridges. Cambridge: Cambridge University Press, 318p.

Searle M P, Lamont T N. 2020. Compressional metamorphic core complexes, low-angle normal faults and extensional fabrics in compressional tectonic settings. Geol. Mag., 157: 101-128.

Sengör A M C, Burke K. 1978. Relative timing of rifting and volcanism on Earth and its tectonic applications. Geophys. Res. Lett., 5: 419-421.

Sengör A M C. 2013. The Pyrenean Hercynian keirogen and the Cantabrian orocline as genetically coupled structures. J. Geodyn., 65: 3-21.

Seyfert C K. 1968. Dilational convection: an explanation for the similarity of continental and oceanic heat flow during sea-floor spreading. Am. Geophys. Union Trans., 49: 202.

Seyfert C K. 1987. Cordilleran metamorphic core complexes. In: Structural Geology and Tectonics. Encyclopedia of Earth Science, Berlin, Heidelberg: Springer: https://doi.org/10.1007/3-540-31080-0_19.

Seyfert C K, Sirkin L A. 1979. Earth History and Plate Tectonics. New York: Harper & Row: 1-600.

Shervais J W. 2001. Birth, death, and resurrection: The life cycle of suprasubduction zone ophiolites. Geochem. Geophys. Geosyst., 2: 2000GC000080.

Siever R. 1983. The dynamic Earth. Scientific American, 29(3): 46-55.

Sillitoe R H. 1997. Characteristics and controls of the largest porphyry copper-gold and epithermal gold deposits in the circum-Pacific region. Australian J. Earth Sci., 44: 373-388.

Sillitoe R H. 2010. Porphyry copper system. Econ. Geol., 105: 3-41.

Sisson V B, Pavlis T L, Roeske S M, et al. 2003. Introduction: An overview of ridge-trench interactions in modern and ancient settings. Geol. Soc. Am. Spec. Paper, 371: 1-18.

Sizova E, Gerya T, Stüwe K, et al. 2015. Generation of felsic crust in the Archean: a geodynamic modeling perspective. Precambr. Res., 271: 198-224.

Skora S, Blundy J D, Brooker R A, et al. 2015. Hydrous phase relations and trace element partitioning behaviour in calcareous sediments at subduction-zone conditions. J. Petrol., 56: 953-980.

Smith D C. 1984. Coesite in clinopyroxene in the Caledonides and its implications for geodynamics. Nature, 310: 641-644.

Smith P M, Asimow P D. 2005. Adiabat_1ph: a new public front-end to MELTS, pMELTS, and pHMELTS models. Geochemistry Geophysics Geosystems, 6: Q02004.

Smithies R H, Lu Y J, Kirkland C L, et al. 2021. Oxygen isotopes trace the origins of Earth's earliest continental crust. Nature, 592: 70-75.

Snyder W S, Dickinson W R, Silberman M L. 1976. Tectonic implications of space-time patterns of Cenozoic magmatism in the western Unites States. Earth Planet. Sci. Lett., 32: 91-106.

Sobolev N V, Shatsky V S. 1990. Diamond inclusions in garnets from metamorphic rocks: a new environment for diamond formation. Nature, 343: 742-746.

Sobolev A V, Hofmann A W, Sobolev S V, et al. 2005. An olivine-free mantle source of Hawaiian shield basalts. Nature, 434: 590-597.

Sobolev A V, Hofmann A W, Kuzmin D V, et al. 2007. The amount of recycled crust in sources of mantle-derived melts. Science, 316: 412-417.

Solomon M. 1990. Subduction, arc reversal, and the origin of porphyry copper-gold deposits in island arcs. Geology, 18: 630-633.

Spandler C, Pirard C. 2013. Element recycling from subducting slabs to arc crust: A review. Lithos, 170-171: 208-223.

Stampfli G M, Borel G D. 2002. A plate tectonic model for the Paleozoic and Mesozoic constrained by dynamic plate boundaries and restored synthetic oceanic isochrons. Earth Planet. Sci. Lett., 196: 17-33.

Stern R J. 2002. Subduction zones. Rev. Geophys., 40, 1012; doi:1010.1029/2001RG000108.

Stern R J, Fouch M J, Klemperer S L. 2003. An overview of the Izu-Bonin-Mariana subduction factory. Geophysical Monograph, 138: 175-222.

Stern R J. 2004. Subduction initiation: spontaneous and induced. Earth Planet. Sci. Lett., 226 275-292.

Stern R J. 2005. Evidence from ophiolites, blueschists, and ultrahigh-pressure metamorphic terranes that the modern episode of subduction tectonics began in Neoproterozoic time. Geology, 33: 557-560.

Stern R J, Scholl D W, Fryer G. 2016. An introduction to convergent margins and their natural hazards. Geophysical Monograph, 219: 77-98.

Stern R J. 2018. The evolution of plate tectonics. Philos. Trans. Royal Soc., A376: 20170406.

Stern R J, Gerya T. 2018. Subduction initiation in nature and models: a review. Tectonophysics, 746: 173-198.

St-Onge M R, King J E. 1987. Evolution of regional metamorphism during back-arc stretching and subsequent crustal shortening in the 1.9 Ga Wopmay orogen, Canada. Philos. Trans. Roy. Soc., A321:199-218.

Straub S M, Gomez-Tuena A, Stuart F M, et al. 2011. Formation of hybrid arc andesites beneath thick continental crust. Earth Planet. Sci. Lett., 303: 337-347.

Suzuki K, Kitajima K, Sawaki Y, et al. 2015. Ancient oceanic crust in island arc lower crust: Evidence from oxygen isotopes in zircons from the Tanzawa Tonalitic Pluton. Lithos, 228-229: 43-54.

Syracuse E M, van Keken P E, Abers G A. 2010. The global range of subduction zone thermal models. Phys. Earth Planet. Inter., 183: 73-90.

Tamaki K. Honza E. 1991. Global tectonics and the formation of marginal basins: role of the western Pacific. Episodes, 14: 224-230.

Tang Y W, Chen L, Zhao Z F, et al. 2020. Geochemical evidence for the production of granitoids through reworking of the juvenile mafic arc crust in the Gangdese orogen, southern Tibet. Geol. Soc. Am. Bull., 132: 1347-1364.

Tatsumi Y, Sakuyama M, Fukuyama H, et al. 1983. Generation of arc basalt magmas and thermal structure of the mantle wedge in subduction zones. J. Geophys. Res., 88: 5815-5825.

Tatsumi Y. 1989. Migration of fluid phases and genesis of basalt magmas in subduction zones. J. Geophys. Res., 94: 4697-4707.

Taylor S R, McLennan S M. 1995. The geochemical evolution of the continental crust. Rev. Geophys., 33: 241-265.

Thompson A B, Connolly J A D. 1995. Melting of the continental crust: Some thermal and petrological constraints on anatexis in continental collision zones and other tectonic settings. J. Geophys. Res., 100: 15565-15579.

Thorkelson D J. 1996. Subduction of diverging plates and the principles of slab window formation. Tectonophysics, 255: 47-63.

Thorkelson D J. 2021. Ridge subduction and slab windows. In: Alderton D, Elias S A. Encyclopedia of Geology (2nd Edition)(vol.3). United Kingdom: Academic Press, vol. 3, pp. 957-967.

Till C B, Grove T L, Withers A C. 2012. The beginnings of hydrous mantle wedge melting. Contrib.

Mineral. Petrol., 163: 669-688.

Tumiati S, Godard G, Martin S, et al. 2007. Fluid-controlled crustal metasomatism within a high-pressure subducted mélange (Mt. Hochwart, Eastern Italian Alps). Lithos, 94: 148-167.

Tonarini S, Leeman W P, Leat P T. 2011. Subduction erosion of forearc mantle wedge implicated in the genesis of the South Sandwich Island (SSI) arc: Evidence from boron isotope systematics. Earth Planet. Sci. Lett., 301: 275-284.

Turcotte D L, Emerman S H. 1983. Mechanisms of active and passive rifting. Tectonophysics, 94: 39-50.

Turner S J, Foden J. 2001. U, Th and Ra disequilibria, Sr, Nd and Pb isotope and trace element variations in Sunda arc lavas: predominance of a subducted sediment component. Contrib. Mineral. Petrol., 142: 43-57.

Turner S J, Langmuir C H, Dungan M A, et al. 2017. The importance of mantle wedge heterogeneity to subduction zone magmatism and the origin of EM1. Earth Planet. Sci. Lett., 472: 216-228.

Ulmer P, Kaegi R, Müntener O. 2018. Experimentally derived intermediate to silica-rich arc magmas by fractional and equilibrium crystallization at 1.0 GPa: an evaluation of phase relationships, compositions, liquid lines of descent and oxygen fugacity. J. Petrol., 59: 11-58.

van de Zedde D M A, Wortel M J R. 2001. Shallow slab detachment as a transient source of heat at midlithospheric depth. Tectonics, 20: 868-882.

van Hunen J, van den Berg A P, Vlaar N J. 2004. Various mechanisms to induce present-day shallow flat subduction and implications for the younger Earth: a numerical parameter study. Phys. Earth Planet. Inter., 146: 179-194.

van Keken P E, Currie C, King S D, et al. 2008. A community benchmark for subduction zone modeling. Phys. Earth Planet. Inter., 171: 187-197.

van Keken P E, Hacker B R, Syracuse E M, et al. 2011. Subduction factory: 4. Depth-dependent flux of H_2O from subducting slabs worldwide. J. Geophys. Res., 116: B01401; https://doi.org/10.1029/2010JB007922.

van Keken P E, Wada I, Abers G A, et al. 2018. Mafic high-pressure rocks are preferentially exhumed from warm subduction settings. Geochemistry Geophysics Geosystems, 19: 2934-2961.

van Keken P E, Wada I, Sime N, et al. 2019. Thermal structure of the forearc in subduction zones: a comparison of methodologies. Geochemistry Geophysics Geosystems, 20: 3268-3288.

van Summeren J, Conrad C P, Lithgow-Bertelloni C. 2012. The importance of slab pull and a global asthenosphere to plate motions. Geochem. Geophys. Geosyst., 13: Q0AK03; doi:10.1029/2011gc003873.

Vauchez A, Barruol G, Tommasi A. 1997. Why do continents break-up parallel to ancient orogenic belts? Terra Nova, 9: 62-66.

von Blanckenburg F, Davies J H. 1995. Slab breakoff: a model for syncollisional magmatism and tectonics in the Alps. Tectonics, 14: 120-131.

Wada I W, King S. 2015. Dynamics of subducting slabs: numerical modeling and constraints from seismology, geoid, topography, geochemistry and petrology. Treatise on Geophysics, 7: 325-370.

Wang Q, Wyman D A, Zhao Z H, et al. 2007. Petrogenesis of Carboniferous adakites and Nb-enriched arc basalts in the Alataw area, northern Tianshan Range (western China): Implications for Phanerozoic crustal growth in the Central Asia orogenic belt. Chem. Geol., 236: 42-64.

Wang R, Tafti R, Hou Z Q, et al. 2017. Across-arc geochemical variation in the Jurassic magmatic zone, southern Tibet: Implication for continental arc-related porphyry Cu-Au mineralization: Chem. Geol., 451: 116-134.

Wang R, Weinberg R F, Collins W J, et al. 2018. Origin of post-collision magmas and formation of porphyry Cu deposits in southern Tibet. Earth Sci. Rev., 181: 122-143.

Wang Y, Zhang L F, Li Z H , et al. 2019. The exhumation of subducted oceanic eclogite: Insights from phase equilibrium and thermomechanical modeling. Tectonics, 38: 1764-1797.

Wang H L, Currie C A, DeCelles P G. 2021. Coupling between lithosphere removal and mantle flow in the central Andes. Geophys. Res. Lett., 48: e2021GL095075.

Wang R, Weinberg R F, Zhu D C, et al. 2022. The impact of a tear in the subducted Indian plate on the Miocene geology of the Himalayan-Tibetan orogen. Geol. Soc. Am. Bull., 134: https://doi.org/10.1130/B36023.1.

Wang X L, Tang M, Moyen J F, et al. 2022. The onset of deep recycling of supracrustal materials at the Paleo-Mesoarchean boundary. Nat'l Sci. Rev., 8: nwab136.

Warren C J. 2013. Exhumation of (ultra-)high-pressure terranes: concepts and mechanisms. Solid Earth, 4: 75-92.

Wedepohl K H. 1995. The composition of the continental crust. Geochim.Cosmochim. Acta, 59: 1217-1232.

Weinberg R F. 2016. Himalayan leucogranites and migmatites: nature, timing and duration of anatexis. J. Metamor. Geol., 34: 821-843.

White D A, Roeder D H, Nelson T H, et al. 1970. Subduction. Geol. Soc. Am. Bull., 81: 3431-3432.

White W M. 2010. Oceanic island basalts and mantle plumes: The geochemical perspective. Ann. Rev. Earth Planet. Sci., 38: 133-160.

Whitney D L, Teyssier C, Rey P, et al. 2013. Continental and oceanic core complexes. Geol. Soc. Am. Bull., 125: 273-298.

Wickham S M, Oxburgh E R. 1985. Continental rifts as a setting for regional metamorphism. Nature, 318: 330-333.

Wickham S M, Oxburgh E R. 1986. A rifted tectonic setting for Hercynian high-thermal gradient metamorphism in the Pyrenees. Tectonophysics, 129: 53-69.

Wilson J T. 1963. Evidence from islands on the spreading of ocean floors. Nature, 197: 536-538.

Wilson J T. 1966. Did the Atlantic close and then re-open? Nature, 211: 676-681.

Wilson J T. 1968. Static or mobile earth: the current scientific revolution. Proc. Am. Philos. Soc., 112: 309-320.

Wilson J T. 1973. Mantle plumes and plate motions. Tectonophysics, 19: 149-164.

Wilson R W, Houseman G A, McCaffrey K J W, et al. 2019. Fifty years of the Wilson Cycle concept in plate tectonics: an overview. Geol. Soc. Spec. Publ., 470: 1-17.

Windley B F, Kusky T M, Polat A. 2021. Onset of plate tectonics by the Eoarchean. Precambr. Res., 352: 105980.

Winkler H G F. 1965. Petrogenesis of Metamorphic Rocks. Berlin, Heidelberg: Springer-Verlag: 1-220.

Winkler H G F. 1976. Petrogenesis of Metamorphic Rocks(4th Edition). New York: Springer-Verlag, 334p.

Workman R K, Hart S R, Jackson M, et al. 2004. Recycled metasomatized lithosphere as the origin of the enriched mantle II (EM2) end-member: evidence from the Samoan Volcanic Chain. Geochemistry Geophysics Geosystems, 5: Q04008.

Wu R X, Zheng Y F, Wu Y B, et al. 2006. Reworking of juvenile crust: Element and isotope evidence from Neoproterozoic granodiorite in South China. Precambr. Res., 146: 179-212.

Wu Y B, Zheng Y F. 2013. Tectonic evolution of a composite collision orogen: An overview on the Qinling-Tongbai-Hong'an-Dabie-Sulu orogenic belt in central China. Gondwana Research, 23: 1402-1428.

Wu F Y, Liu X C, Liu Z C, et al. 2020. Highly fractionated Himalayan leucogranites and associated rare-metal mineralization. Lithos, 352-353: 105319.

Wyllie P J. 1984. Constraints imposed by experimental petrology on possible and impossible magma sources and products. Philos. Trans. Royal Soc., A310: 439-456.

Wyllie P J. 1988. Magma genesis, plate tectonics and chemical differentiation of the Earth. Rev. Geophys., 26: 370-404.

Xia Q X, Zheng Y F, Hu Z C. 2010. Trace elements in zircon and coexisting minerals from low-T/UHP metagranite in the Dabie orogen: implications for action of supercritical fluid during continental subduction-zone metamorphism. Lithos, 114: 385-413.

Xia B, Zhang L F, Du Z X, et al. 2019. Petrology and age of Precambrian Aksu blueschist, NW China. Precambr. Res., 326: 295-311.

Xiong J W,Chen Y X, Zhou K, et al. 2021. Fe and O isotopes in coesite-bearing jadeite quartzite from the Western Alps record multistage fluid-rock interactions in a continental subduction zone. Geochim. Cosmochim. Acta, 312: 1-24.

Xiong J W, Chen Y X, Ma H Z, et al. 2022. Tourmaline boron isotopes trace metasomatism by serpentinite-derived fluid in continental subduction zone. Geochim. Cosmochim. Acta, 320: 122-142.

Xu S T, Okay A I, Ji S Y, et al. 1992. Diamond from the Dabie Shan metamorphic rocks and its implication for tectonic setting. Science, 256: 80-82.

Xu Z Q, Zeng L S, Liu F L, et al. 2006. Polyphase subduction and exhumation of the Sulu high-pressure-ultrahigh-pressure metamorphic terrane. Geol. Soc. Am. Spec. Papers, 403: 93-113.

Xu H J, Zhang J F. 2017. Anatexis witnessed Postcollisional evolution of the Dabie orogen, China. J. Asian Earth Sci., 145: 278-296.

Xu Z, Zheng Y F. 2017. Continental basalts record the crust-mantle interaction in oceanic subduction channel: A geochemical case study from eastern China. J. Asian Earth Sci., 145: 233-259.

Xu C, Kynický J, Song W L, et al. 2018. Cold deep subduction recorded by remnants of a Paleoproterozoic carbonated slab. Nat. Commun., 9: 2790.

Yamato P, Brun J P. 2017. Metamorphic record of catastrophic pressure drops in subduction zones. Nat. Geosci.,10: 46-50.

Ye K, Cong B L, Ye D N. 2000. The possible subduction of continental material to depths greater than 200 km. Nature, 407: 734-736.

Yin A, Harrison TM. 2000. Geologic evolution of the Himalayan-Tibetan orogen. Ann. Rev. Earth Planet. Sci., 28: 211-280.

Yoshida M. 2013. Mantle temperature under drifting deformable continents during the supercontinent cycle. Geophys. Res. Lett., 40: 681-686.

Yu H L, Zhang L F, Wei C J, et al. 2017. Age and P-T conditions of the Gridino-type eclogite in the Belomorian Province, Russia. J. Metamor. Geol., 35: 855-869.

Yu Y G, Wu Z Q, Wentzcovitch R M. 2008. α-β-γ transformations in Mg_2SiO_4 in Earth's transition zone. Earth Planet. Sci. Lett., 273: 115-122.

Zhang Z M, Shen K, Sun W D, et al. 2008. Fluid in deeply subducted continental crust: petrology, mineral chemistry and fluid inclusion of UHP metamorphic veins from the Sulu orogen, eastern China. Geochim. Cosmochim. Acta, 72: 3200-3228.

Zhang J J, Santosh M, Wang X X, et al. 2012. Tectonics of the northern Himalaya since the India-Asia collision. Gondwana Research, 21: 939-960.

Zhang D, Audétat A. 2017. What caused the formation of the giant Bingham Canyon porphyry Cu-Mo-Au deposit? Insights from melt inclusions and magmatic sulfides. Econ. Geol., 112: 221-244.

Zhang C, Liu C, Xu Y, et al. 2019. Subduction re-initiation at dying ridge of Neo-Tethys: Insights from mafic and metamafic rocks in Lhaze ophiolitic mélange, Yarlung-Tsangbo Suture Zone. Earth Planet. Sci. Lett., 523: 115707.

Zhang G L, He Y M, Ai Y S, et al. 2021. Indian continental lithosphere and related volcanism beneath Myanmar: Constraints from local earthquake tomography. Earth Planet. Sci. Lett., 567: 116987.

Zhao Z F, Zheng Y F, Chen R X, et al. 2007. Element mobility in mafic and felsic ultrahigh-pressure metamorphic rocks during continental collision. Geochim. Cosmochim. Acta, 71: 5244-5266.

Zhao Z F, Zheng Y F, Wei C S, et al. 2008. Zircon U-Pb ages, Hf and O isotopes constrain the crustal architecture of the ultrahigh-pressure Dabie orogen in China. Chem. Geol., 253: 222-242.

Zhao Z F, Zheng Y F, Zhang J, et al. 2012. Syn-exhumation magmatism during continental collision: Evidence from alkaline intrusives of Triassic age in the Sulu orogen. Chem. Geol., 328: 70-88.

Zhao Z F, Dai L Q, Zheng Y F. 2013. Postcollisional mafic igneous rocks record crust-mantle interaction during continental deep subduction. Scientific Reports, 3: 3413.

Zhao L, Paul A, Guillot S, et al. 2015. First seismic evidence for continental subduction beneath the Western Alps. Geology, 43: 815-818.

Zhao L, Paul A, Malusà M G, et al. 2016. Continuity of the Alpine slab unraveled by high-resolution P-wave tomography. J. Geophys. Res. Solid Earth, 121: 8721-8737.

Zhao L, Xu X, Malusà M G. 2017. Seismic probing of continental subduction zones. J. Asian Earth Sci., 145: 37-45.

Zhao Z F, Liu Z B, Chen Q. 2017a. Melting of subducted continental crust: Geochemical evidence from Mesozoic granitoids in the Dabie-Sulu orogenic belt, east-central China. J. Asian Earth Sci., 145: 260-277.

Zhao Z F, Zheng Y F, Chen Y X, et al. 2017b. Partial melting of subducted continental crust: Geochemical evidence from synexhumation granite in the Sulu orogen. Geol. Soc. Am. Bull., 129: 1692-1707.

Zhao M S, Chen Y X, Zheng Y F. 2021. Geochemical evidence for forearc metasomatism of peridotite in the Xigaze ophiolite during subduction initiation in Neo-Tethyan Ocean, south to Tibet. Lithos, 380-381: 105896.

Zheng Y F, Fu B, Gong B, et al. 2003. Stable isotope geochemistry of ultrahigh pressure metamorphic rocks from the Dabie-Sulu orogen in China: Implications for geodynamics and fluid regime. Earth Sci. Rev., 62: 105-161.

Zheng Y F, Zhou J B, Wu Y B, et al. 2005. Low-grade metamorphic rocks in the Dabie-Sulu orogenic belt: A passive-margin accretionary wedge deformed during continent subduction. Intern. Geol. Rev., 47: 851-871.

Zheng Y F, Zhang S B, Zhao Z F, et al. 2007. Contrasting zircon Hf and O isotopes in the two episodes of Neoproterozoic granitoids in South China: implications for growth and reworking of continental crust. Lithos, 96: 127-150.

Zheng Y F, Wu R X, Wu Y B, et al. 2008. Rift melting of juvenile arc-derived crust: geochemical evidence from Neoproterozoic volcanic and granitic rocks in the Jiangnan Orogen, South China.

Precambr. Res., 163: 351-383.

Zheng Y F. 2009. Fluid regime in continental subduction zones: petrological insights from ultrahigh-pressure metamorphic rocks. J. Geol. Soc., 166: 763-782.

Zheng Y F, Xia Q X, Chen R X, et al. 2011. Partial melting, fluid supercriticality and element mobility in ultrahigh-pressure metamorphic rocks during continental collision. Earth Sci. Rev., 107: 342-374.

Zheng Y F. 2012. Metamorphic chemical geodynamics in continental subduction zones. Chem. Geol., 328: 5-48.

Zheng Y F, Xiao W J, Zhao G C. 2013. Introduction to tectonics of China. Gondwana Res., 23: 1189-1206.

Zheng Y F, Hermann J. 2014. Geochemistry of continental subduction-zone fluids. Earth Planets Space, 66: 93.

Zheng Y F, Chen Y X. 2016. Continental versus oceanic subduction zones. Nat'l Sci. Rev., 3: 495-519.

Zheng Y F, Chen R X. 2017. Regional metamorphism at extreme conditions: Implications for orogeny at convergent plate margins. J. Asian Earth Sci., 145: 46-73.

Zheng Y F, Zhao Z F. 2017. Introduction to the structures and processes of subduction zones. J. Asian Earth Sci., 145: 1-15.

Zheng Y F. 2018. Fifty years of plate tectonics. Nat'l Sci. Rev., 5: 119.

Zheng Y F, Wu F Y. 2018. The timing of continental collision between India and Asia. Sci. Bull., 63: 1649-1654.

Zheng Y F. 2019. Subduction zone geochemistry. Geosci. Front., 10: 1223-1254.

Zheng Y F, Zhao Z F, Chen R X. 2019a. Ultrahigh-pressure metamorphic rocks in the Dabie-Sulu orogenic belt: compositional inheritance and metamorphic modification. Geol. Soc. Spec. Publ., 474: 89-132.

Zheng Y F, Mao J W, Chen Y J, et al. 2019b. Hydrothermal ore deposits in collisional orogens. Sci. Bull., 64: 205-212.

Zheng Y F, Zhao G C. 2020. Two styles of plate tectonics in Earth's history. Sci. Bull., 65: 329-334.

Zheng T Y, He Y M, Ding L, et al. 2020a. Direct structural evidence of Indian continental subduction beneath Myanmar. Nat. Commun., 11: 1944.

Zheng Y F, Xu Z, Chen L, et al. 2020b. Chemical geodynamics of mafic magmatism above subduction zones. J. Asian Earth Sci., 194: 104185.

Zheng Y F. 2021a. Plate tectonics. In: Alderton D, Elias S A. Encyclopedia of Geology (2nd Edition). United Kingdom: Academic Press, vol. 3, pp. 744-758.

Zheng Y F. 2021b. Convergent plate boundaries and accretionary wedges. In: Alderton D, Elias S A. Encyclopedia of Geology(2nd Edition). United Kingdom: Academic Press, vol. 3, pp. 770-787.

Zheng Y F. 2021c. Metamorphism in subduction zones. In: Alderton D, Elias S A. Encyclopedia of Geology(2nd Edition). United Kingdom: Academic Press, vol. 3, pp. 612-622.

Zheng Y F. 2021d. Exhumation of ultrahigh-pressure metamorphic terranes. In: Alderton D, Elias S A. Encyclopedia of Geology(2nd Edition). United Kingdom: Academic Press, vol. 3, pp. 868-878.

Zheng Y F, Chen R X. 2021. Extreme metamorphism and metamorphic facies series at convergent plate boundaries: Implications for supercontinent dynamics. Geosphere, 17: 1647-1685.

Zheng Y F, Gao P. 2021. The production of granitic magmas through crustal anatexis at convergent plate boundaries. Lithos, 402-403: 106232.

Zheng Y F, Miller C F, Xu X S, et al. 2021. Introduction to the origin of granites and related rocks. Lithos, 402-403: 106380.

Zhong S, Zhang N, Li Z X, et al. 2007. Supercontinent cycles, true polar wander, and very long-wavelength mantle convection. Earth Planet. Sci. Lett., 261: 551-564.

Zhou K, Chen Y X, Ma H Z, et al. 2020. Geochemistry of high-pressure to ultrahigh-pressure granitic melts produced by decompressional melting of deeply subducted continental crust in the Sulu orogen, east-central China. Geochim. Cosmochim. Acta, 288: 214-247.

Zhu D C, Zhao Z D, Niu Y L, et al. 2011. The Lhasa Terrane: record of a microcontinent and its histories of drift and growth. Earth Planet. Sci. Lett., 301: 241-255.

Zhu D C, Wang Q, Zhao Z D, et al. 2015. Magmatic record of India-Asia collision. Scientific Reports, 5: 14289.

Zhu D C, Li S M, Cawood P A, et al. 2016. Assembly of the Lhasa and Qiangtang terranes in central Tibet by divergent double subduction. Lithos, 245: 7-17.

Zhu D C, Wang Q, Chung S L, et al. 2019. Gangdese magmatism in southern Tibet and India-Asia convergence since 120 Ma. Geol. Soc. Spec. Publ., 483: 583-604.

Ziegler P A, Cloetingh S. 2004. Dynamic processes controlling evolution of rifted basins. Earth Sci. Rev., 64: 1-50.

Zindler A, Hart S. 1986. Chemical geodynamics. Ann. Rev. Earth Planet. Sci., 14: 493-571.

Zwart H J. 1967. The duality of orogenic belts. Geologie en Mijnbouw, 46: 283-309.